塑料加工设备与技术解惑系列

塑料中空成型设备操作与疑难处理实例解答

刘西文　杨中文　编著

化学工业出版社
·北京·

塑料中空成型是塑料成型的重要方法之一。随着塑料工业的发展，中空成型制品已广泛应用于国民经济和人们生活的各个领域，如食品、药品、化妆品、农药等的包装，以及汽车、化工、航空器等行业的燃油箱、油管等零部件。本书是作者根据多年的实践和教学、科研经验，以大量典型工程案例，对挤出中空吹塑、注射中空吹塑、拉伸中空吹塑、多层共挤复合中空吹塑、旋转中空成型、气辅中空注射成型、三维中空吹塑等成型设备及中空成型的辅助设备的操作、维护保养等具体生产过程和工程实例进行了重点介绍，详细解答塑料中空成型设备操作与处理大量疑问与难题。

本书立足生产实际，侧重实用技术及操作技能，内容力求深浅适度，通俗易懂，结合生产实际，可操作性强。本书主要供塑料加工、中空成型生产企业一线技术人员和技术工人、技师及管理人员等相关人员学习参考，也可作为企业培训用书。

图书在版编目（CIP）数据

塑料中空成型设备操作与疑难处理实例解答/刘西文，杨中文编著．—北京：化学工业出版社，2017.7
（塑料加工设备与技术解惑系列）
ISBN 978-7-122-27057-3

Ⅰ.①塑…　Ⅱ.①刘…②杨…　Ⅲ.①吹塑-塑料成型-问题解答　Ⅳ.①TQ320.66-44

中国版本图书馆CIP数据核字（2016）第102395号

责任编辑：朱　彤　　文字编辑：李　玥
责任校对：宋　玮　　装帧设计：刘丽华

出版发行：化学工业出版社（北京市东城区青年湖南街13号　邮政编码100011）
印　　装：三河市双峰印刷装订有限公司
787mm×1092mm　1/16　印张12¼　字数321千字　2018年2月北京第1版第1次印刷

购书咨询：010-64518888（传真：010-64519686）　售后服务：010-64518899
网　　址：http://www.cip.com.cn
凡购买本书，如有缺损质量问题，本社销售中心负责调换。

定　价：55.00元

前言

随着中国经济的高速发展，塑料作为新型合成材料在国计民生中发挥了重要作用，我国塑料工业的技术水平和生产工艺得到很大程度提高。为了满足塑料制品加工、生产企业更新技术发展和现代化企业生产工人的培训要求，进一步巩固和提升塑料制品加工企业一线操作人员的理论知识水平与实际操作技能，促进塑料加工行业更好、更快发展，化学工业出版社组织编写了这套“塑料加工设备与技术解惑系列”丛书。

本套丛书立足生产实际，侧重实用技术及操作技能，内容力求深浅适度，通俗易懂，结合生产实际，可操作性强，主要供塑料加工、生产企业一线技术人员和技术工人及相关人员学习参考，也可作为企业培训教材。

“塑料中空成型设备操作与疑难处理实例解答”分册是该套“塑料加工设备与技术解惑系列”丛书之一。塑料中空成型是塑料成型的重要方法之一。中空成型制品已广泛应用于国民经济和人们生活的各个领域，如食品、药品、化妆品、农药等的包装，以及汽车、化工、航空器等的燃油箱、油管等零部件。目前中空成型技术已经形成了一个完整的加工体系，逐步向高速、多功能、大型化、复合化等方向发展。

为了帮助广大塑料中空成型工程技术人员和生产操作人员尽快熟悉中空成型设备的相关理论知识，熟练掌握中空成型设备操作与维护技术，我们编写了这本《塑料中空成型设备操作与疑难处理实例解答》。本书是我们根据多年的实践和教学、科研经验，用众多企业生产中的具体案例为素材，以问答的形式，详细解答中空成型设备操作与维护等大量疑问与难题，全书对挤出中空吹塑、注射中空吹塑、拉伸中空吹塑、多层共挤复合中空吹塑、旋转中空成型、气辅中空注射成型、三维中空吹塑等成型设备及中空成型的辅助设备的操作、维护保养等具体生产过程和工程实例进行了重点介绍，详细解答塑料中空成型设备操作与处理大量疑问与难题。

本书由刘西文、杨中文编著，周晓安、彭立群、冷锦星、刘浩、李亚辉、田志坚等对本书提供了大量支持和帮助。在编写过程中，还得到了王小红、刘艺苑、王海燕等许多专家及工程技术人员的大力支持与帮助，在此谨表示衷心感谢！

由于我们水平有限，书中难免有不妥之处，恳请同行专家及广大读者批评指正。

编著者

2017 年 10 月

目录

第3章 拉伸吹塑中空成型设备操作与维护疑难处理实例解答

第1章 挤出中空吹塑成型设备操作与疑难处理实例解答

1.1 挤出中空吹塑成型设备操作疑难处理实例解答

1.1.1 什么是中空吹塑成型？中空吹塑成型有哪些类型？各有何特点？

(1) 中空吹塑成型 中空吹塑成型是热塑性塑料成型的一种重要方法，它是借助于气体的压力，使闭合在模具的热型坯吹胀为中空制品的一种塑料成型方法。中空吹塑成型主要用于生产塑料中空包装容器和工业中空制件等。

(2) 中空吹塑成型类型 中空吹塑成型的工艺有多种类型，按型坯的成型工艺不同，一般可分为挤出中空吹塑和注射中空吹塑两大类；按吹塑拉伸情况的不同又可分为普通吹塑、拉伸吹塑和三维（3D）挤吹中空塑料成型；按制品结构组成又可分为单层吹塑和多层吹塑两大类。

(3) 各类中空吹塑成型特点

① 挤出中空吹塑成型 挤出中空吹塑成型是将热塑性塑料熔融塑化，并通过挤出机机头挤出型坯，然后将型坯置于吹塑模具内，通入压缩空气（或其他介质），吹胀型坯，经冷却定型后，即可得到制品。挤出中空成型按其出料方式又可分为连续挤出中空成型和间歇挤出中空成型。连续挤出中空成型法是指挤出机通过机头直接连续挤出型坯，主要用于生产产量大、容积小（不超过8L容量）的中空制品。间歇挤出中空成型法是指挤出机间歇地直接挤出型坯或是将熔料挤入一个储料缸中，当储料缸中的熔料满足需要时，通过机头口模挤出型坯，经过吹塑、冷却、定型后可得到大容量的中空制品。

② 注射中空吹塑成型 注射中空吹塑成型是用注射机将熔料注入模具内制备型坯，再将型坯趁热放到吹塑模具内，通入空气，使型坯吹胀的一种成型方法。注射吹塑的制品一般不需要修整，边角料少，型坯壁厚均匀性好，制品尺寸精度好，特别是瓶类容器，瓶口精度高，制品的表面光洁度好。但少批量生产时，产品成本高，且不宜成型形状结构过于复杂的制品。

③ 拉伸吹塑成型 拉伸吹塑成型是将预制的型坯加热到熔点以下的适当温度后，放到吹塑模具内，选用拉伸杆进行轴向拉伸，然后再进行吹气横向拉伸的成型方法。拉伸吹塑成型根据型坯的制备方法不同又可分为挤出-拉伸-吹塑和注射-拉伸-吹塑两种工艺类型。挤出-拉伸-吹塑是将物料先经挤出机熔融塑化，挤出成型型坯后，再将型坯加热到拉伸温度，然后进行轴向拉伸吹塑。注射-拉伸-吹塑是用注射法成型型坯后，再将型坯加热到拉伸温度，然后进行轴向拉伸吹塑。经过拉伸吹塑的制品其透明度、冲击强度、表面硬度、刚性、阻渗性和耐溶剂性等

都能得到大大的提高，容器的壁厚也可以相应减小。

④ 多层吹塑成型　多层吹塑成型是指通过多层挤出成型工艺或注射成型工艺制得的两层以上的坯壁分层而又粘接在一起的型坯，再经吹塑得到多层中空制品的成型方法。多层中空成型制品可以充分利用塑料的特性，弥补单一塑料性能不足的缺陷，以满足制品的使用要求。

⑤ 三维（3D）挤吹中空塑料成型　三维（3D）挤吹中空塑料成型是在挤出型坯后，通过预吹胀使其贴紧在一边的模具壁上；然后，挤出头或模具按编制的成型程序进行 2 轴或 3 轴的转动，当类似肠形的型坯充满模腔时，另一边模具开始闭合并包紧型坯，使之与后续的型坯分离，这时整个型坯被吹胀并贴紧在模腔的壁上而完成成型。三维（3D）挤吹中空塑料成型的特点是废料少或无飞边，减少了切除料边的工作量，不必对成型品的外表面重新修整；成型过程对合模力的要求较低；且可明显减少热敏性塑料成型过程中的降解概率。

1.1.2　中空吹塑成型时对制品结构有何要求?

中空制品是指壁厚相对较薄，包含一个相对较大开口空间的整体制品，若制品有开口，则应与其内部相比小得多。中空塑料制品的类型有很多，主要有包装容器、工业制件及结构用制品，如各种塑料包装瓶、大容积储桶及储罐、燃油箱、立体弯曲形管件、工具箱、家具、汽车座椅、玩具、游乐设施等。由于不同的制品类型其用途和功能不同，因此在制品的结构及性能要求上也是不同的，如各种瓶、桶、罐等包装容器，一般应具有良好的密封性、阻透性、计量性、卫生安全性、力学性能，以及使用方便和外形美观等；对于各种工业制件如汽车零件、家用电器配件、办公用品、建筑、家具等，一般要求应具有良好的力学性能、外形结构，使用方便等。但不管什么类型的吹塑制品在设计时都应符合以下几点。

① 在保证使用性能（如尺寸精度、机械强度、形状、化学性能、电性能等）的前提下，力求结构简单，壁厚均匀，使用方便。

② 力求结构合理，易于成型模具的制造与制品的成型，用最简单的设备和工序生产制品。

③ 尽量避免成型后的二次加工。

④ 对日用品和儿童用品应与美工人员研究，共同设计出制品形状和颜色。

⑤ 合理的塑料材料品种，提高质量，降低成本，对于大批量生产的制品，设计时应充分考虑工厂成型设备的生产能力、制品特点及已有的生产经验。

1.1.3　挤出中空吹塑成型过程如何？挤出中空吹塑成型有何适用性?

(1) 挤出中空吹塑成型过程　挤出中空吹塑成型是将塑料在挤出机中熔融塑化后，经管状机头挤出成型管状型坯，当型坯达到一定长度时，趁热将型坯送入吹塑模中，再通入压缩空气进行吹胀，使型坯紧贴模腔壁面而获得模腔形状，并在保持一定压力的情况下，经冷却定型，脱模即得到吹塑制品。挤出中空吹塑成型的过程如下。

塑料→塑化挤出→管状型坯→模具闭模→吹胀成型→冷却→开模→取出制品。

挤出中空吹塑成型一般可分为下列五个步骤，如图 1-1 所示。

① 通过挤出机使聚合物熔融，并使熔体通过机头成型为管状型坯。

② 型坯达到预定长度时，吹塑模具闭合，将型坯夹持在两半模具之间，并切断后移至另一工位。

③ 把压缩空气注入型坯内，吹胀型坯，使之贴紧模具型腔成型。

④ 冷却。

⑤ 开模，取出成型制品。

(2) 适用性　挤出中空吹塑成型由于生产的产品成本低、工艺简单、效益高，是目前成型

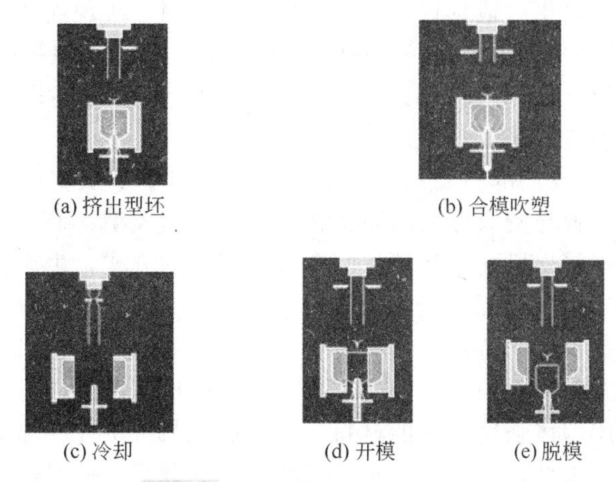

图 1-1　挤出中空吹塑工艺流程

塑料容器应用最多的一种工艺。目前基本上 80%～90%的中空容器是采用挤出中空吹塑成型方法来成型。它适用于成型容量最小为几毫升、最大可达几万毫升的容器。挤出中空吹塑成型制品主要用于牛奶瓶、饮料瓶、洗涤剂瓶等瓶类容器；化学试剂桶、农用化学品桶、饮料桶、矿泉水桶等桶类容器；以及 200L、1000L 的大容量包装桶和储槽。

挤出中空吹塑成型适用的塑料品种主要是低密度聚乙烯（LDPE）、高密度聚乙烯（HDPE）、聚氯乙烯（PVC）、聚丙烯（PP）、乙烯-乙酸乙烯酯共聚物（EVA）、聚碳酸酯（PC）等聚合物、尼龙（PA）等。

1.1.4　挤出中空吹塑成型方式有哪些？各有何特点和适用性？

（1）挤出中空吹塑成型方式　挤出中空吹塑成型按型坯成型的方式可分为连续挤出中空吹塑成型和间歇挤出中空吹塑成型。连续挤出中空吹塑成型主要是指塑料的塑化、挤出及型坯的形成是不间断地进行的；与此同时，型坯的吹胀、冷却及制品脱模，仍在周期性地间断进行。因此，从整个成型过程来看，制品的制造是连续进行的。为保证连续挤出吹塑的正常运作，型坯的挤出时间必须等于或略大于型坯吹胀、冷却时间以及非生产时间（机械手进出、升降、模具等）之和。间歇挤出中空吹塑成型主要是指型坯的形成是间断地进行的，而物料的塑化、挤出可以是连续式或间断式。

（2）特点与适用性

① 连续挤出中空吹塑成型的特点与适用性　连续挤出中空吹塑成型的成型设备简单，投资少，容易操作，是目前国内中、小型企业普遍采用的成型方法。连续挤出中空吹塑成型，可以采用多种设备和运转方式实现，它包括一个或多个型坯的挤出；使用两个以上的模具；使用一个以上的锁模装置；使用往复式、平面转盘式、垂直转盘式的锁模装置等。连续挤出中空吹塑成型适用于中等容量的容器或中空制品、大批量的小容器、PVC 等热敏性塑料瓶及中空制品等。

中等容量的容器或中空制品需要较大挤出型坯，其型坯挤出时间也较长，这样有利于使型坯的挤出与型坯的吹胀、冷却及制品脱模同步进行，并在同一时间内完成，实现连续挤出中空吹塑成型。这种成型方式，可连续吹塑成型 5～50L 容器，若选用熔体黏度高、强度高的塑料材料（如 HDPE、HMWHDPE），由于型坯自重下垂现象的改善，则可成型更大容积的容器。

大批量的小容器，如瓶类容器，由于型坯量小，挤出型坯所需的时间少，通常型坯的挤出与型坯的吹胀成型不能在同一时间内同步完成。但当大批量生产小容器时，采用两个甚至更多的模具及锁模装置，就可以相对地延迟吹塑容器的成型周期，实现连续挤出中空吹塑成型。

对于PVC等热敏性塑料的中空制品，由于是连续挤出型坯，物料在挤出过程中的停留时间短，不易降解，因此使PVC等塑料的吹塑成型能长期、稳定地进行。这种成型方式也适用于LDPE、HDPE、PP等塑料的吹塑成型。

② 间歇挤出中空吹塑成型的特点与适用性　间歇挤出中空吹塑成型可分为三种方式，即挤出机间歇运转、储料装置与机头分离的间歇挤出中空吹塑成型、储料装置与机头一体的间歇挤出中空吹塑成型。采用挤出机间歇运转、间歇成型型坯的方式，生产效率低。而且由于挤出机在较短的时间内频繁启动，能源消耗大，挤出机易损坏，因此目前很少采用。但它具有成型设备简单、维修方便、售价低的特点。储料装置与机头分离的间歇挤出中空吹塑成型方式主要采用往复螺杆及采用柱塞储料腔两类，这类方式的型坯挤出速度大，可改善型坯自重下垂及型坯壁厚的均匀度，可使用熔体强度较低的材料。储料装置与机头成一体的间歇挤出吹塑成型方式应用非常广泛，它包括带储料缸直角机头、带程序控制装置的储料缸直角机头的间歇挤出吹塑。这种方式把储料腔设置在机头内，即储料腔与机头流道成一体化，向下移动环形活塞压出熔体即可快速成型型坯。这种机头的储料腔容积可达250L以上，可吹塑大型制品，可用多台挤出机来给机头供料。间歇挤出吹塑成型的适用范围如下。

a. 型坯的熔体强度较低，连续挤出时型坯会因自重而下垂过量，使制品壁厚变薄。

b. 对于大型吹塑制品，需要挤出较大容量的熔体。

c. 连续缓慢挤出时型坯会冷却过量。间歇挤出中空吹塑成型的周期一般比连续挤出中空吹塑成型长，它不适宜PVC等热敏性塑料的吹塑成型。主要用于聚烯烃、工程塑料等非热敏性的塑料，主要用于生产大型制品及工业制件，是工业制件吹塑所普遍采用，也是优先采用的方法。

1.1.5 挤出中空吹塑成型机有哪些类型？主要由哪些部分组成？

(1) 挤出中空吹塑成型机的类型　挤出中空吹塑成型机的类型较多，按工位数来分可分为单工位和双工位挤出中空吹塑机；按模头的数目分可分为单模头、双模头和多模头挤出中空吹塑机，如图1-2所示为挤出中空吹塑成型机的分类。

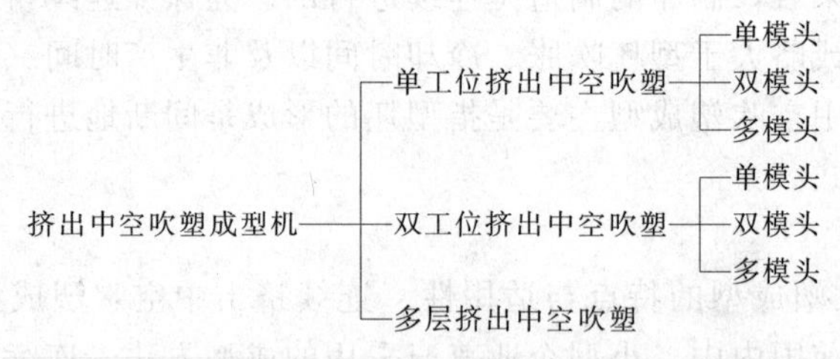

图1-2　挤出中空吹塑成型机的分类

(2) 挤出中空吹塑成型机的组成　挤出中空吹塑成型机主要由挤出机、模头（机头）、合模装置、吹气装置、液压传动装置、电气控制装置和加热冷却系统等组成，如图1-3所示为两种常见挤出吹塑机，图1-3(b) 为全自动挤出中空吹塑成型机。

挤出机主要完成物料的塑化挤出。模头是成型型坯的主要部件，熔融塑料通过它获得管状的几何截面和一定的尺寸。合模装置是对吹塑模的开、合动作进行控制的装置，通常是通过液压或气压与机械肘杆机构通过合模板来使模具开启与闭合。

吹气装置是在机头口模挤出的型坯进入模具并闭合后，将压缩空气吹入型坯内，使型坯吹胀成模腔所具有的精确形状的装置。根据吹气嘴不同的位置分为针管吹气、型芯顶吹和型芯底吹三种形式。

(a) (b)

图1-3 两种常见挤出中空吹塑成型机

1.1.6 挤出中空吹塑成型用的挤出机主要有哪些类型？生产中应选用哪类挤出机？

(1) 类型 挤出中空吹塑成型用的挤出机主要有单螺杆挤出机和双螺杆挤出机两种类型。

(2) 选用 在中空吹塑制品的生产中对于挤出机类型的选用，通常是根据物料的性质来选择。

① 当采用PE、PP、PC、PET、PVC粒料等中空吹塑制品时，一般选用单螺杆挤出机；而采用PVC粉料直接中空吹塑成型时，则大多选用双螺杆挤出机。由于单螺杆挤出机挤出时，固体粒子或粉末状的物料自料斗进入机筒后，在旋转着的螺杆的作用下，通过机筒内壁和螺杆表面的摩擦作用向前输送，摩擦力越大，越有利于固体物料的输送，反之摩擦力小不利于物料的前移输送。在加工过程中，PP、PE等颗粒料与机筒内壁的摩擦较大，有利于物料的向前输送，而在螺杆的压缩比的作用下逐渐被压实，同时，由于机筒外部加热器的加热、螺杆和机筒对物料产生的剪切热以及物料之间产生的摩擦热，使物料前移的过程中温度逐渐升高而熔融，最后成密实的熔体被挤出机头并成型。因此PP、PE等颗粒料一般可选用单螺杆挤出机。

② 采用PVC粉料直接挤出中空吹塑成型时应选择双螺杆挤出机。采用PVC粉末状树脂直接中空吹塑成型时，粉末状树脂与挤出机机筒内壁的摩擦系数小，摩擦力小，不利于物料在加料段的向前输送。另外由于PVC的热稳定性差，熔体黏度大，流动性差，挤出过程中不宜采用高的成型温度或高的螺杆转速，以免PVC在高剪切下出现降解，因此不利于采用单螺杆挤出机挤出。而采用双螺杆挤出机挤出塑化时，物料的输送是通过两根螺杆的啮合，对物料进行强制输送，且对物料的混炼作用强，有利于物料的混合均匀，对物料的塑化效率高，可实现低温挤出。同时由于双螺杆的自洁作用，物料不易出现积存而引起过热分解的现象。故采用PVC粉料直接挤出中空吹塑成型时应选择双螺杆挤出机，特别是挤出硬质PVC粉料时大多选用锥形双螺杆挤出机。

1.1.7 单螺杆挤出机组成部分主要有哪些？各组成部分功能如何？

(1) 主要组成 单螺杆挤出机由挤压系统、传动系统、加热冷却系统和加料装置所组成，如图1-4所示。

(2) 各组成部分的功能

① 挤压系统 主要由机筒、螺杆、分流板和过滤网等组成。其作用是将粒状、粉状或其他形状的塑料原料在温度和压力的作用下塑化成均匀的熔体，然后被螺杆定温、定压、定量、连续地挤入机头。

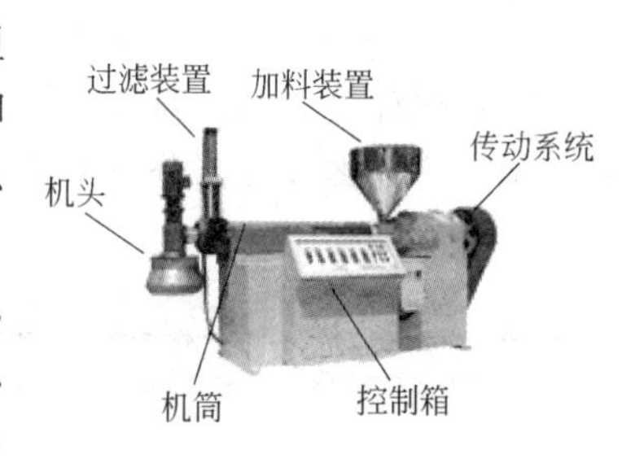

图1-4 单螺杆挤出机组成

② 传动系统 主要由电机、齿轮减速箱和轴承等组成。其作用是驱动螺杆，并使螺杆在给定的工艺条件（如温度、压力和转速等）下获得所必须的扭矩和转速并能均匀地旋转，完成挤塑过程。

③ 加热冷却系统　主要由机筒外部所设置的加热器、冷却装置等组成。其作用是通过对机筒、螺杆等部件进行加热或冷却，保证成型过程在工艺要求的温度范围内完成。

④ 加料装置　主要由料斗和自动上料装置等组成。其作用是向挤压系统稳定且连续不断地提供所需的物料。

1.1.8 挤出螺杆的结构形式有哪些？各有何特点？

(1) 结构形式　螺杆是挤出机的关键部件，挤出机螺杆的结构形式比较多，包括普通螺杆和新型螺杆。新型螺杆又可分为分离型螺杆、分流型螺杆、屏障型螺杆及波型螺杆等。

普通螺杆按其螺纹升程和螺槽深度的变化不同，一般分为等距变深螺杆、等深变距螺杆和变深变距螺杆等。其中等距变深螺杆按其螺槽深度变化快慢，又分为等距渐变螺杆和等距突变螺杆。等距渐变深型螺杆又包括两种形式：一种是从加料段的第一个螺槽开始直至均化段的最后一个螺槽的深度是逐渐变浅；另一种是加料段和均化段是等深螺槽，熔融段的螺槽深度逐渐变浅，且熔融段长度较长，如图 1-5 所示。其加工容易，比较常用，主要用于熔融温度范围较宽的塑料，如非结晶性物料 PVC 等的加工。

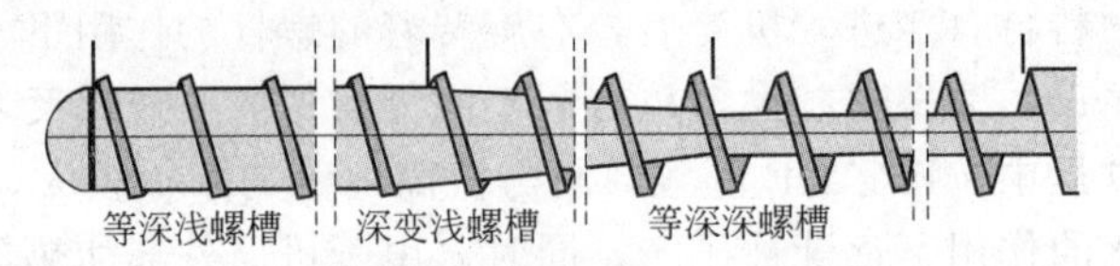

图 1-5　等距渐变深型螺杆

等距突变深型螺杆是指加料段和均化段的螺槽等深，熔融段的螺槽深度突然变浅，且熔融段长度较短的螺杆。变距等深型螺杆是指螺槽的深度不变，螺距从加料段的第一个螺槽开始直至均化段末端宽度逐渐变窄的螺杆，如图 1-6 所示。

图 1-6　变距等深型螺杆

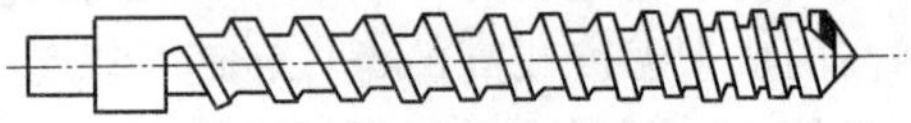

图 1-7　变距变深型螺杆

变距变深型螺杆指螺槽深度和螺纹升程从加料段开始至均化段末端都是逐渐由宽变窄或由深变浅的螺杆，如图 1-7 所示。

(2) 各类螺杆的特点

① 普通螺杆　目前挤出中空吹塑成型机中常用的是普通螺杆，特别是加料段和均化段是等深螺槽的渐变型螺杆，其特点是加工容易，且能很好地满足非结晶型高聚物（如 PVC、PS）的工艺要求。对于结晶型高聚物（如 PE、PP、PET），在温度升高至其熔点之前，没有明显的高弹态，或者说其软化温度范围较窄（如 LDPE、PA），因此一般选用等距突变型螺杆。

② 分离型螺杆　分离型螺杆是指在挤出塑化过程中能将螺槽中固体颗粒和塑料熔体相分离的一类螺杆。根据塑料熔体与固体颗粒分离的方式不同，分离型螺杆又分为 BM 螺杆、Barr 螺杆和熔体槽螺杆等。分离型螺杆的基本结构如图 1-8 所示，这种螺杆的加料段和均化段与普通螺杆的结构相似，不同的是在熔融段增加了一条起屏障作用的附加螺棱（简称副螺棱），其外径小于主螺棱，这两条螺棱把原来一条螺棱形成的螺槽分成两个螺槽以达到固液分离的目的。一条螺槽与加料段相通，称为固相槽，其螺槽深度由加料段螺槽

图 1-8　分离型螺杆的结构

深度变化至均化段螺槽深度；另一条螺槽与均化段相通，称为液相槽，其螺槽深度与均化段螺槽深度相等。副螺棱与主螺棱的相交始于加料段末，终于均化段初。

当固体床形成并在输送过程中开始熔融时，因副螺棱与机筒的间隙大于主螺棱与机筒的间隙，使固相槽中已熔的物料越过副螺棱与机筒的间隙而进入液相槽，未熔的固体物料不能通过该间隙而留在固相槽中，这样就形成了固、液相的分离。由于副螺棱与主螺棱的螺距不等，在熔融段形成了固相槽由宽变窄至均化段消失，而液相槽则逐渐变宽直至均化段整个螺槽的宽度。

分离型螺杆具有塑化效率高，塑化质量好，由于附加螺棱形成的固、液相分离而没有固体床破碎，温度、压力和产量的波动都比较小，排气性能好，单耗低，适应性强，能实现低温挤出等特点。

③ 屏障型螺杆　所谓屏障型螺杆就是在普通螺杆的某一位置设置屏障段，使未熔的固相物料不能通过，并促使固相物料彻底熔融和均化的一类螺杆，如图 1-9 所示。典型的屏障段有直槽形、斜槽形、三角形等，如图 1-10、图 1-11 和图 1-12 所示。屏障段是在一段外径等于螺杆直径的圆柱上交替开出数量相等的进、出料槽，按螺杆转动方向，进入出料槽前面的凸棱比螺杆外半径小一径向间隙值 C，C 称为屏障间隙，这是每一对进、出料槽的唯一通道，这条凸棱称为屏障棱。当物料从熔融段进入均化段后，含有未熔物料的熔体流到屏障段时，被分成若干股料流进入屏障段的进料槽，熔体和粒度小于屏障间隙 C 的固态小颗粒料越过屏障棱进入出料槽。塑化不良的小颗粒料在屏障间隙中受到剪切作用，大量的机械能转变为热能，使小颗粒物料熔融。另外，由于在进、出料槽中的物料一方面做轴向运动，另一方面由于螺杆的旋转作用又使这些物料做圆周运动，两种运动使物料在进、出料槽中做涡流运动，如图 1-13 所示。其结果在进料槽中的熔融物料和塑化不良的固体物料进行热交换，促使固体物料熔融；在出料槽中物料的环流运动也同样使熔融物料进一步地混合和均化。物料进入进料槽，被若干条进料槽分成小料流（视进料槽数量）越过屏障间隙进入出料槽之后又汇合在一起，加上在进、出料槽中的环流运动，物料在屏障段得到进一步的混合作用。

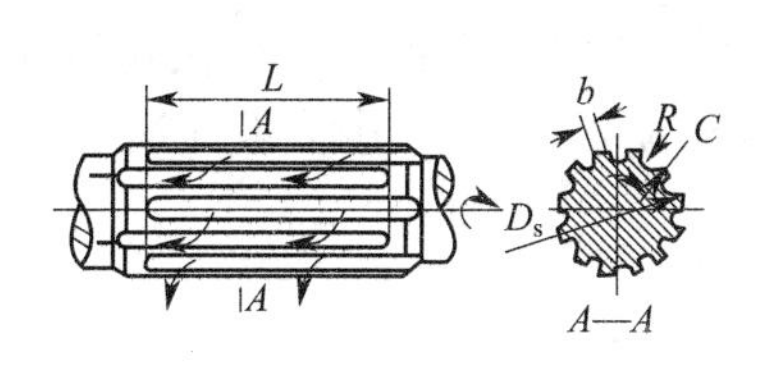

图 1-9　屏障型螺杆

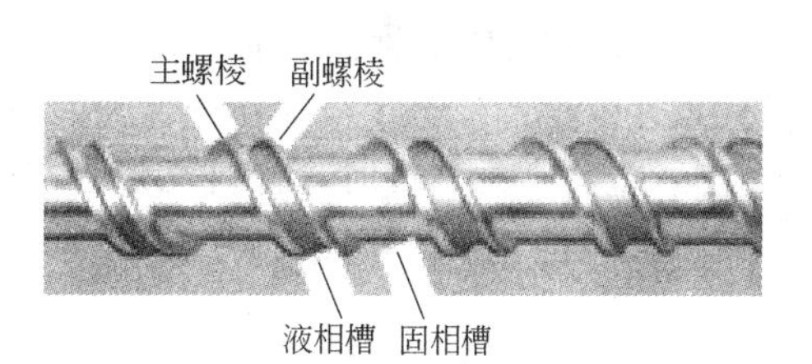

图 1-10　直槽屏障段的结构

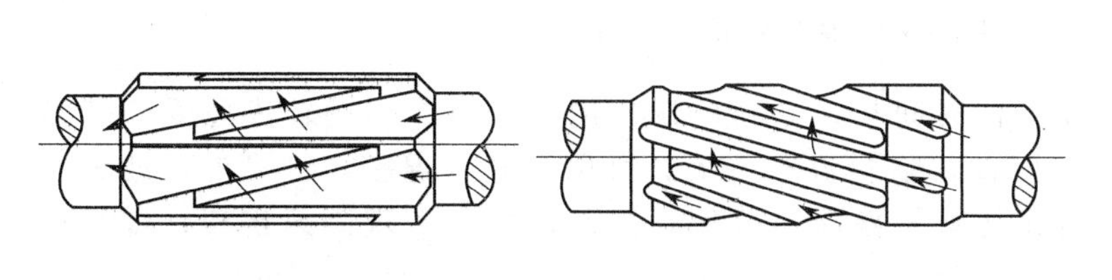

图 1-11　斜槽屏障型螺杆段

图 1-12　三角形槽屏障段

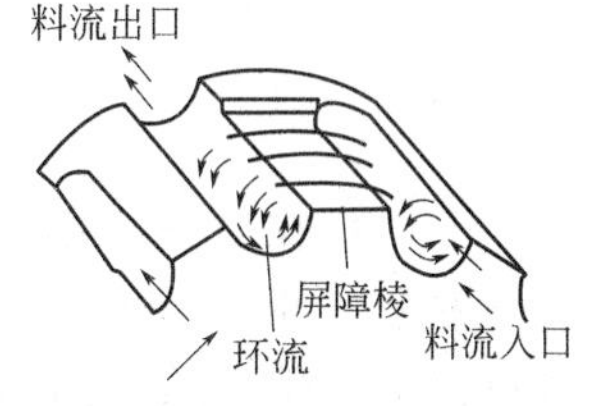

图 1-13　屏障段涡流的形成

屏障段是以剪切作用为主、混合作用为辅的元件。屏障段通常是用螺纹连接于螺杆主体上，替换方便，屏障段可以是一段，也可以将两个屏障段串接起来，形成双屏障段，可以得到最佳匹配来改造普通螺杆。它适于加工聚烯烃类物料。屏障型螺杆的产量、质量、单耗等项指标都优于普通螺杆。

④ 分流型螺杆　所谓分流型螺杆是指在普通螺杆的某一位置上设置分流元件，将螺槽内的料流分割，以改变物料的流动状况，促进熔融、增强混炼和均化的一类新型螺杆。其中利用销钉起分流作用的简称销钉型螺杆，如图 1-14 所示；利用通孔起分流作用的则称为 DIS 螺杆。

销钉螺杆是在普通螺杆的熔融段或均化段的螺槽中设置一定数量的销钉，且按照一定的相隔间距或方式排列。销钉可以是圆柱形的，也可以是方形或菱形的；可以是装上去的，也可以是铣出来的。由于在螺杆的螺槽中设置了一些销钉，故易将固体床打碎，破坏熔池，打乱两相流动，并将料流反复地分割，改变螺槽中料流的方向和速度分布，如图 1-15 所示，使固相物料和液相物料充分混合，增大固体床碎片与熔体之间的传热面积，对料流产生一定阻力和摩擦剪切，从而增加对物料的混炼、均化。

图 1-14　销钉型螺杆

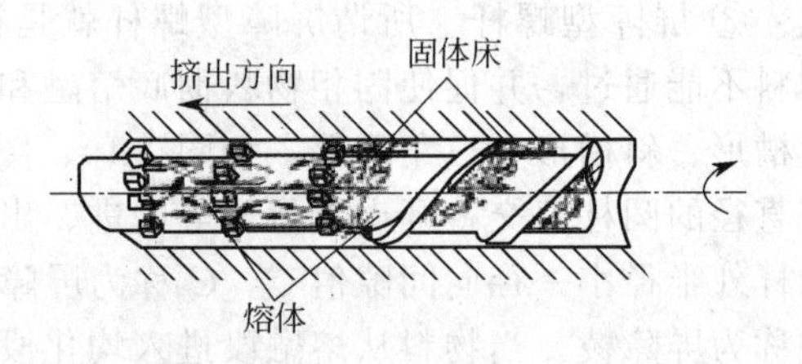

图 1-15　销钉型螺杆的分流

销钉螺杆是以混合作用为主，剪切作用为辅。这种形式的螺杆在挤出过程中不仅温度低、波动小，而且在高速下这个特点更为明显。可以提高产量，改善塑化质量，提高混合均匀性和填料分散性，获得低温挤出。

⑤ 波型螺杆　波型螺杆是螺杆螺棱呈波浪状的一类螺杆。常见的是偏心波型螺杆。图 1-16 所示是波状螺杆其中的一段。它一般设置在普通螺杆原来的熔融段后半部至均化段上。波型段螺槽底圆的圆心不完全在螺杆轴线上，是偏心地按螺旋形移动，因此，螺槽深度沿螺杆轴向改变，并以 $2D$ 的轴向周期出现，槽底呈波浪形，所以称为偏心波状螺杆。物料在螺槽深度呈周期性变化的流道中流动，通过波峰时受到强烈地挤压和剪切，得到由机械功转换来的能量（包括热能），到波谷时，物料又膨胀，使其得到松弛和能量平衡。其结果加速了固体床破碎，促进了物料的熔融和均化。

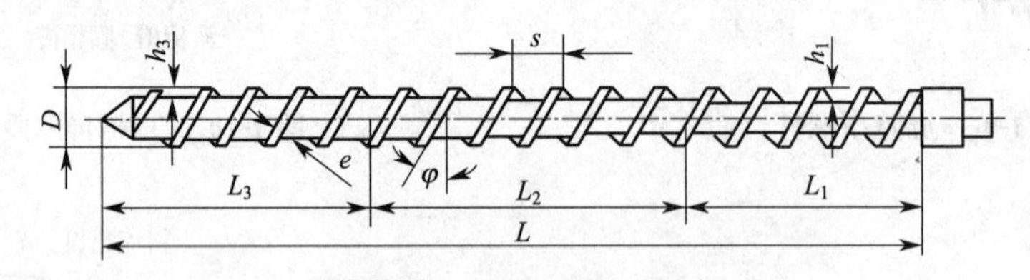

图 1-16　偏心波型螺杆结构

由于物料在螺槽较深之处停留时间长，受到剪切作用小，而在螺槽较浅处受到剪切作用虽强烈，但停留时间短。因此，物料温升不大，可以达到低温挤出。另外，波状螺杆物料流道没有死角，不会引起物料的停滞而分解，因此，可以实现高速挤塑，提高挤塑机的产量。

1.1.9　普通螺杆的结构如何？表征螺杆结构的参数主要有哪些？

(1) 螺杆结构　普通螺杆的结构主要由杆身和螺杆头组成，如图 1-17 所示。根据各部分的功能可将螺杆分为加料段、压缩段（熔融段）和均化段（计量段）三段。加料段的作用是将松散的物料逐渐压实并送入下一段；减小压力和产量的波动，从而稳定地输送物料；对物料进行预热。熔融段又称为压缩段，其作用是把物料进一步压实；将物料中的空气推向加料段排出；使物料全部熔融并送入下一段。均化段又称计量段，其作用是将已熔融物料进一步均匀塑化，并使其定温、定压、定量、连续地挤入机头。

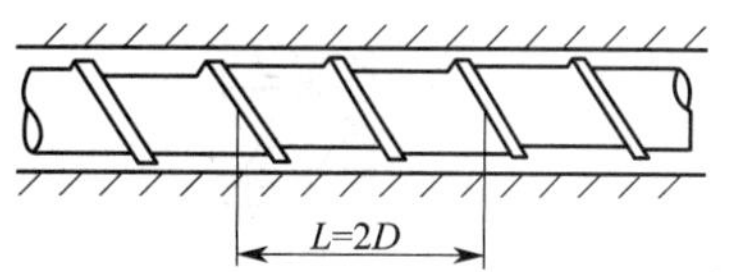

图 1-17　普通螺杆的基本参数

(2) 螺杆参数　螺杆的主要参数包括螺杆直径、螺杆的有效工作长度、长径比、螺槽深度、螺距、螺旋角、螺棱宽度、螺杆（外径）与机筒（内壁）的间隙等。

螺杆直径（D）是指螺杆外径，单位用 mm 表示。

螺杆的有效工作长度（L）是指螺杆工作部分的长度，单位为 mm。

螺杆长径比是指螺杆有效工作长度（L）与螺杆直径（D）之比，通常用 L/D 表示。

螺槽深度是一个变化值，用 h 表示，单位 mm。对普通螺杆来说，加料段的螺槽深度用h_1 表示，一般是一个定值；均化段的螺槽深度用 h_3 表示，一般也是一个定值；熔融段的螺槽深度是变化的，用 h_2 表示。

螺距是指相邻两个螺纹之间的距离，一般用 s 表示，单位 mm。

螺旋角是指在中径圆柱面上，螺旋线的切线与螺纹轴线的夹角，一般用 φ 表示，单位（°）。

螺棱宽度是指螺棱法向宽度，用 e 表示，单位 mm。

螺杆（外径）与机筒（内壁）的间隙一般用 δ 表示，单位 mm。

1.1.10　螺杆头部有哪些结构形式？各有何适用性？

(1) 螺杆头部的结构形式　在挤出过程中，随着螺杆的旋转，熔体被挤压进入机头流道时，料流形式急剧改变，由螺旋带状的流动变成直线流动。为了得到较好的挤塑质量，要求物料尽可能平稳地从螺杆进入机头，尽可能避免物料产生滞流和局部受热时间过长而产生热分解现象。这与螺杆头部的结构形式、螺杆末端螺棱的形状等密切相关。螺杆头部的结构形式有多种。常见螺杆头部的结构形式主要有钝形螺杆头、锥形螺杆头、锥部带螺纹的螺杆头及鱼雷头形的螺杆头等，如图 1-18 所示。

(2) 各形式的适用性　钝头螺杆头部有三种形式，如图 1-18 中的（a）、（b）、（c）所示，图 1-18(a) 和（b）两种螺杆头部的锥角一般为 140°左右。这种形式的螺杆头前面有较大的空间，容易使物料在螺杆头前面停滞而产生热分解，故一般用于加工热稳定性较好的（如聚烯烃类）塑料，挤出过程中挤出波动较大，采用这些形式的螺杆头时，一般要求前面安装分流板和过滤网，以增加熔体的压力，以减少挤出的波动，提高挤出的稳定性。

如图 1-18(d) 所示为普通锥形螺杆头的形式，螺杆头的锥角一般在 90°～140°，带有较长的锥面，主要用于加工热稳定性较差的（如 PVC）塑料，但仍会遇见现少量物料停滞而被烧焦的现象；图 1-18(e) 螺杆头是斜切截锥体式，其端部有一个椭圆平面，当螺杆转动时，它能使料流搅动，物料不易因滞流而分解。

锥部带螺纹的螺杆头如图 1-18(f) 所示，这种螺杆头能使物料借助锥部螺纹的作用而运动，较好地防止物料的滞流烧焦，主要用于产品质量要求较高的成型及电缆行业等。

鱼雷头式的螺杆头如图 1-18(g) 所示，这种形式的螺杆头呈光滑的鱼雷头式，其全长 l 为 $(2\sim5)D$，它与机筒的间隙通常为均化段螺槽深度 h_3 的 40%～50%。有的鱼雷头表面还开有沟槽或其他表面几何形状。带有这种螺杆头的螺杆，具有良好的混合剪切作用，能增大流体的压力和消除波动现象，常用来挤出黏度较大、导热性不良或有较为明显熔点的物料，如纤维素、聚苯乙烯、聚酰胺、有机玻璃等，也适用于聚烯烃造粒。

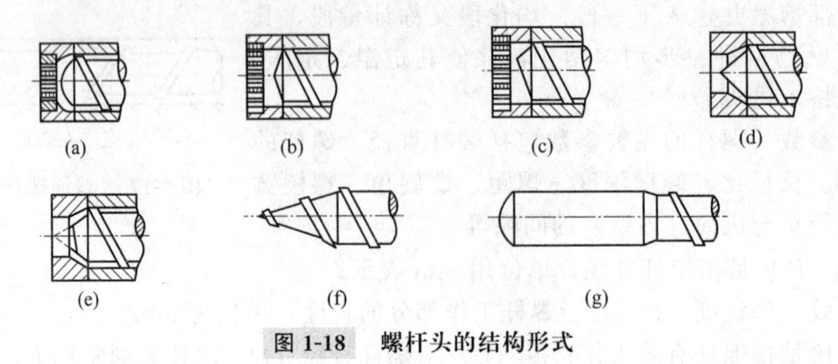

图 1-18 螺杆头的结构形式

1.1.11 挤出机机筒的结构形式有哪些？挤出中空吹塑 HDPE 产品时为何多选用槽型进料机筒？

(1) 机筒结构形式与特点 机筒是仅次于螺杆的重要零件，机筒也是在高压、高温、严重的磨损、一定的腐蚀条件下工作的，在挤塑过程中，机筒还有将热量传给物料或将热量从物料中传走的作用。机筒上还要设置加热冷却系统，安装机头。此外，机筒上要开加料口，而加料口的几何形状及其位置的选定对加料性能的影响很大。机筒内表面的粗糙度、加料段内壁开设沟槽等，对挤塑过程有很大影响。大中型挤出机机筒一般由衬套和料筒基体两部分组成，基体一般由碳素钢或铸钢制造，衬套由合金钢制成，耐磨性好，且可以拆出加以更换。衬套和基体要有良好的配合，如采用 $D/g_c \sim D/g_d$ 配合。

机筒分为整体式机筒、分段式机筒、衬套式机筒和双金属机筒等。在挤出中空吹塑成型机中常用的是整体式机筒。

整体式料筒是在整体坯料上加工出来的。这种结构容易保证较高的制造精度和装配精度，也可以简化装配工作，便于加热冷却系统的设置和装拆，而且热量沿轴向分布比较均匀，但这种料筒要求较高的加工制造条件。

组合式料筒是指一根料筒是由几个料筒段组合起来的。一般排气式挤出机和用于材料改性的挤出机多用组合料筒。采用组合式料筒有利于就地取材和加工，对中小型厂是有利的，但实际上组合料筒对加工精度和装配精度要求很高。组合式料筒各料筒段多用法兰螺栓连接在一起，这样就破坏了料筒加热的均匀性，增加了热损失，也不便于加热冷却系统的设置和维修。

双金属料筒通常是在碳素钢料筒的内壁离心浇铸一层耐磨合金，如 Xaloy 合金，然后加工至所需尺寸，这种料筒有很好的耐磨性、耐腐蚀性，从而可大大延长料筒的使用寿命。

IKV 式机筒是为了提高固体输送率，在料筒加料段内壁开设纵向沟槽和将加料段靠近加料口处的一段料筒内壁做成锥形（IKV 加料系统）。在料筒加料段处开纵向沟槽时，只能在物料仍然是固体或开始熔触以前的那一段料筒上开。纵向沟槽长约 (3～5)D，有一定锥度。沟槽的数目与螺杆直径有关，一般槽数不能太多，否则会导致物料回流，使输送量下降。如表 1-1 所示为几种直径的螺杆下料筒纵向沟槽的开设。

料筒内壁做成锥形时，一般锥度的长度可取 (3～5)D(D 为料筒内径)，加工粉料时，锥度可以加长到 (6～10)D。锥度的大小决定于物料颗粒的直径和螺杆直径，螺杆直径增加时，锥度要减小，同时加料段的长度要相应增加。

表 1-1　几种直径的螺杆下料筒纵向沟槽的开设

螺杆直径/mm	沟槽数目	槽宽 b/mm	槽深 h/mm	螺杆直径/mm	沟槽数目	槽宽 b/mm	槽深 h/mm
45	4	8	3	120	12	10	4
60	6	8	3	150	16	10	4
90	8	10	4				

(2) HDPE 选用槽型进料机筒原因　挤出中空吹塑 HDPE 产品时一般选用 IKV 式机筒（槽型进料机筒）会比较好，这主要是由于挤出中空吹塑 HDPE 通常采用单螺杆挤出机挤出塑化物料，而采用单螺杆挤出时，固体物料的输送一般要求物料与机筒内壁的摩擦系数要大，与机筒内壁作用力大，而与螺杆的摩擦系数尽量小，与螺杆作用力小，这样有利于物料在机筒内壁与螺杆螺槽间产生相对向前的滑动。如果颗粒与机筒内壁摩擦力小，物料在机筒内只会随螺杆在螺槽内转动而不向前移动，造成挤出机挤不出物料。HDPE 物料的摩擦系数小，与机筒内壁作用力小，故单螺杆挤出时物料的输送量小，挤出的产量就小，生产效率低。当采用槽型进料机筒时，物料在进料段与槽齿产生啮合，增大了物料与机筒内壁的摩擦，从而可以增大物料的输送量，提高产量与生产效率，降低成本。在生产中单螺杆挤出机机筒加料段采用长方形沟槽的结构尺寸如表 1-2 所示。

表 1-2　单螺杆挤出机机筒内长方形沟槽的结构尺寸

螺杆直径 D/mm	沟槽数目	槽宽 h/mm	槽深 b/mm	螺杆直径 D/mm	沟槽数目	槽宽 h/mm	槽深 b/mm
45	4	8	3	120	12	10	4
65	6	8	3	150	16	10	4
90	8	10	4				

1.1.12　螺杆常用的材料有哪些？各有何特点？

在挤出过程中螺杆需经受高温、一定腐蚀、强烈磨损、大转矩的作用。因此，螺杆的制作材料必须是耐高温、耐磨损、耐腐蚀、高强度的优质材料。并且还应具有良好的切削性能、热处理后残余应力小、热变形小等特点。目前螺杆常用的制作材料主要有 45 钢、40Cr、渗氮钢等。

45 钢便宜，加工性能好，但耐磨耐腐蚀性能差。

40Cr 的性能优于 45 号钢，但往往要镀上一层铬，以提高其耐腐蚀、耐磨损的能力。但对镀铬层要求较高，镀层太薄易于磨损，太厚则易剥落，剥落后反而加速腐蚀。

渗氮钢综合性能比较优异，应用比较广泛。例如采用 38CrMoAl 渗氮处理深度为 0.3～0.6mm 时，外圆硬度 740HV 以上，脆性不大于 2 级。但这种材料抵抗氯化氢腐蚀的能力较 40Cr 钢低，且价格较高。渗氮钢 34CrAlNi7 和 31CrMoV9 等，渗氮后表面硬度可达 1000～1100HV，其强度极限都在 900MPa 左右，有较好的耐磨、耐腐蚀性能。

1.1.13　挤出吹塑过程中为何要设置分流板和过滤网？应如何设置？

(1) 设置分流板和过滤网的目的　在螺杆头部和口模之间设置分流板和过滤网的目的是使料流由螺旋运动变为直线运动，阻止未熔融的粒子进入口模，滤去金属等杂质。同时，分流板和过滤网还可提高熔体压力，使制品比较密实。另外，当物料通过孔眼时能进一步塑化均匀，从而提高物料的塑化质量。但应注意在挤出硬质 PVC 等黏度大而热稳定性差的塑料时，一般不宜采用过滤网，甚至也不用分流板。

(2) 分流板和过滤网的设置方法　分流板有各种形式，目前使用较多的是结构简单、制造方便的平板式分流板。分流板多用不锈钢板制成，其孔眼的分布一般是中间布疏，边缘密，或者边缘孔的直径大，中间孔的直径小，以使物料流经时的流速均匀，因为料筒的中间阻力小，边缘阻力大。分流板孔眼多按同心圆周排列，或按同心六角形排列。孔眼的直径一般为3～7mm，孔眼的总面积约为分流板总面积的30%～50%。分流板的厚度由挤出机的尺寸及分流板承受的压力而定，根据经验取为料筒内径的20%左右。孔道应光滑无死角，为便于清理物料，孔道进料端要倒出斜角。

在制品质量要求高或需要较高的压力时，例如生产电缆、透明制品、薄膜、医用管、单丝等，一般放置过滤网。一般使用不锈钢丝编织粗过滤网，铜丝编织细过滤网。网的细度为20～120目，层数为1～5层。具体层数应根据塑料性能、制品要求来叠放。

分流板及过滤网安放位置一般为：螺杆-过渡区-过滤网-分流板。分流板至螺杆头的距离不宜过大，否则易造成物料积存，使热敏性塑料分解；距离太小，则料流不稳定，对制品质量不利，一般为0.1D（D为螺杆直径）。

设置过滤网时，如果采用两层过滤网，则应将细的过滤网放在靠螺杆一侧，粗的靠分流板放，若采用多层过滤网，可将细的过滤网放在中间，两边放粗的；这样可以支承细的过滤网，防止细的过滤网被料流冲破。

1.1.14 换网装置有哪些类型？各有何特点？

分流板及过滤网，在使用一段时间后，为清除板及网上杂质，需要进行更换。挤出机上简单的分流板及过滤网需要停车后用手工更换，当塑料中含有杂质较多时，过滤网堵塞较快，必须频繁更换。过滤网两侧使用压力降连续监控装置，如压力超过某一定值，则表明网上杂质比较多，需要换网。目前主要有非连续换网器和连续换网器两种。

（1）非连续换网器 非连续换网器有手动操作的快速换网装置和液压驱动的滑板式非连续换网器等多种结构形式。

(a) 手动旋转式换网器

(b) 手动滑板式换网器

图1-19 手动操作的快速换过滤网装置

手动操作的快速换网装置结构如图1-19所示，它是最简单的一种换网装置，在换网时挤出生产线必须中断。

液压驱动的滑板式结构如图1-20所示，它是通过液压驱动滑板实现换网动作。需要换网时，液压活塞将带有滤网组的分流板向一侧移开，移出的脏网更换后备用，同时将带有新网的分流板移入相应位置。此装置的换网时间少于1s，但熔体的流动会受到瞬时的影响。主要用于工业生产中，若用于拉条切粒生产，则会破坏料条。

（2）连续换滤网装置 连续换网器的结构形式有单柱塞式、双柱塞式两种形式，其主要组成为换网器驱动装置（液压驱动装置）及换网器本体两部分。结构如图1-21所示。

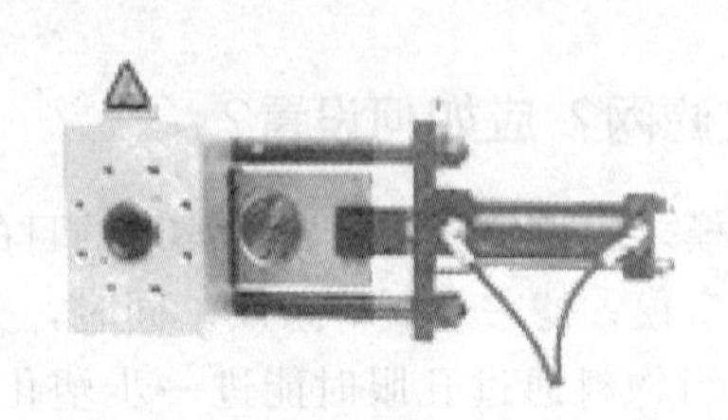

图1-20 液压驱动的滑板式非连续换网装置

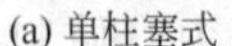

(a) 单柱塞式

(b)双柱塞式

图1-21 连续性换网器

单柱塞式密封性好，具有短平直的熔体流道，可快速换网不停机。运行成本低，性价比高，适用于低黏度熔体，但是压力波动较高，最高应用温度300℃。

双柱塞式连续换网器总共有四个过滤流道，在换网时至少有一个滤网在工作，可在工作中不中断熔体的流动并在多孔板并入流道时排出空气。两个滑板有一个缓慢的运动，使聚合物熔体预填入多孔板，从而保证挤出压力波动很小。

1.1.15 中空吹塑成型用的挤出机应满足哪些要求？生产中应如何选择挤出机规格？

（1）中空吹塑成型用的挤出机应满足的要求 挤出机的类型较多，中空吹塑时不论采用哪种类型的挤出机，为生产出合乎质量要求的产品，选用的挤出机必须满足以下几方面的要求。

① 型坯的挤出必须与合模、吹胀、冷却所要求的时间一样快，挤出机应有足够的生产率，不使生产受限制。

② 挤出机混炼塑化效果好，型坯的外观质量要好，因为型坯存在缺陷，吹胀后缺陷会更加显著。型坯的外观质量和挤出机的混合程度有关，在着色吹塑制品的情况下尤其重要。

③ 挤出机对温度和挤出速率应有精确的测定和控制，控制温差小于±2℃。挤出成型型坯的尺寸大小、熔体黏度和温度应均匀一致，以利于提高产品质量。否则温度和挤出速率的变化会大大影响型坯和吹塑制品的质量。

④ 应具有可连续调速的驱动装置，在稳定的速度下挤出型坯。由于挤出速率的变化或产生脉冲，将影响型坯的质量，而在制品上出现厚薄不均。

⑤ 挤出机的传动系统和止推轴承应有足够的强度。由于冷却时间直接影响吹塑制品的产量，因此，型坯应在尽可能低的加工温度下挤出，在此情况下，熔体的黏度较高，必然产生高的背压和剪切力。

⑥ 挤出机应配备有几种不同结构的螺杆，以生产不同塑料品种的型坯，提高挤出的适用性。

（2）挤出机规格的选择 挤出机规格的表征主要有螺杆。

① 螺杆直径的选择 中空吹塑成型用的挤出机多采用三段式单螺杆挤出机，生产中在选择中空吹塑成型用的挤出机规格时，通常按成型型坯断面尺寸大小来选择。一般吹塑小型制品时，型坯断面尺寸也较小，多选用螺杆直径为 ϕ45～90mm 的挤出机，吹塑大型中空制品时，型坯断面尺寸较大，多选用螺杆直径在 ϕ120～150mm 的挤出机。也可采用两台中小型挤出机组合来吹塑大型制品。

② 螺杆长径比的选择 中空吹塑成型用的挤出机螺杆形式一般选用等距不等深的渐变型螺杆。对聚烯烃和尼龙类塑料则可选用突变型螺杆。挤出机螺杆长径比的选取要根据被加工物料的性能和对产品质量的要求来考虑，螺杆的长径比的选取应适宜。一般长径比太小，物料塑化不均匀，供料能力差，型坯的温度不均匀；长径比大些，分段向物料进行热和能的传递较充分，料温波动小，料筒加热温度较低，能制得温度均匀的型坯，可提高产品的精度及均匀性，并适用于热敏性塑料的生产。

对于热敏性物料的加工，如 PVC 等宜选用较小的螺杆长径比，因过大的螺杆长径比易于造成停留时间过长而产生分解；对于要求较高温度和压力的物料，如含氟塑料等，就需要用较大长径比的螺杆来加工；对于产品质量要求不太高（如废旧料回收造粒）时，可选用较小的螺杆长径比，否则应选用较大的螺杆长径比；对于不同几何形状的物料，螺杆长径比要求也不一样，如对于粒状料，由于经过塑化造粒，螺杆长径比可选小些，而对于未经塑化造粒的粉状料，则要求螺杆长径比大些。一般螺杆长径比为 20～30，如表 1-3 所示为生产中部分塑料要求螺杆的长径比。

表 1-3 生产中部分塑料要求螺杆的长径比

塑料名称	长径比	塑料名称	长径比
PVC-U	16～22	ABS	20～24
软 PVC	12～18	PS	16～22
PE	22～25	PA	16～22
PP	22～25		

③ 螺杆的压缩比　螺杆的压缩比是由于螺杆压缩段螺槽的容积变小使物料获得压实作用大小的表征。螺杆设计一定的压缩比的作用是将物料压缩、排除气体、建立必要的压力，保证物料到达螺杆末端时有足够的致密度，故螺杆的压缩比对塑料挤出成型的工艺控制有重要影响。

在选择螺杆的压缩比时应根据塑料的物理性质，如物料熔融前后的密度变化，在压力下熔融物料的压缩性、挤塑过程中物料的回流及制品性能要求等进行选择。一般密度大的物料压缩比宜较小，密度小的物料压缩比要较大些。目前大都是根据经验加以选择，对聚烯烃塑料，压缩比选（3～4）∶1，对 PVC 粒料常选（2～2.5）∶1，常用中空吹塑料的压缩比如表 1-4 所示。

表 1-4 生产中加工不同性能的塑料与制品的常用压缩比

塑料	压缩比	塑料	压缩比
硬聚氯乙烯粒料	2.5	ABS	1.8
硬聚氯乙烯粉料	3～4	聚碳酸酯	2.5～3
软聚氯乙烯粒料	3.2～3.5	尼龙 6	3.5
软聚氯乙烯粉料	3～5	尼龙 66	3.7
聚乙烯	3～4	尼龙 11	2.8
聚丙烯	3.7～4	尼龙 1010	3
PET	3.5～3.7	聚苯乙烯	2～2.5

1.1.16 单螺杆挤出机对传动系统有哪些方面的要求？常用的传动系统的结构形式有哪些？各有何特点？

(1) 对传动系统的要求　单螺杆挤出机对传动系统主要是驱动螺杆，并使螺杆在给定的工艺条件（如温度、压力等）下获得所必须的转矩和转速并能均匀地旋转，以实现稳定的挤出。在挤出中空成型过程中传动系统应满足螺杆的驱动功率和传动转矩的要求，符合挤塑机的恒转矩工作特性；另外，螺杆的转速应有一定的调节范围，调节的形式可以是无级调速和有级调速。同时还应满足轴承的布置合理，操作使用可靠，维修方便，噪声小等方面要求。目前对于大多数通用挤塑机的调节范围在 1∶(6～10) 以内，对于小型挤塑机（如 SJ-30）通用性较大，其调速范围也较大，通常为 1∶10。螺杆转速的调节目前大多采用无级调节，因无级调节可以在挤出机的调节范围内任意改变转速的大小，易于实现自动控制。

(2) 常见传动系统的形式及其特点　单螺杆挤出机的传动系统大多由原动机、调速装置和减速装置等装置组成。常用的原动机主要是变速电机，如整流子电机、直流电机、交流变频电机等。这些原动机由于本身带有调速装置，因此传动系统都可不设调速装置。常用的减速装置主要有齿轮减速箱、蜗轮蜗杆减速箱、摆线针轮减速器、行星齿轮减速器等。

整流子电机与普通齿轮减速箱组成的传动系统结构特点是运转可靠，性能稳定，控制、维修都简单。调速范围有 1∶3、1∶6 和 1∶10 几种。但由于调速范围大于 1∶3 后电机体积显著增大，成本也相应提高，故我国挤塑机大都采用 1∶3 的整流子电机。若调速范围不足时，可采用交换皮带轮或齿轮的方法来扩大。

直流电机与普通齿轮减速箱组成的传动系统结构特点是启动比较平稳，调速范围大，如我国生产的 Z2-51 型直流电机最大的调速为 1∶16，它即可实现恒转矩调速，也可实现恒功率调速。具有体积小、重量轻、效率高等特点，近些年来得到了广泛应用。但直流电机在转速低于 100～200r/min 时，其工作不稳定，而且在低速时电机冷却能力也相应下降。为了使直流电机在低速时散热良好，可以另加吹风设备进行强制冷却。

直流电机和摆线针轮减速器组成的传动系统具有紧凑、轻便、效率高和噪声小的优点，在挤塑机中也得到较好的应用。

交流变频调速电机与普通齿轮减速箱具有调速范围宽、性能好，快速响应性优良，恒功率和恒转矩调速节能效果好；启动转矩大、过载能力强；运转可靠、性能稳定，能保持长时间低速或高速运行；噪声低、振动小；结构紧凑、体积小，控制简单、维修方便，容易实现自动化、数字化控制，调速方案先进，目前应用日渐增多。

1.1.17　挤出机加热装置有哪些结构形式？各有何特点？加热装置应如何设置？

(1) 挤出机的加热装置　目前挤塑机加热主要采用电阻加热和电感应加热两种。电阻加热常用的主要有带状加热器、铸铝加热器和陶瓷加热器等。

(2) 各类特点　电阻加热装置一般外形尺寸较小、重量轻、装拆方便，因此在挤出机中最常用。

① 带状加热器　带状加热器的结构如图 1-22 所示，它是将电阻丝包在云母片中，外面再覆以铁皮，然后再包围在机筒或机头上。这种加热器价格也便宜，韧性好，但易受损害，在 500℃以上，云母会氧化。加热器要与机筒很好地接触，安装不当，会导致机筒不规则过热，也会导致加热器本身过热而损坏。

② 铸铝加热器　铸铝加热器结构如图 1-23 所示，它是将电阻丝装于金属管中，周围用氧化镁粉之类的绝缘材料填实，弯成一定形状后再放入模具用铝合金浇铸成所需形状。铸铝加热器一般由两瓣组成，装拆方便，成本低，可防氧化、防潮、防震、防爆、寿命长，传热效率也很高，最高加热温度达 400℃。但温度波动较大，制作较困难。

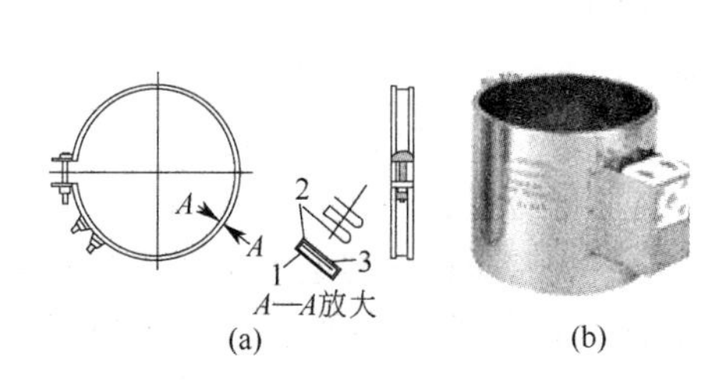

图 1-22　带状加热器

1—云母片；2—电阻丝；3—铁皮

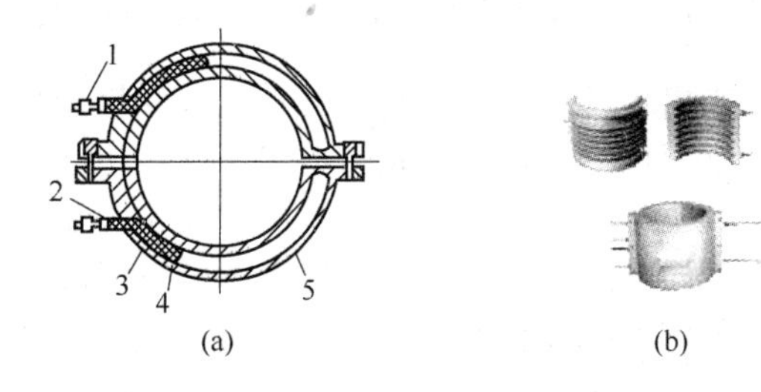

图 1-23　铸铝加热器

1—接线柱；2—铜管；3—电阻丝；4—氧化镁粉；5—铸铝

③ 陶瓷加热器　陶瓷加热器结构是将电阻丝穿过陶瓷块，然后固定在铁皮外壳中，如图 1-24 所示。这种加热器具有耐高温、寿命长（4～5 年）、抗污染、绝缘性好等特点。能满足现代塑料加工业中需要高温加热的工程塑料的加工要求，最高加热温度可达 700℃。

④ 电感应加热　电感应加热结构如图 1-25 所示。它是在机筒的外壁上隔一定间距装上若干组外面包以主线圈的硅钢片构成的。当将交流电源通入主线圈时，产生电磁，而电磁在通过硅钢片和机筒形成的封闭回路中产生感应电动势，从而引起二次感应电压及感应电流，即图 1-25 中所示的环形电流，亦叫电的涡流。涡流在机筒中遇到阻力就会产生热量。

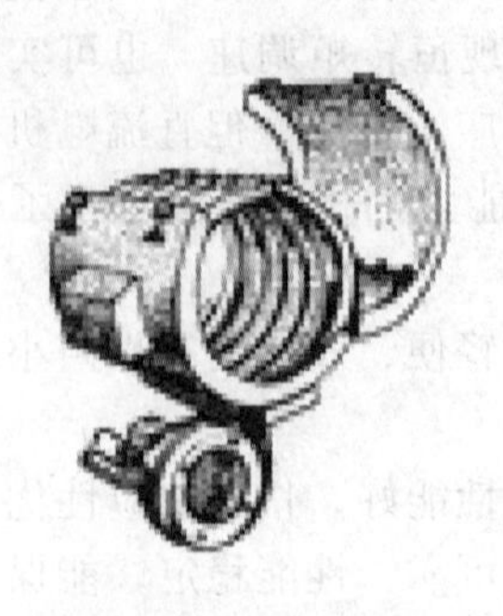

图 1-24 陶瓷加热器

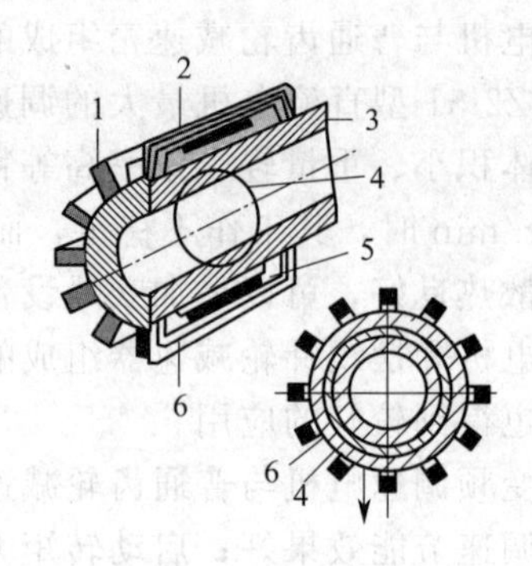

图 1-25 电感应加热器

1—硅钢片；2—冷却介质（水或空气）；3—机筒；
4—二次电流（机筒上）；5—线圈；6——次电流

电感应加热时一般预热升温的时间较短，加热均匀，在机筒径向方向上的温度梯度较小；对温度调节灵敏；节省电能，比电阻加热器可节省大约 30%；使用寿命比较长。但加热温度会受感应线包绝缘性能的限制，不适合于加工温度要求较高的塑料；成本高；机身的径向尺寸大，装拆不方便，不便于用于加热机头。

(3) 加热系统的设置 加热系统要求分段设置，根据螺杆直径 D 和长径比 L/D 的大小，把机筒分为若干区段进行设置，一般不得少于两段，每段长度约为 (4～7)D，一般加料口处 (2～3)D 范围内不设置加热器。随着挤出机向高速高效发展，挤出机的加热功率和加热段数都有增加的趋势。目前常用挤塑机的加热功率和加热段数如表 1-5 所示。

表 1-5 常用挤塑机的加热功率和加热段数

螺杆直径/mm	30	45	65	90	120	150	200
加热功率/kW	4	6	12	24	40	60	100
加热段数	3	3	3	4	4	5	5

1.1.18 挤出机机筒的冷却形式有哪些？各有何特点？

挤出机机筒的冷却形式主要有风冷却和水冷却两种。

常用风冷装置结构如图 1-26 所示。用空气作为风冷介质，通过风机鼓风进行冷却。风冷却比较柔和、均匀、干净，但易受外界气温的影响，冷却速度较慢；风机占的空间体积大，成本较高，易产生噪声，生产过程中一般可通过增大风量，或将密集的铜棒装在铜环上形成散热器，如图 1-26(a) 所示，或可以将加热器制作成带有散热片的结构，如图 1-26(b) 所示，以提高风冷却效果。目前风冷装置在挤出机中应用较为普遍。

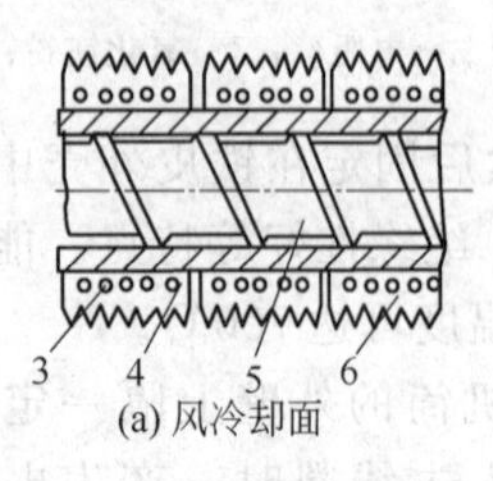

(a) 风冷却面

(b) 带有散热小棒的带状加热器

1 2 3 4 5

(c) 带有散热片的铸铝加热器

图 1-26 常用风冷装置结构

1—紫铜棒；2—铜环；3—加热器；4—机筒；5—螺杆；6—散热片

几种常用水冷装置的结构如图 1-27 所示。水冷的特点是冷却速度快，体积小，成本低，但易造成急冷，扰乱物料的稳定流动。冷却水的通道易出现因结垢和锈蚀现象而降低冷却效果。另外，如果密封不好，还容易出现漏水现象。水冷主要用于大型挤塑机的机筒或需要强制冷却的场合，目前最常用的结构为图 1-27(a) 所示，它是在机筒的表面加工出螺旋沟槽，然后将冷却水管（一般是紫铜管）盘绕在螺旋沟槽中。其最大的缺点是冷却水管易被水垢堵塞，而且盘管较麻烦，拆卸亦不方便。冷却水管与机筒不易做到完全的接触而影响冷却效果。而图 1-27(b) 所示是将冷却水管同时铸入同一块铸铝加热器中。这种结构的特点是冷却水管也制成剖分式的，拆卸方便。但铸铝加热器的制作变得较为复杂。图 1-27(c) 所示是在电感应加热器内边设有冷却水套，这种装置装拆很不方便，冷冲击较为严重。

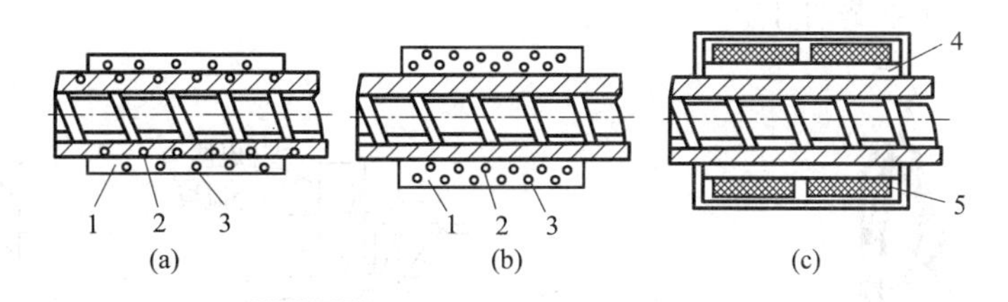

图 1-27　几种常用水冷装置的结构

1—铸铝加热器；2—冷却水管；3—加热棒；4—冷却水套；5—电感应加热器

1.1.19　单螺杆挤出中空吹塑成型过程中螺杆为什么要冷却？应如何控制？

(1) 螺杆冷却的目的

① 控制螺杆和物料的摩擦系数使其与机筒和物料之间的摩擦系数差值最大，以利于固体物料的输送。

② 控制制品质量，实现低温挤出熔料。对于熔体黏度大的塑料，如硬聚氯乙烯，其流动性差，与螺杆表面之间摩擦较大，易产生较大的摩擦热，为防止螺杆因摩擦热过大而升温，造成螺杆表面黏附熔料，而引起分解、烧焦，必须降低螺杆温度。

(2) 螺杆冷却的控制　螺杆的冷却一般可采用冷却水进行冷却，螺杆温度应控制适当，若温度过低会造成机筒内熔料的反压力增加，产量下降，甚至会发生物料挤不出来而损坏螺杆轴承的事故。

生产中螺杆温度一般控制在 80～100℃。螺杆的冷却速度可用冷水的流量来控制，冷却水流量越大，冷却越快。螺杆冷却的强度可根据冷却水的出水温度来判断，如果出水温度低，则说明冷却程度大。螺杆冷却应控制出水温度不低于 70～80℃。

1.1.20　单螺杆挤出机的温度控制系统由哪些部分所组成？各组成部分的结构特点如何？

(1) 温控系统的组成　挤出中空吹塑过程中为保证产品质量需准确地测定和控制挤出机的温度并减少其波动，因此，挤出机通常需在机头、机筒、螺杆的各段进行温度的测量和控制。温度控制的组成原理如图 1-28 所示，由检测装置将控制对象的温度 T 测出，转换成热电势信号，输入到温度调节仪表与设定值温度 T_0 进行比较，根据偏差 $\Delta T = T - T_0$ 数值的大小和极性，由温度调节仪表按一定的规律去控制加热冷却系统，通过对加热量的改变，或者对冷却程度及冷却时间的改变，达到控制机筒或机头温度并使之保持在设定值附近的目的。温度控制系统主

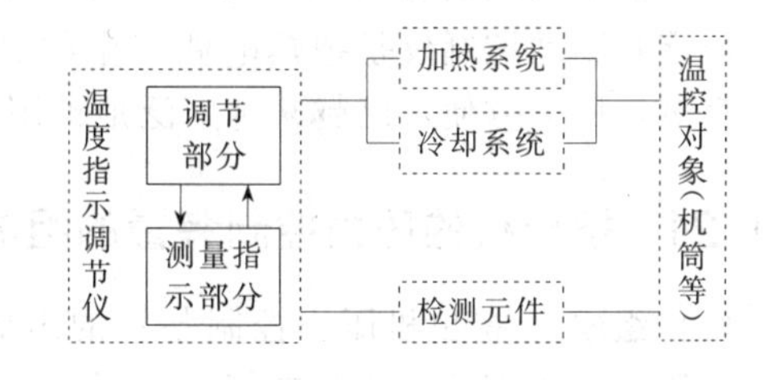

图 1-28　温度控制的组成原理

要由测温仪、温度指示调节仪等两部分组成。

（2）各部分的结构类型 测温仪主要有热电偶、测温电阻和热敏电阻等，其中热电偶最为常用。

热电偶的结构如图1-29所示，热电偶测温头是由两根不同的金属或合金丝（铂铑-铂、镍铬-镍铝等）一端连接，接点处为测温端，另一端作输出端分别连接毫伏计或数字显示电路。测温时，由于测温端受热，与输出端产生温差，而形成温差电势，测量出温差电势的大小，即可确定测温点的温度。热电偶的安装在机头处时，最好是能使热电偶直接与物料接触，以便能更精确地测量和控制机头的温度，一般有两种设置情况如图1-30所示。若需要测量和控制螺杆的温度，热电偶可装在螺杆上。

图1-29 热电偶

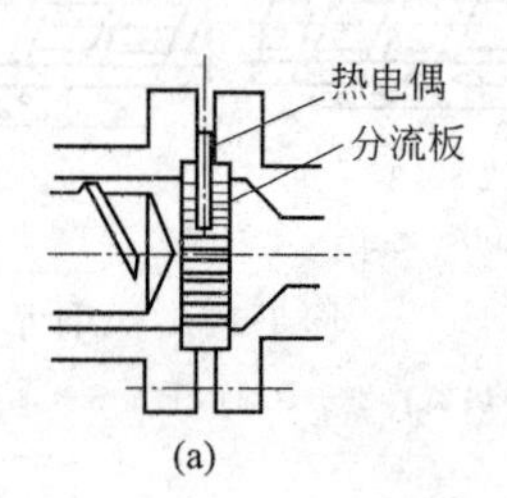

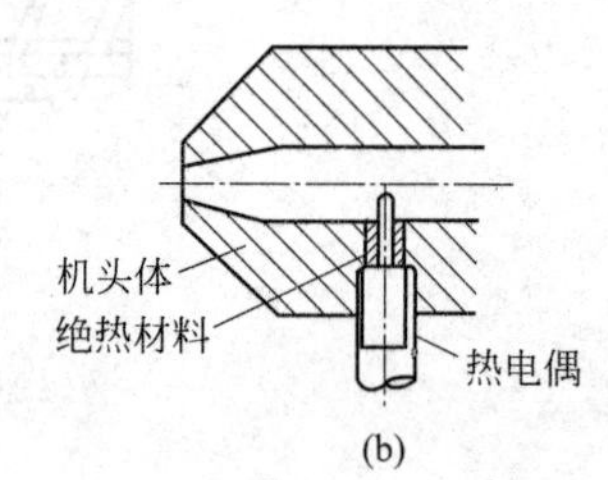

图1-30 热电偶在机头上的两种设置情况

测温电阻是利用温度来确定导体电阻的数值，再将此数值转换成温度值的一种测温方法。测温电阻的结构如图1-31所示，它是用铂金、铜和镍等作为电阻的。测温电阻的体积比热电偶大，也比热敏电阻大。在测温时还存在探测的迟缓现象，但它可以直接测定温度。

热敏电阻的结构如图1-32所示，它是由数种金属氧化物组成的测温电阻，其温度系数小，探测的迟缓现象亦小，且测低温的效果较好，所以得到广泛的应用，但在360℃以上使用较长时间时就会表现不稳定。

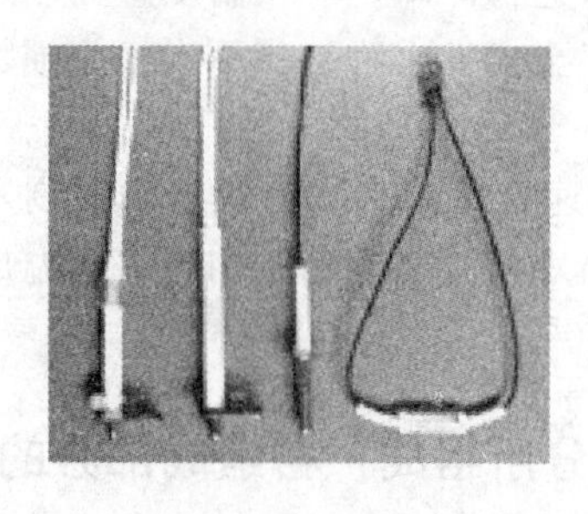

图1-31 测温电阻

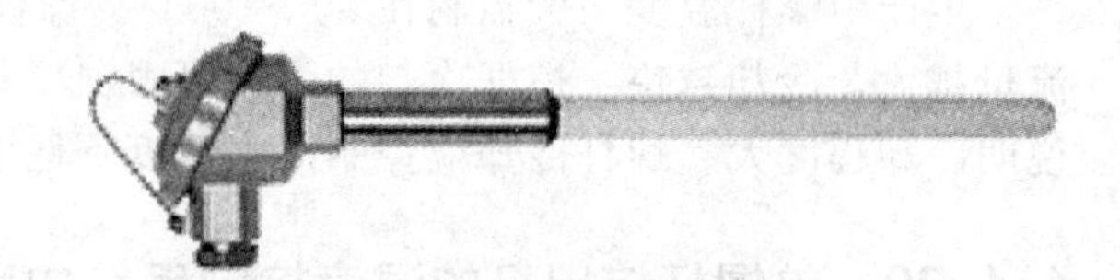

图1-32 热敏电阻

动圈指示调节仪是指通过它时产生的电流，会按照电流的比例转动起来而指示温度的一种装置。目前所采用的有XCT-101、XCT-111、XCT-141、XCT-191等。

数字式温度控制仪是把热电偶产生的热电势通过数字电路用数码管显示出来。它更为准确、直观，调节方便，已越来越广泛地被用于挤塑机的温度控制。

1.1.21 挤出机的压力控制装置的组成如何？如何来实现压力的调节控制？

（1）组成 挤出机压力控制装置的组成主要由测压表和压力调节控制装置两部分组成。常用测压表主要有液压式和电气式等类型。液压式测压表结构如图1-33所示，使用方便，但测量精度较低。电气式测压表的结构如图1-34所示，它能进行动态测试，并能自动记录数值，灵敏、精度高，应用广泛。压力调节控制装置一般采用压力调节阀进行压力调节。

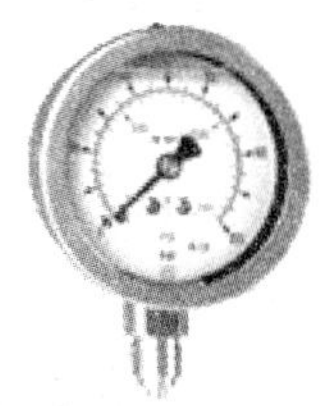
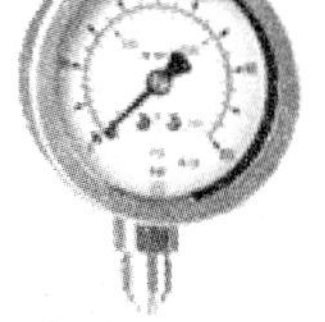

图 1-33　液压式测压表

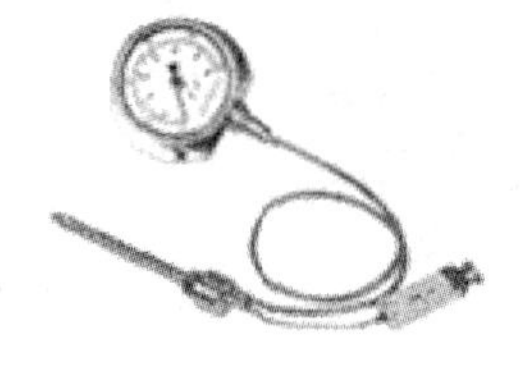

图 1-34　电气式测压表

(2) 压力调节控制方法　挤出机的压力调节控制通过改变物料输送过程中的流通面积来改变流道阻力而进行压力调节。压力调节阀的形式主要有径向调节和轴向调节等。压力调节的方式多用手动调节，轴向调节时可用液压调节，但不稳定。

径向调节装置如图 1-35(a) 所示，通过螺栓的上下调节流道阻力。它的结构简单，控制简便，调节范围和精度很有限，且不利于物料的流通，适用于除了更硬质聚氯乙烯塑料以外的塑料加工。

如图 1-35(b) 所示为一种轴向调节间隙的压力调节装置，它通过移动螺杆而调节阀口轴向的间隙，其结构较复杂。

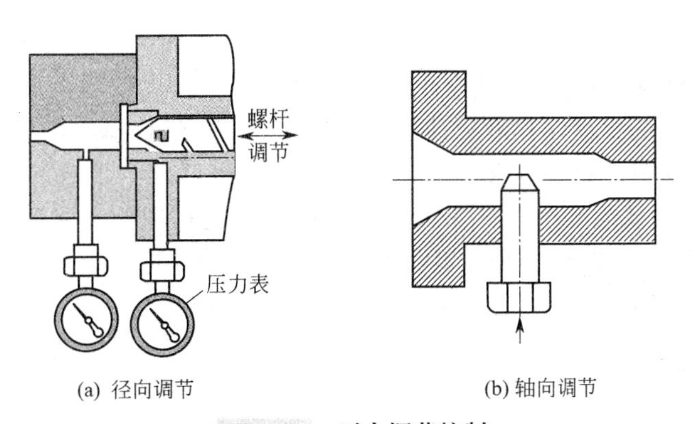

图 1-35　压力调节控制

1.1.22　单螺杆挤出机应具有哪些安全保护措施?

单螺杆挤出机应具有的安全保护措施是过载安全保护、加热器断线报警、金属检测装置及磁力架、接地保护、防护罩保护等。

过载保护是为了防止挤塑机的螺杆、止推轴承、机头连接零件等在工作过程中所承受的工作应力超出其强度许用应力范围时，可能造成零件损坏或发生人身安全事故的一种保护。过载保护又有安全销（键）的保护、定温启动装置、继电器保护等多重保护。

安全销（键）的保护装置是在挤出机传统系统的皮带轮上设置安全销（键)，当过载时，安全销被剪断，切断电机传来的转矩，起到保护作用。但这种方法可靠性较差。

定温启动是在料筒升温若达不到工艺要求所设定温度时，即使按下启动按钮，挤出机电机也不能启动。

继电器保护是在电机的电路中设置热继电器和过流继电器，一旦出现过载，继电器便可以切断电源。

加热器断线报警是在任何一段加热器断线，在电气柜上都有报警显示，以便及时维修。

金属检测装置及磁力架是为了防止原料中含有金属杂物或因工作不慎将金属物件落入料斗

图 1-36　磁力架

而严重损坏螺杆、机筒，一般在挤塑机料斗上设置金属检测装置，一旦金属杂物进入料斗便自动报警或停机。磁力架是永久强磁磁铁，结构如图 1-36 所示，它可以吸住进入料斗的磁性金属，以免金属落入料筒。

机身及电气柜都应按规定接地保护，电气控制柜应有开门断电保护及警示标牌，以避免人员触电安全事故。

挤出机传动系统皮带传动、联轴器和料筒的加热器都应设有防护罩，以免引起人身安全事故。

1.1.23 挤出中空吹塑机的合模机构的组成如何？合模机构有哪些类型？各有何特点？

(1) 合模机构组成　合模机构主要用于安装吹塑模具，使塑料型坯能在模具中快速成型为吹塑制品。合模机构应能实现模具的快速开合模、慢速开合模、四开模的上下开合模、模具嵌件及抽芯动作、塑料型坯的扩坯、预夹与吹胀、高压锁模、制品低高压吹胀成型、安全门的开合以及模具的快速更换等功能。通常合模机构的组成主要包括底座、液压缸、模板、下部吹胀装置、预夹装置、扩坯装置、安全门、模板同步合模装置，以及合模机构移出装置等零部件。

(2) 合模机构类型　合模机构主要有二板直压式、三板四拉杆联动式、两板销锁式等。

① 二板直压式合模机构　直压式合模机构主要用于一些大型中空成型机，模板合模、开模的液压力由主液压系统提供，其液压动作主要有快合模、慢合模、快开模、慢开模、高压锁模等，高压锁模时的锁模力达 3000kN。

② 三板四拉杆联动式合模机构　三板合模机构是目前在用的大中型吹塑设备中使用最多的一种合模机构，多数 200L 全塑桶吹塑设备的合模机构采用这种结构形式。在高压锁模的装置上不同厂家采用了不同的结构形式，有采用增压液压缸的，有采用销锁液压缸的，还有采用直压油缸的。如秦川未来塑料机械有限公司生产的大中型中空成型机合模机构的结构，如图 1-37 所示。这种合模机构的特点是在它的有效行程内调整方便，开合模平稳可靠。此外，另一种三板两拉杆合模装置是它的变形，它在安装模具方面比三板四拉杆合模装置更方便一些。

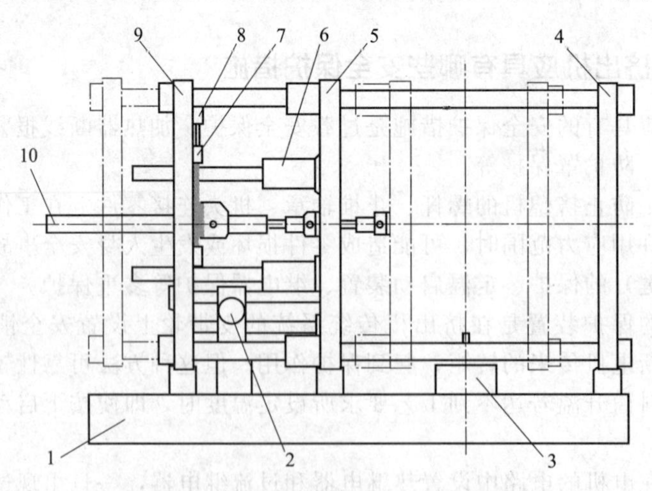

图 1-37　三板四拉杆合模装置结构示意图

1—底座；2—同步装置；3—扩坯装置；4—右模板；5—中模板；6—锁模液压缸；7—挡板；8—挡板液压缸；9—左模板；10—合模液压缸

③ 两板销锁式合模机构 两板销锁式合模机构的移模运动由液压缸或伺服电机驱动滚珠丝杆来实现，运动副采用了滚珠直线导轨，具有刚性高、运动精度高、运动轻快等特点，这种两板式合模装置的合模力是由两对或三对位置可调的销锁液压缸来实现的。为了方便模具安装，这些销锁油缸可以方便地从模板上取下来，并通过沿轴向的调整来适应不同的模具厚度的要求。目前常见的两板销锁式合模机构如图1-38所示。

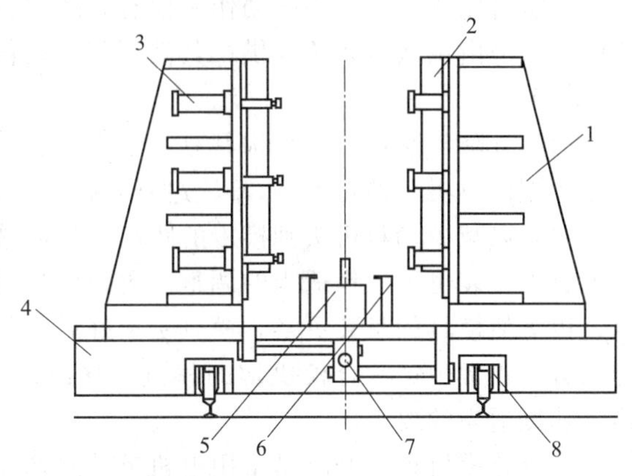

图1-38 两板销锁式合模机构

1—模板；2—模具；3—销锁液压缸；4—合模机构底座；5—下吹及扩坯装置；6—预夹装置；7—模板同步装置；8—合模机构移出装置

有的两板销锁式合模机构采用互相对称的两套液压驱动机构同步分别驱动各自的模板，由于模板中心受驱动液压缸的作用力，所以能降低模板的重量，减小锁紧变形量，装卸模具更容易、容模量更大、更适合机械手的操作，性能上比其他结构的合模机构更具有优越性。此外，两板合模机构的驱动装置采用伺服电动机驱动滚珠丝杠来进行开合模的已经在技术上非常成熟，尤其是在中小型中空成型机的合模机构的应用方面已经得到较多的使用，在开合模速度调节与节能方面这种驱动方式能够取得较好的效果。如苏州同大机械有限公司研制成功，采用小型液压缸推动，销锁液压缸锁模，具有刚性好、运行平稳、节能、快速、锁模力矩大等特点。其模板宽度尺寸达到1800mm，高度尺寸达到2400mm，合模力达到3000kN。该设计已经获得国家多项发明专利权。

1.1.24 挤出中空吹塑机二板直压式合模机构的结构组成如何？动作原理怎样？

两板直压式合模机构主要由固定在机架上的四个上下直压液压缸、两块大型模板、钢板组焊成的槽状的可以升降和移动的机架、预夹装置，以及可以升降的扩坯装置等组成。

图1-39所示为超大型中空成型机两板直压式合模机构，大型模板底部的两侧各安装有两个滚轮，滚轮在轨道上滚动。每块模板各有两个液压缸推动合模、开模。为了保障模板合模时对准中心，模板合模、开模时有同步齿轮、齿条及链条、链轮组成同步机构起同步保障作用。合模机构上还设有口模、芯模拆装装置，可以安全地实现对口模、芯模的拆卸和安装。该装置有手动液压泵实现拆装装置的升降动作，手工进行圆周方向的对位工作，对位精度可以达到±2mm左右；可以非常方便、安全地实现对大型口模、芯模的拆装。

合模机构还设有大量的液压管道、气动管道、水冷却管道、电气控制线路等，它们能保障合模机构各项功能的实现和动作的完成。

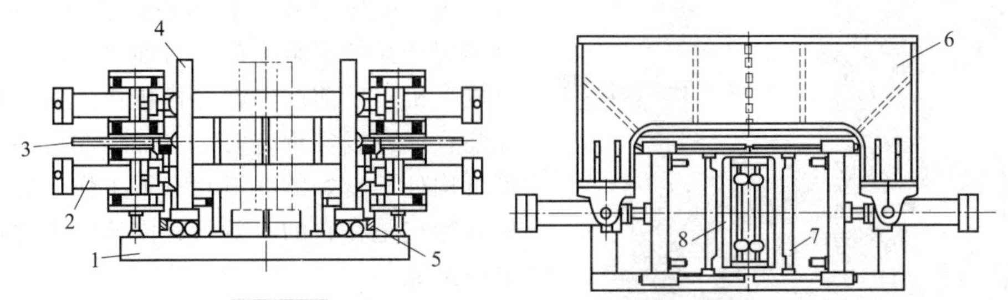

图1-39 超大型中空成型机两板直压式合模机构

1—底座；2—合模油缸；3—同步齿条；4—模板；5—合模同步装置；6—机架；7—预夹装置；8—扩坯装置

二板直压式合模机构的动作主要有升降与移动、扩坯、模板的对位、预夹，模板合模、开模的液压力由主液压系统提供，其液压部分动作主要有快合模、慢合模、快开模、慢开模、高压锁模等。

(1) 升降与移动 整个构具有上下升降、前后移动的功能，正常生产时，整个合模机构固定在大型储料机头的正下方，以方便塑料型坯的成型。并且可以将合模机构升到一个比较合适的位置，以减少储料机头到模板的距离，从而减少塑料型坯的边料。此外，对不同的吹塑制品的模具的安装也可以作适当的调整。更换模具时，整个合模机构可以向操作方向移出一定的距离，以方便模具的吊装更换，模具更换好后，整个合模机构即往储料机头的正下方移动，并固定以方便正常生产。合模机构的移进、移出是由一个较长的液压缸来推动的，满足了移动平稳，速度适当的要求。

整个合模机构的升降是采用电机带动减速器及同步蜗轮、蜗杆装置来实现的，具有升降速度平稳，可控制精度较高的特点。

(2) 扩坯装置的动作 扩坯装置安装在模板中心的正下方位置，有两个扩张杆，具有前后扩张、收缩，上下升降，吹气等功能。扩张、收缩动作由汽缸驱动，上下升降动作由液压缸驱动。整个扩坯装置也可以升降一定的行程，它的升降由电动机带动减速器及同步装置来实现。升降过程采用控制按钮点动的方式进行，升降动作平稳，可以较快地实现上下对位动作。

(3) 模板的对位 在两块模板的下部位置各安装有两个螺杆，可以较好地调节模具的对位距离，从而实现模具的平稳合模，吹塑制品的正常成型。

(4) 预夹装置的动作 型坯的预夹装置安装在型坯扩张装置的两侧，它的动作由汽缸驱动，两边夹紧板的同步由同步链轮、链条来保障，预夹装置具有夹紧、放松两个主要动作，其动作迅速，夹紧力量较大，能较好地完成吹塑成型工艺要求。

(5) 合模机构的其他结构 合模机构上安装有安全门，以保证正常生产时操作人员的安全防护。安全门上还安装有磁场感应装置、液压保护开关等多种安全保护装置，以防止意外的发生。

1.1.25 三板四拉杆合模机构的结构组成如何？运动形式怎样？

(1) 结构组成 该合模机构的主要功能有快合模、慢合模、快开模、慢开模、高压锁模、保压等，一般根据产品需要还会增加四开模模具的上下开模、合模及保压等功能，有些产品生产时还需要增加嵌件的固定与推出以及侧吹等功能。这种合模机构主要由锁模油缸，左、右、中三块模板，挡板，挡板液压缸及合模油缸等组成，结构如图 1-40 所示。多数还安装有型坯扩张装置与吹胀装置，有的还安装有预夹装置等，以实现产品的正常生产。目前多数设备厂家在中空成型机出厂前已经在合模机构上安装有自动加油装置，可以实现定时定量加注润滑油，确保合模机构处于良好的润滑状态下工作。这种合模机构的特点是在它的有效行程内调整方便，开合模平稳可靠。

图 1-40 三板四拉杆合模机构

(2) 运动形式 三板四拉杆机构的运动形式是固定在左模板中间位置的小型合模液压缸在油液的作用下推动中模板向右模板方向运动，同时，左模板在液压缸的推动下则向外侧运动，右模板在一端固定右模板而另一端固定右模板的四根拉杆的拉动下，和同步齿条装置的联动作用下向中模板移动，形成中模板与右模板的合模；反之，则为开模。高压锁模时，小型液压缸将模板推动到合模位置，安装在左模板上的锁模挡板液压缸下移，带动锁模挡板也下移，安装在中模板上的两个大型锁模液壁缸在油液的推动下，活塞杆向外锁模挡板方向推出，实现高压锁模。锁模到位后，即发出电信号、进行保压、吹塑制品即可吹胀成型。

1.1.26　挤出中空吹塑机吹气装置有哪些形式？吹气装置的结构组成如何？

(1) 吹气装置的形式　挤出中空吹塑成型机吹气装置的结构形式主要有上吹、下吹、侧吹等几种主要吹气形式。根据吹塑制品的成型特点，选择不同的吹气方式对于制品的顺利成型非常重要。一般小型吹塑制品采用上部吹气装置，大中型中空吹塑成型机则大都采用下吹装置。

(2) 吹气装置的结构组成　多数上吹装置设置在机头的两侧、模具的上部，双工位的中空成型机则分别在机头的两侧各安装一套上吹装置。它们的吹气杆的升降采用汽缸驱动。

下吹装置设置在左、右模板中间的下部，多数设计得比较复杂，在动作上有前后运动和上下运动方式。前后运动主要用于型坯的扩坯；上下运动主要用于吹气杆的上升与下降。在200L 全塑桶的生产设备上，下吹装置还设计有桶口螺纹的旋转脱模以及对桶口螺纹的局部挤实压紧动作（一般采用下吹气杆在模具合模后、进入高压锁模前向上挤压 5mm）。国内多家中空成型机制造厂家均对 200L 全塑桶生产设备的下吹装置进行优化与改进。在某些大中型中空成型机组中，整个下吹装置还设计有整体上升、下降及前后移动的调整装置，以适应吹塑不同产品的要求。

侧吹装置多数是安装在模具上面，结构相对比较简单一些，一般是采用小型汽缸推动，多应用于工具箱、风管、异形件等制品的吹塑模具上。

1.1.27　双螺杆挤出机有哪些类型？各有何特点和适用性？

(1) 双螺杆挤出机的类型　双螺杆挤出机挤出时物料在熔融塑化前必须压实，以利于排气、传热、加速熔融塑化及获得密实的制品，而物料的压实主要通过双螺杆压缩比、在螺杆上设置反向螺棱元件或反向捏合块等方法实现。双螺杆挤出机根据两根螺杆相对的位置不同以及两根螺杆间相对旋转方向的不同，形成了多种类型。

① 根据两根螺杆中心距的大小分　双螺杆挤出机按两根螺杆中心距的大小可分为啮合型和非啮合型两种。非啮合型双螺杆挤出机也称外径接触式或外径相切式双螺杆挤出机，其特点是两根螺杆轴线间的距离不小于两根螺杆的外圆半径之和。啮合型双螺杆挤出机的螺杆轴线间距小于两根螺杆外圆半径之和。根据一根螺杆的螺棱插到另一根螺杆螺槽中的深浅程度，亦即啮合程度，又分为全啮合型（紧密啮合型）和部分啮合型（不完全啮合型）。所谓全啮合型是指啮合时一根螺杆螺棱顶部与另一根螺杆螺槽根部之间不留任何间隙；所谓部分啮合型是指啮合时一根螺杆的螺棱顶部与另一根螺杆的螺槽根部之间留有间隙。

② 根据两螺杆旋转方向分　双螺杆挤出机根据两螺杆旋方向的不同可分为同向旋转双螺杆挤出机和异向旋转双螺杆挤出机。对于同向旋转的双螺杆挤出机，因其螺杆旋转方向一致，因此两根螺杆的几何形状、螺棱旋向完全相同。而异向旋转双螺杆挤出机的两根螺杆的几何形状对称，螺棱旋向完全相反。通常一般螺杆的旋向为向外异向旋转较多见，因为向外旋转双螺

杆在物料自料斗进入后，沿向外旋转的螺杆向两边迅速自然分开并充满螺槽，不易出现“架桥”现象，有利于物料的输送，且随着螺杆的输送，物料很快与机筒内壁接触，有利于充分吸收外热，提高了塑化效率。同时，由于物料由下方进入螺杆间隙，产生一个向上的推力，与螺杆的重力方向相反，可以减少螺杆与机筒的磨损。

③ 根据两根螺杆轴线的相对位置分　双螺杆挤出机根据两根螺杆轴线的相对位置可分为平行（圆柱体）双螺杆挤出机和锥形双螺杆挤出机。平行双螺杆的螺棱顶径面分布在圆柱面上，轴线平行；锥形双螺杆的螺纹分布在圆锥面上，螺杆头端直径较小。两根螺杆安装好后，其轴线呈相交状态。一般情况下，锥形双螺杆属于啮合向外异向旋转型双螺杆。双螺杆挤出机的类型如图 1-41 所示。

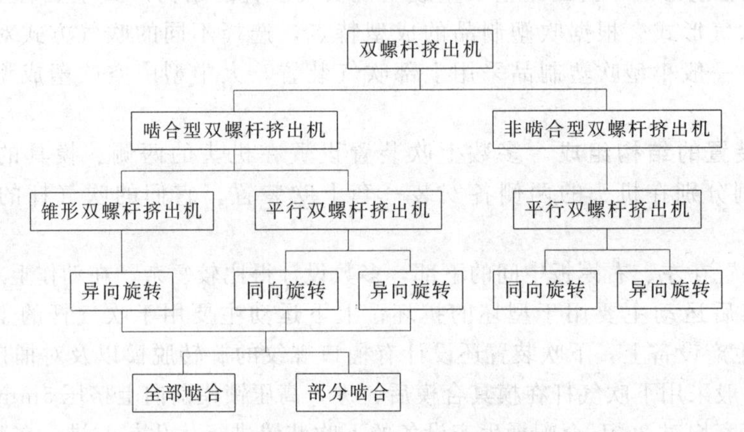

图 1-41　双螺杆挤出机的类型

(2) 各类特点及适用性　对于啮合型异向旋转双螺杆挤出机，当物料随螺杆的旋转，在压力梯度作用下通过啮合区的间隙时，对螺杆产生巨大的分离力，即螺杆的横压力对进入间隙的物料产生辊压和剪切摩擦作用。这样，一方面提高了物料的塑化、混合质量；另一方面又容易加剧螺杆与机筒的磨损，且螺杆转速越高，磨损越严重。通常把这种效应称为“压延效应”。因此，该类挤出机的螺杆转速较低，一般低于 60r/min。啮合异向双螺杆挤出机主要用于粉料聚氯乙烯直接挤出制品或造粒，也可用于聚合物的物理、化学改性。

在同向平行双螺杆挤出机中，由于两根螺杆在啮合区的速度方向相反，没有使螺杆向两边推开的分离力，不存在压延效应，保证了螺杆的对中性，可最大限度地避免螺杆与机筒间产生磨损，这就使同向旋转双螺杆挤出机可以在比异向旋转双螺杆挤出机高得多的转速下运行，一般可达 300～500r/min，从而获得比异向双螺杆挤出机更高的产量。此外，由于同向双螺杆螺槽中，剪应力大且分布均匀，剪切速度大，因此剪切效果较异向双螺杆更好。在同向双螺杆挤出机上还可配置捏合盘等混炼元件，这样更有利于提高混合效果。啮合同向双螺杆挤出机主要用于聚合物合成时的脱水、脱挥发物、造粒及聚合物的共混改性、填充改性、增强改性和反应挤出等。

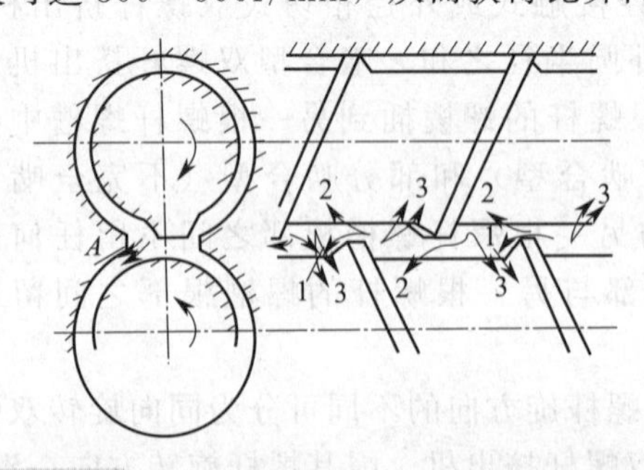

图 1-42　物料在非啮合平行双螺杆中的流动

1—螺杆啮合间隙流动；2—沿螺杆轴向流动；3—螺杆径向方向的流动

非啮合双螺杆挤出机由于物料有多种复杂流动，如图 1-42 所示，故其混合性能优于单螺杆挤出机。通常非啮合型双螺杆挤出机具有长径比大（可达 120）、单位长度上的自由体积大（比相同直径啮合型双螺杆大25%)、物料在螺杆中停留时间长、良好的分布混合能力、良好的排气性能和建压能力低（因漏流比较大）等特点，主要用于聚合物合成中的脱水、脱挥发物、反应挤出和塑料回收等。

锥形双螺杆挤出机挤出时，由于锥形双螺杆在加料段具有较大直径，对物料的传热面积及剪切速率都较大，有利于物料的塑化；在均化段，直径减小，传热面积和对熔体的剪切速率均减小，能使熔体避免过热而在较低温度下挤出；均化段末端螺杆截面积小，因此在同等机头压力下，它的轴向力减小，减轻了止推轴承的负担；两根螺杆的轴线交叉成一夹角，使螺杆尾部具有较大的空间位置，可安装较大尺寸的轴承和齿轮，提高了传动箱的承载能力。它主要适用于PVC粉料和热敏性物料的成型加工，特别是SPVC制品的挤出成型。

1.1.28　挤出机机筒与机头连接处为何要设置分流板和过滤网？挤出过程中应如何安放分流板和过滤网？

(1) 设置分流板和过滤网的目的　在机筒和机头连接处安装分流板和过滤网的分流板（又称多孔板）和过滤网的目的是使物料由旋转运动变为直线运动，阻止金属等杂质和未塑化的物料进入机头，改变熔体压力，以控制塑化质量。

(2) 分流板和过滤网的安放　分流板有各种形式，目前使用较多的是结构简单，制造方便的平板式分流板。为使物料通过分流板之后的流速均匀，常使孔的分布为中间疏，边缘密，孔的大小通常是相等的，其直径一般为2～7mm并随螺杆直径的增大而增大。孔的布置多按同心圆排列，也有按六角形排列的，孔的总面积约为分流板有效面积的30%～70%。分流板的厚度由挤出机的尺寸及其承受压力的大小而定，一般为机筒内径的20%～30%。为了有利于物料的流动和分流板的清理，孔道应光滑无死角，并在孔道进料端要倒出斜角。分流板多用不锈钢制成。

安放分流板时，分流板至螺杆头的距离不宜过大，否则易积存物料，使热敏性的塑料分解，但也不宜过小，否则使料流不稳定，对制品质量不利。通常使螺杆头部与分流板之间的容积小于或等于均化段一个螺槽的容积，其距离约为0.1*D*（*D*为螺杆直径）。

过滤网通常用于对制品质量要求较高或需要较高塑化压力的场合，例如透明的中空制品、表观质量要求高的中空制品等，而对于挤出UPVC等黏度大而热稳定性差的物料时，一般不用过滤网，甚至也不用分流板。过滤网的细度和层数取决于物料的性能、挤出机的形式、制品的形状和要求等。网的细度为20～120目，层数为1～5层。如果用多层过滤网，可将细的放在中间，两边放粗的，若只有两层，应将粗的靠分流板放，这样细的可以得到支承，以防止被料流冲破。

为了保证制品的质量，应当定期地更换过滤网。其换网方式有非连续性换网和连续性换网。非连续性换网方式的换网器有多种，手动快速换网器是最简单的一种，这种换网器在换网时挤塑生产线必须中断，因而影响挤塑机的工作效率。连续性换网是由液压油缸的活塞推动，在更换滤网时，滑板借油缸的活塞推力而挤过熔体的流道，同时把新的滤网组换入。这一动作过程在1s内完成，挤塑机不需要停车，因此，可充分发挥挤塑机的工作效率。

1.1.29　挤出中空成型型坯吹胀的方法有哪些？其装置各有何特点？

(1) 型坯吹胀的方法　挤出中空成型时，型坯吹胀的方法有针吹法、顶吹法、底吹法、横吹、背吹和斜吹等几种形式。广泛应用的主要是针吹法、顶吹法和底吹法三种形式。

由于吹塑制品成型后在吹气口总要留下一个空洞，又因为吹气口的布置有一定的限制，有些形状特殊的制品采用顶吹或底吹工艺都会引起制品壁厚分布不均，此时吹气方式可采用横吹，即从模具侧面吹气，或采用背吹，即从模具背面吹气，曲面分型面模由于受到形状的制约，不少情况下必须使吹气口呈倾斜角度设置，即斜吹。

（2）各种吹胀装置的特点 针吹法吹胀装置的吹气针管安装在半模中，其结构如图 1-43(a) 所示。当模具闭合时，针管向前穿破型坯壁，压缩空气通过针管吹胀型坯，然后吹针缩回，熔融物料封闭吹针遗留的针孔。主要适合于不切断型坯连续生产的旋转吹塑成型，吹胀成型颈尾相连的小型容器，不适宜大型容器的吹胀。

顶吹法吹胀装置是在模具的顶部，它是在模具型芯中设置吹气通道，通过型芯吹气，模具的颈部向上，其结构如图 1-43(b) 所示。当模具闭合时，型坯底部夹住，顶部开口，压缩空气从型芯通入，型芯直接进入开口的型坯内并确定颈部内径，在型芯和模具顶部之间切断型坯。较先进的顶吹法是型芯可以定瓶颈的内径，并且在型芯上常有滑动的旋转刀具，吹气后，滑动的旋转刀具下降，切除余料。

底吹法吹胀装置是安装在模具的底部，在型芯中设置吹气通道。当挤出的型坯落到模具底部的型芯上时，压缩空气通过型芯对型坯进行吹胀，其结构如图 1-43(c) 所示。易出现制品吹胀不充分，容器底部的厚度较薄的现象，主要适用于吹塑颈部开口偏离制品中心线的大型容器，有异形开口或有多个开口的容器。

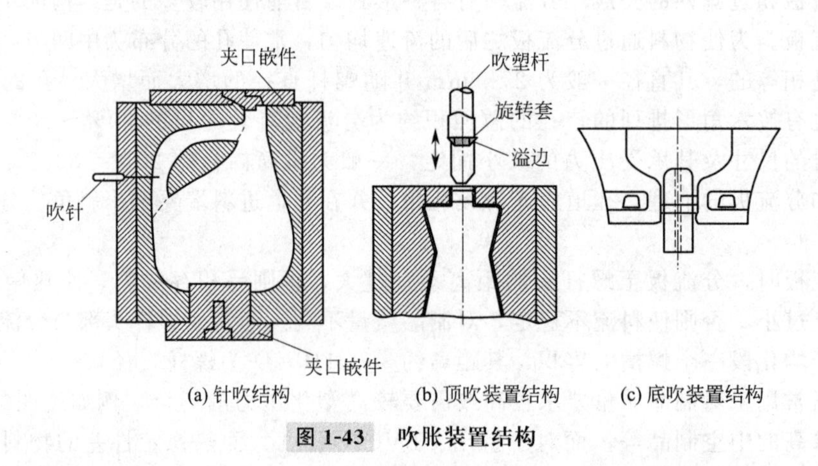

图 1-43 吹胀装置结构

1.1.30 挤出吹瓶机的瓶底“飞边”自动裁切机构有何结构特点?

挤出吹瓶时，瓶底“飞边”的清理有多种类型的自动裁切机构，但不管采用什么类型的机构，自动裁切机构一般应具有以下几方面的特点。

① 裁切刃的宽度为 0.3～0.5mm，若制品接缝部位壁厚不足时，一般可通过减小裁切深度的方法进行弥补。

② 裁切拉杆内应设冷却回路。如遇瓶底溢料冷却不足时，飞边裁切断面会出现拉丝现象，甚至只能使飞边伸长而无法切断。裁切边缝与裁切拉杆在型腔工作表面一侧不得有高度差和间隙，否则会引起飞边裁切不净的现象。裁切拉杆的有效行程必须足够，吹塑高密度聚乙烯制品时应大于 10～15mm。

③ 剪切“飞边”的刃口部分一般设有 20°～30°互相咬合的锥角，咬合面和裁切拉杆表面的表面粗糙度不得低于 $Ra3.2\mu m$，以保证底部溢料上大的锁模力。为了使“飞边”充分得到冷却，裁切深度要浅一点（以型坯壁厚的 50％为宜）。

④ 底部模块必须采用硬质材料（45 钢等）来制造，另外还必须慎重考虑底部模块的形状

与强度的关系。由于在底部模块上切除了一部分金属以容纳“飞边”裁切拉杆，加之裁切边缝部分必须有较高的强度。

1.1.31　挤出吹瓶时冲模裁切结构如何？有何适用性？

挤出吹瓶时的冲模裁切是指利用吹塑喷嘴（吹针）在模具内对瓶颈端面、内孔同时进行精加工的工艺方法，或称为后冲切。后冲切工艺采用吹针的吹塑喷嘴的前端伸入制品瓶口内，以此使瓶口内径保持规定的尺寸，与此同时，套在喷嘴外面的冲切套端面使制品口部上端面保持规则的形状。冲切套与冲切嵌件互相剪切，“飞边”被切断。冲切套外面的滑套的回转作用使受到冲切作用的“飞边”与制品互相分离，如图 1-44 所示。模具上口端面部分有一个单独制作的零件，称之为冲切嵌件，开口部分设有 60°～90°的锥面，锥角的选择应根据型坯壁厚确定。冲切嵌件多采用合金工具钢来制造，工作面应淬硬至 52～58HRC。吹针体常用 45 钢（吹塑聚氯乙烯制品时有时也采用不锈钢）来制作，为了避免瓶口部分变形，便于“飞边”冲切，吹针内部最好能设置冷却回路。与冲切嵌件相对应的冲切套用轴承钢制作，热处理后硬度为 42～48HRC，其侧面钻 1～2 个小孔（小孔直径为 1.5～2mm）以用于排气。冲切套外径 D 与冲切嵌件内径 d 的间隙一般为 0.2mm 左右。但是，在吹塑饮料瓶一类容器时，不允许瓶口出现径向“飞边”，有时也让 d 略大于 D。

图 1-44　后冲切装置

冲模裁切主要用于吹瓶以及吹塑 20L 药品罐、煤油桶一类制品的下吹式模具。在吹瓶时，能把型坯全部收入模具的颈部，再配上瓶底“飞边”裁切装置，则瓶子的所有“飞边”可在模具内被全部清除。

1.2　挤出中空吹塑成型设备操作与维护疑难处理实例解答

1.2.1　挤出中空吹塑机的安装应注意哪些问题？安装后应如何进行调试？

(1) 挤出中空吹塑机的安装　挤出中空吹塑机安装时应注意以下几方面的问题。

① 机器应安装在干净、通风的车间。安装机器的地基应按地基平面图的要求施工，要求具有足够的承载能力，并留有地脚螺栓的安装孔。

② 机器安装时，应用水平仪调整好水平，以确保机器工作时运行平稳。同时，必须注意到机器与墙壁、机器顶部与屋顶天花板有足够的距离。前者通常要求≥1.5m，后者要求≥2m。

③ 主机和辅机设备的安装应有合理布局，同时应考虑留有成型制品的堆放空间或输送通道。空气压缩机应放在靠近主机并具有较好隔声效果的专用房间。

④ 电、水、气等管线应布置在地下，地面上留出多个电源线、水管、气管接口（接头），冷却水要有一定压力与流量，并考虑循环使用。电气控制柜安装在操作方便、视线广的位置。

(2) 挤出中空吹塑机的调试　挤出中空吹塑机安装完成后，必须进行调试，其调试的步骤可分为以下几步。

① 接通电气控制柜上的电源开关，将操作的选择开关调到点动或手动位置。

② 检查机器各部位的连接情况是否正常。

③ 机器润滑部位加好润滑油；液压系统油箱内加好工作油。

④ 将气泵（或空气压缩机）启动，运转至所需压力。

⑤ 检查主机电动机与液压泵电动机的转向是否正确；机器不工作时，液压系统应在卸压状态下运转。

⑥ 检查吹气杆的动作是否同步，并加以调节。

⑦ 接通加热与温度控制调节系统；接通冷却水系统，进行循环冷却。

⑧ 调整好所有行程开关（或电子比例尺）；关闭安全门。

⑨ 清洗料筒，再进行加料试车。

1.2.2 挤出中空吹塑成型机的操作步骤如何?

挤出中空吹塑成型过程是一个较为复杂的成型过程，为了保证制品获得高合格率和成型设备能够长期正常使用，操作人员必须熟悉挤出中空吹塑成型机性能和操作规范，了解挤出中空吹塑成型原理和塑料及添加剂的性能，掌握设备的日常维护与保养要求，以能安全规范的操作。挤出中空吹塑成型机的操作步骤如下。

(1) 开机前的准备工作

① 熟悉成型设备的使用手册，要能够严格地按照设备使用手册的要求操作。

② 检查电气配线是否符合要求，有无松动现象，检查各地脚螺栓是否旋紧。

③ 检查电动机、电加热器的绝缘电阻是否达到规定的要求值，接地的电气件的绝缘电阻值不得低于1MΩ。

④ 对各润滑点按要求加足润滑油（或润滑脂）。

⑤ 检查加料、冷却系统是否正常。

⑥ 用于挤出吹塑生产的物料应达到所需干燥要求，必要时还需进一步干燥。

⑦ 根据产品的品种、尺寸，选择好机头规格，按下列顺序将机头装好：装机头法兰、模体、口模、多孔板及过滤网。

⑧ 接好压缩空气管，装上芯模电热棒及机头加热圈。检查用水系统。

⑨ 调整口模各处间隙均匀，检查主机与辅机中心线是否对准。

⑩ 启动挤出机、锁模装置、机械手等各运转设备，进行无负荷运转，检查各个安全紧急装置运转是否正常，发现故障及时排除。

⑪ 按工艺条件的规定，设定挤出机机头及各加热段温度并进行加热，待各部分温度达到设定温度后恒温0.5～1h。

⑫ 在可编程序控制器上，按工艺规定，设定各点型坯壁的厚度。

(2) 空运转

① 用手动盘车，盘车时应感觉轻快。

② 热升温。启动加热系统前，应认真检查各段温控仪表的设定值是否与工艺要求相符合；启动加热系统后，应检查各段加热器的电流指示值，当挤出机、型坯机头达到工艺设定温度后，保温2～3h。

③ 启动润滑冷却系统；低速启动主电动机，3～5min后停机，空运转结束。检查螺杆有无异常及电机电流表有无超负荷现象，压力表是否正常（机器空转时间不宜过长）。

(3) 开机

① 启动上料、冷却、润滑系统。

② 将主电动机调速旋钮调至零位，然后启动主电动机，再均匀缓慢地使转速逐步升高。

通常在10～20r/min转速下转动几分钟，待有熔融的物料从机头挤出后，再继续提高主电动机转速，直到正常使用规定的转速为止。

③ 逐渐少量加料，待型坯挤出正常，各控制装置显示的数值符合工艺要求时，逐步提高挤出机转速至工艺要求的转速。在塑料挤出之前，任何人不得处于口模的正前方。

④ 大量加入物料，调节型坯厚度。

⑤ 当型坯挤出达到稳定状态后，开始合模，进入正常操作。在成型加工过程中，为了保证生产的正常进行和产品质量，应适时地进行工艺参数的调整；控制好挤出机的温度、转速及熔体的压力，控制好型坯的壁厚和质量；为减少型坯的自重下垂，在允许的条件下，加快型坯的挤出速度，缩短模具的等候时间；吹胀压力要足够，吹气速率以快为好；要保证型坯吹胀时排气充分；在保证制品充分冷却的前提下尽量缩短成型周期。

(4) 运转中检查

① 主电动机电流是否平稳，若出现大的波动或骤然升高应及时调整，必要时应停机。

② 注意齿轮减速箱、主机体内及各转动部件有无异常声响，当齿轮磨损和啮合不良，或物料中混入坚硬物质，或轴承损坏时，运转过程中有可能出现异常声响。

③ 检查温度控制、冷却、润滑和型坯控制等系统工作是否正常。

④ 检查出料是否稳定均匀。

(5) 正常停机 首先关闭上料系统，关闭料斗的下料闸板。再将主电动机降速，尽量排尽机筒中的物料。待物料基本排空后，将主电动机的调速按钮调至零，并关机。然后关闭加热器、冷却泵、润滑液压泵的电源，最后切断总电源，关闭各进水阀门。

(6) 临时停机 临时停止挤出吹塑时，应按停机时间不同，进行不同步骤的操作。

① 停机1h以内。机筒与机头的各加热段温度，应保持根据成型工艺所设定的温度，仅停止螺杆的转动。如果加工制品所用的材料是聚氯乙烯（PVC)，则应挤完机筒内的余料并适当降低机筒与机头的加热温度，以避免PVC等热敏性材料的过热分解。

② 停机8h以内。首先应停止螺杆转动，同时将各加热段设定温度降低15～25℃。

③ 停机8h以上。应完全停止螺杆转动及机头与机筒的加热。为了防止残留在机筒内的熔体氧化、降解，在停机前，应先降低机筒均化段的温度，利用螺杆的低速转动，尽量把机筒内的余料排出，最后停止螺杆的转动和机筒、机头的加热。

(7) 紧急停机 目前生产的挤出中空吹塑成型机均有紧急停机按钮，遇有紧急情况可按此开关。

1.2.3 双螺杆挤出机应如何进行空载试机操作?

① 先启动润滑油泵，检查润滑系统有无泄漏，各部位是否有足够的润滑油，润滑系统应运转4～5min以上。

② 低速启动主电动机，检查电流表、电压表是否超过额定值，螺杆转动与机筒有无刮擦，传动系统有无不正常噪声和振动。

③ 如果一切正常，缓慢提高螺杆转速，并注意噪声的变化，整个过程不超过3min，如果有异常应立即停机，检查并排除故障。

④ 启动加料系统，检查送料螺杆是否正常工作，送料螺杆转速调整是否正常，电动机电流是否在额定值范围内，检查送料螺杆拖动电机与主电动机之间的联锁是否可靠。

⑤ 启动真空泵，检查真空系统工作是否正常，有无泄漏。

⑥ 设定各段加热温度，开始加热机筒，测定各加热段达到设定温度的时间，待各加热段达到设定温度并稳定后，用温度计测量实际温度，与仪表示值应不超过±3℃。

⑦ 关闭加热电源，单独启动冷却装置，检查冷却系统工作状况，观察有无泄漏。

⑧ 试验紧急停车按钮，检查动作是否准确可靠。

1.2.4 单螺杆挤出中空吹塑机的传动装置操作中应注意哪些问题?

单螺杆挤出中空吹塑机传动装置通常包括电动机、减速箱、皮带传动副或联轴器等。在操作中应注意以下几方面。

(1) 电动机 单螺杆挤出中空吹塑机大多采用变频调速驱动，电机通常是选用普通电动机或变频专用电动机。普通电动机使用时最好选用E级精度的轴承，加注电动机轴承专用润滑脂，以防轴承磨损。若电动机轴承损坏或线圈绕组绝缘层损坏，可以采取相应的对策进行维修。采用变频专用电动机时，为保证散热效果一般都设置有独立的散热风机，在变频专用电动机运转时必需确认散热风机转向正确。

(2) 减速箱 挤出中空吹塑成型机多数采用硬齿面减速箱，箱体采用两半对称分体式设计。正常使用前需要加注说明书要求的齿轮油到液位计的2/3处。一些较小规格的挤出机也有采用摆线针轮减速器，加注润滑油时请严格按照说明书要求进行。减速箱常见故障主要有轴承损坏、齿轮轴损坏、齿面磨损、密封圈磨损漏油等，根据不同的故障采取相应的维修方法，注意齿轮箱外壳箱体打开后，装配时分型面需要进行清洁并且涂抹密封胶防止漏油。

当齿轮磨损或是损坏时，需要重新对其进行更换，可采用原制造厂家的配件进行更换。当由于各种原因不能采用原制造厂家的配件修理，需要制品厂家自己进行测绘加工修理时，应特别注意的是，许多中空成型机的减速箱采用了变位齿轮设计与制造，测绘与加工时务必注意其齿轮的变位系数与特点，以确保经过修理更换过的齿轮等零部件的减速箱能够经久耐用。

(3) 皮带传动副 皮带传动副在调试时注意调节两个皮带轮轴线的平行，防止因为轴线不平行造成三角带的提前磨损与损坏。并且注意调整其张紧的程度，防止因张紧不足造成传动力达不到要

求，同时也需注意因张紧过度造成三角带容易磨损与断裂，当三角带张紧不足或是过紧时，都会造成皮带轮的温度上升，需根据具体情况进行适当调整。

(4) 联轴器 联轴器的形式比较多，各设备制造厂家采用的联轴器均有不同，可根据其具体情况进行调整，当采用的弹性联轴器其内部的橡胶弹性块发生磨损较多时，应及时进行更换，联轴器安装调试时特别注意保障其轴线同轴度的偏差在许可范围内。

1.2.5 中空吹塑成型机采用IKV式单螺杆挤出时，在调试和使用方面应注意哪些问题?

中空吹塑成型机采用IKV式单螺杆挤出主要是用于HMWHDPE成型大中型的制品。由于HMWHDPE材料的加工特性，在调试与使用IKV式挤出机时应注意以下几点。

(1) 温度的控制 挤出机机筒加热升温时各段温度先逐步升温，然后再将温度升到正常生产时的温度。待温度升到正常生产所需温度时，再保温2～3h，以使挤出机各部分温度趋于稳定，方能开车生产。保温时间长短应根据挤出机规格大小和塑料原料品种的不同而有所不同，一般情况下，直径较大的挤出机保温时间需要长一些，以使挤出机机筒内外温度基本一致，防止出现仪表指示温度已达到要求温度而实际温度却偏低的情况，防止物料实际温度过低，熔融黏度过大，而引起轴向力过载而损坏挤出机的推力轴承或是减速箱。

(2) 开车与调试　在加温并恒温一段时间后即可开车，按“启动”钮，然后缓慢旋转螺杆转速调节旋钮，螺杆转速慢速启动，然后再逐渐加快，加速时要密切注意主机电流表及树脂压力表指示变化情况。由于 HMWHDPE 塑料的黏弹性较大，特别是使用 HMWHDPE 粉料，螺杆启动的阻力较大，因此对螺杆的转速进行调整时，不宜过快，以防止发生挤出机螺杆断裂和电动机与变频器或是直流电机驱动器过载的情况。

塑料型坯挤出时，任何人均不得站于储料机头口模正下方及附近，以防止因螺栓拉断或因原料潮湿放泡及高温熔融体喷出等意外原因而产生人身伤害事故。塑料型坯从储料机头口模压出后，将各部分参数做相应的调整，以使塑料型坯压出的操作达到正常状态。待各项工艺参数正常后方可将挤出机螺杆速度加速到所需要的转速。

注意改善机筒开槽进料段的冷却措施，平常生产中应该注意观察这一区段的冷却是否正常，可在这一区间安装温度显示表来显示温度，正常生产时开槽进料段温度控制在 15～55℃较好。当有异常高温出现时需要引起重视，及时采取措施消除产生异常高温的因素。但温度过低也会增加螺杆运转的阻力，增加减速箱、电动机以及变频器或是直流电机驱动器的负荷，因此也要防止此处出现温度过低的现象。

1.2.6　生产过程中应如何确定挤出中空吹塑机螺杆和机筒是否需要更换?

对于中空吹塑成型机来说，螺杆、机筒的高效工作决定了吹塑设备的产量和生产效率，螺杆、机筒经过一段时间的使用后，必然会产生磨损，特别是采用较多的回用料与矿物类填充料时，螺杆、机筒的磨损会加快。当磨损达到一定量时，会影响到设备的工作效率；这时应及时地进行螺杆、机筒的更换。因为这时螺杆、机筒磨损后产量会降低，在单位时间内产量降低，而能耗并不会降低，有时能耗反而会上升，产品能源的单耗会很快上升，造成生产成本增高、效益降低。由于挤出机螺杆、机筒的材料一般均采用 38CrMoAlA，这种材料的焊接性能较差，在其修理中可采用换件修理的方法，普通补焊的办法很难保障螺杆螺棱的强度，如果螺杆运行中发生螺棱崩裂，将可能直接造成对机头的危害，可能造成更多零部件的损坏。由于螺杆是在机筒中密闭运转的，较难直接观察到螺杆、机筒的磨损状况，但一般可以通过以下一些情况的变化来确定螺杆与机筒是否已经发生较大的磨损，确定是否需要对其进行更换。

① 检查挤出机进料段前端的温度是否正常，一般是在挤出机温度控制区的 1～2 区段内(即进料口前端)，如果这些区段的温度控制已经开始失控，温度上升较快，采取冷却措施也难以降温。那么，这时有必要尽快进行螺杆、机筒的更换。

② 在正常生产的情况下，即原料配方、工艺参数、产品规格等均没有发生变化，班产量因挤出量下降而下降 5%以上，通过采取其他措施也不能稳定原有班产量，这时也需要尽快进行螺杆、机筒的更换。因为班产量下降 5%后，如不尽快进行更换将很快就会下降到 10%以上。

1.2.7　挤出机推力轴承损坏时应如何进行更换?

挤出机推力轴承损坏时需要及时对其进行更换，更换的步骤一般如下。

① 先将机筒与储料机头的连接处加热到高于正常工艺温度后，将机筒中的塑料原料基本挤出干净，再拆卸连接处的螺栓，并拆卸加热器及接线；拆卸进料段的冷却水管道，拆卸自动上料装置；拆卸挤出机电动机及接线。

② 再松开连接进料段的紧固螺栓，拆卸减速箱联轴器及与设备机架的连接螺栓，将减速箱退后，减速箱自重较重，可用液压千斤顶将减速箱顶出让其退后，使其与螺杆脱开；如螺杆

与连接套连接较紧，在顶出的过程中，可在减速箱连接螺杆头的另一侧安装专用螺杆拆卸工具，将螺杆顶出；当减速箱连接套完全脱开螺杆后，可将减速箱吊离设备机架。推力轴承一般是安装在减速箱上的，采用工具取下已经损坏的推力轴承，将准备好的推力轴承安装到原来位置即可。

③ 由于较大的推力轴承安装较为困难，推力轴承连接套与推力轴承的间隙较小，安装推力轴承之前，需要对推力轴承进行加热，较为稳妥的方法是将推力轴承进行整体加热，可将新的推力轴承放置在装有润滑油与润滑脂的金属容器之中，（润滑油、润滑脂的比例各占50%）然后均匀加热，待混合油已经沸腾一定时间后，将推力轴承取出安装在连接套上，再进一步安装推力轴承的外座圈；贴合面上需要采用密封胶进行密封。

④ 安装时由于推力轴承的重量较重，又是热装，需要采用有效的安全保障措施和专用工具进行安装，以确保人员和设备的安全。同时，推力轴承加热时需要做好防火的安全措施。

1.2.8 挤出机传动系统的直流电动机使用应注意哪些问题？

(1) 直流电动机在安装后投入运行前或经长期停机后，重新投入运行前，须做下列启动准备工作。

① 用小于0.2MPa的压缩空气吹干净附着于电机内外各部分的灰尘、泥垢及去除不属于电机的任何物件，对于新电机应去掉在风窗处贴的包装纸。

② 检查轴承润滑脂是否洁净、适量，润滑脂占轴承室体积的2/3为宜。

③ 用柔软、干燥而无绒毛的布块擦拭换向器表面，并检视其是否光洁，如有油污，则可蘸少许汽油擦拭干净。

④ 检查电刷压力是否正常均匀，刷握的固定是否可靠，电刷在刷握内是否太紧或太松，及其与换向器的接触是否良好（接触面积应不小于75%）。检查在刷杆座上的记号与端盖上的标记是否对正。用手转动电枢，检查是否阻塞或在转动时是否有撞击或摩擦之声。用500V兆欧表测量绕组对机壳的绝缘电阻，如小于31MΩ，则必须进行干燥处理。检查接地装置是否良好。检查直流电动机出线与磁场变阻器、启动器等相互连接是否正确，接触是否良好。

(2) 直流电动机的启动

① 检查线路情况（包括电源、控制器、接线及测量仪表的连接等）。

② 直流电动机为外通风电机时，必须先将冷却用鼓风机开动送风。

③ 直流电动机与减速器的联轴器先别连接，输入额定电枢电压≤10%的电压，确定电动机与生产机械转速方向是否一致，一致时表示接线正确。

④ 直流电动机换向端带测速机时，直流电动机启动后，应检查测速机输出极性，该极性与控制屏极性应一致。

⑤ 直流电动机启动完毕应观察换向器上有无火花、火花等级是否超标，火花等级在标准范围内即可放心使用。

(3) 直流电动机的调速启动后可以直接旋转调速电位器，可以调节直流电动机的速度至所需要之值，但是不得超过直流电动机和驱动器的技术条件所允许最高转速。需要特别注意的是：由于大型中空成型机的挤出机螺杆较大、转矩较高，调节调速电位器时不可太快，以防止直流电动机的速度失去控制，造成对直流电动机、减速器、螺杆等零部件的意外损坏。

(4) 直流电动机停机时，应先旋转调速电位器将转速降到最低值，再按停止按钮使直流电动机停止运行，将直流驱动器的空气开关断开即可。

1.2.9 挤出机传动系统的直流电动机的维护与保养应注意哪些问题？

直流电动机在运转中应定期进行检查、维护与保养，检查、维护与保养时应特别注意以下几点。

(1) 直流电动机的维护　直流电动机周围应保持清洁干燥，其内外部均不应放置其他对象。直流电动机的清洁工作每月不得少于一次，清洁时应以压缩空气吹干净内部的灰尘，特别是换向器、线圈连接线和引出线部分。

(2) 直流电动机换向器的保养

① 换向器应是呈正圆柱形光洁的表面，不应有机械损伤和烧焦的痕迹。换向器在负载下经长期无火花运转后，在表面产生一层暗褐色有光泽的坚硬薄膜，这是正常现象，它能保护换向器不受磨损，这层薄膜必须加以保持，不能用砂布摩擦。

② 若换向器表面出现粗糙、烧焦等现象时可用“0”号砂布在旋转着的换向器表面上进行细致研磨。若换向器表面出现过于粗糙不平、不圆或有部分凹进现象时应将换向器进行车削，车削速度不大于1.5m/s，车削深度及每转进刀量均不大于0.1mm，车削时换向器不应有轴向位移。换向器表面磨损很多时，或经车削后，发现云母片有凸出现象，应以铣刀将云母片铣成1～1.5mm的凹槽。换向器车削或云母片下刻时，须防止铜屑、灰尘侵入电枢内部。因而要将电枢线圈端部及接头片盖覆。加工完毕后用压缩空气做清洁处理。

(3) 直流电动机电刷的使用

① 电刷与换向器工作面应有良好的接触，电刷在刷握内应能滑动自如，其与刷盒之间间隙应适量。电刷磨损或损坏时，应以牌号及尺寸与原来相同的电刷更换，并且用“0”号砂布进行研磨，砂面向电刷，背面紧贴于换向器，研磨时随换向器做来回移动。

② 电刷研磨后用压缩空气做清洁处理，再使电动机做空载运转，然后以轻负载（为额定负载的1/4～1/3）运转，使电刷在换向器上得到良好的接触面（每块电刷的接触面积不小于75%）。

(4) 轴承的保养

① 轴承在运转时温度太高或夹有不均匀有害杂声时，说明轴承可能损坏或有外物侵入，应拆下轴承清洗检查，当发现钢珠、钢粒或滑圈有裂纹损坏或轴承经清洗后使用情况仍未改变时，必须更换新轴承。用拉杆在冷态时以转轴上取下不良的轴承，新轴承要用汽油洗净，放在油槽内预热到80～90℃，然后套入转轴。轴承安装后，在轴承盖油室内填入约等于2/3空间的润滑脂。轴承工作2000～2500h后应更换新的润滑脂，但每年不得少于一次，同时应防止异物混入润滑脂中。

② 轴承在运转时须防止灰尘及潮气侵入，并严禁对轴承内圈或外圈的任何冲击。

(5) 检查绝缘电阻

① 应当经常检查直流电动机的绝缘电阻，如果绝缘电阻小于1MΩ时，应仔细清除绝缘上的脏物和灰尘，可以用汽油、甲苯等进行擦洗，待其干燥后再涂绝缘漆。使用汽油、甲苯时注意环境的通风和防火；同时注意做好维修人员的安全防护工作。

② 必要时可采用热空气干燥法，用通风机将热空气（80℃）送入直流电机进行干燥，开始绝缘电阻降低，然后升高，最后趋于稳定。

(6) 检查通风冷却系统　应该经常检查直流电动机定子温升，判断通风冷却系统是否正常，风量是否足够，如果温升超过允许值，应立即停车检查通风系统，强迫通风或管道通风时电机进风温度应≤40℃，带鼓风机强迫通风的直流电动机，如果鼓风机上过滤空气尘埃的过滤网灰尘多，应定期清洗过滤网或更换。过滤网灰尘多会造成直流电动机运行时温度升高。冷却风机的顶部和直流电动机的上部及周围不允许放置其他的物品或覆盖，并应保持清洁。

1.2.10 挤出中空吹塑机机筒的温度应如何控制？温度控制是否合适应如何来判断？

(1) 机筒的温度控制　挤出中空吹塑时机筒的温度应根据所加工塑料的特性来确定。一般对于结晶型塑料，通常机筒温度控制在塑料熔点至分解温度之间。而对于无定型塑料，机筒温度应控制在塑料的黏流温度（T_f）至分解温度（T_d）之间。对于$T_f \sim T_d$的范围较窄的塑料，机筒温度应偏低些，稍高于T_f即可；而对于$T_f \sim T_d$的范围较宽的塑料，机筒温度可适当高些，即可高出T_f多一些。如对热敏性塑料PVC、POM等，受热后易分解，因此机筒温度应设定低一些；而PS塑料的$T_f \sim T_d$范围较宽，机筒温度则可设定稍高些。

但应注意的是同一种塑料，由于生产厂家不同、牌号不一样，其流动温度及分解温度也有差别。一般平均分子量高、分子量分布窄的塑料，熔体的黏度都偏高，流动性也较差，加工时，机筒温度应适当提高；反之则降低。塑料添加剂的存在，对成型温度也有影响。若添加剂为玻璃纤维或无机填料时，由于熔体流动性变差，因此，应适当提高机筒温度；若加有增塑剂或其他增韧剂时，机筒温度则应适当低。常见几种塑料挤出中空吹塑成型时的温度控制如表1-6所示。

表1-6 常见几种塑料挤出中空吹塑成型时的温度控制

塑料名称	机筒温度/℃	机头温度/℃
LDPE	110～180	165～175
HDPE	150～280	240～260
软质PVC	150～180	180～185
硬质PVC	160～190	195～200
PP	210～240	210～220
PET	260～280	260～280

在成型过程中机筒温度应分段进行控制，通常可分3～6段，一般大都为三段控制。进行温度控制时，一般机筒的温度应从料斗到喷嘴前依次由低到高，使塑料材料逐步熔融、塑化。第一段是靠近料斗下料口处的固体输送段，温度要低一些，料斗座还需用冷却水冷却，以防止物料“架桥”并保证较高的固体输送效率；但如果物料中水分含量较高时，可使接近料斗口处的料筒温度略高，以利于水分的排除。第二段为压缩段，是物料处于压缩状态并逐渐熔融，该段温度控制，对于无定型塑料应高于塑料的黏流温度（T_f）；而对于结晶型塑料应高于塑料材料的熔点（T_m），但都必须低于塑料的分解温度（T_d）。一般应比所用塑料的熔点或黏流温度高出20～25℃。第三段为计量段，物料在该段处于全熔融状态，在预塑终止后形成计量室，储存塑化好的物料。该段温度设定一般要比第二段高出20～25℃，以保证物料处于熔融状态。如某企业采用HDPE中空吹塑成型塑料桶时的机筒温度和机头温度控制如表1-7所示。

表1-7 某企业采用HDPE中空吹塑成型塑料桶时的机筒温度和机头温度控制

温度控制	1区	2区	3区	4区	5区	6区
机筒温度/℃	140～145	175	185	190	195	195
法兰温度/℃	200					
机头温度/℃	195	195	195	195	200	

（2）机筒温度的判断 挤出吹塑过程中机筒温度的控制是否合适通常可根据挤出的型坯情况来加以判断。若挤出机挤出的型坯表面光亮且色泽均匀，断面细腻而密实、无气孔，则说明所设定的温度较为适宜；若型坯物料较稀，呈水样或者表面粗糙无光泽，断面有气孔，则说明设定的机筒温度或机头温度过高；若挤出的型坯表面暗淡，无光泽，流动性不好，断面粗糙，则说明所设定的机筒温度或机头温度过低。

1.2.11 挤出中空吹塑的型坯厚度和长度应如何控制？型坯质量有何要求？

（1）型坯厚度和长度控制 型坯从机头口模挤出时，会产生膨胀现象，使型坯直径和壁厚大于口模间隙，悬挂在口模上的型坯由于自重会产生下垂，引起伸长和挤出端壁厚变薄，在挤出过程中通常控制型坯尺寸的方式主要如下。

① 调节口模间隙，一般设计圆锥形的口模，通过液压缸驱动芯轴上下运动，调节口模间隙，作为型坯壁厚控制的变量。

② 改变挤出速率，挤出速率越大，由于离模膨胀，型坯的直径和壁厚也就越大。

③ 改变型坯牵引速率，周期性改变型坯牵引速率来控制型坯的壁厚。

④ 预吹塑法，当型坯挤出时，通过特殊刀具切断型坯使之封底，在型坯进入模具之前吹入空气称为预吹塑法。在型坯挤出的同时自动地改变预吹塑的空气量，可控制有底型坯的壁厚。

⑤ 型坯厚度的程序控制　这是通过改变挤出型坯横截面的壁厚来达到控制吹塑制品壁厚和重量的控制方法。

(2) 对型坯质量的要求　挤出中空成型生产中对型坯质量的要求主要如下。

① 各批型坯的尺寸、熔体黏度和温度均匀一致。

② 型坯的外观质量要好，因为型坯存在缺陷，吹胀后缺陷会更加显著。

③ 型坯的挤出必须与合模、吹胀、冷却所需时间同步。

④ 型坯必须在稳定的速度下挤出，厚薄均匀。

⑤ 型坯应尽可能在低温度下挤出，且温度稳定。

1.2.12　挤出中空吹塑型坯吹胀的方法有哪些？各有何特点和适用性？

(1) 型坯吹胀的方法　挤出中空吹塑时，型坯吹胀的方法有针吹法、顶吹法、底吹法、横吹、背吹和斜吹等几种形式。广泛应用的主要是针吹法、顶吹法和底吹法三种形式。

(2) 型坯吹胀方法的特点和适用性　针吹法的吹气针管安装在半模中，当模具闭合时，针管向前穿破型坯壁，压缩空气通过针管吹胀型坯，然后吹针缩回，熔融物料封闭吹针遗留的针孔。主要适合于不切断型坯连续生产的旋转吹塑成型，吹胀成型颈尾相连的小型容器，不适宜大型容器的吹胀。

顶吹法是通过型芯吹气，模具的颈部向上，当模具闭合时，型坯底部夹住，顶部开口，压缩空气从型芯通入，型芯直接进入开口的型坯内并确定颈部内径，在型芯和模具顶部之间切断型坯。较先进的顶吹法是型芯可以定瓶颈的内径，并在型芯上常有滑动的旋转刀具，吹气后，滑动的旋转刀具下降，切除余料。

底吹法是挤出的型坯落到模具底部的型芯上，通过型芯对型坯吹胀。易出现制品吹胀不充分，容器底部的厚度较薄的现象，主要适用于吹塑颈部开口偏离制品中心线的大型容器，有异形开口或有多个开口的容器。

由于吹塑制品成型后在吹气口总要留下一个空洞，又因为吹气口的布置有一定的限制，有些形状特殊的制品采用顶吹或底吹工艺都会引起制品壁厚分布不均，此时吹气方式可采用横吹，即从模具侧面吹气，或采用背吹，即从模具背面吹气，曲面分型面模由于受到形状的制约，不少情况下必须使吹气口呈倾斜角度设置，即斜吹。

1.2.13　挤出中空吹塑机应如何进行日常维护与保养？

定期清理挤出机的机筒、螺杆、型坯机头和成型模具，定时润滑各运动部件，认真维护机械、保持原料干净和工作场地清洁，有助于挤出中空吹塑成型机的长期、正常运转。挤出机的维护与保养具体如下。

① 所用的塑料原料及添加剂中不允许有杂质，严禁金属和砂石类等坚硬的物质进入料斗机筒中。

② 要有足够的预热升温时间。达到工艺设定温度后需保温 2～3h。开机之前应能用手动盘车。

③ 螺杆只允许在低速下启动，空转时间不能超过 2min。

④ 新机器运转跑合后，齿轮箱应更换新润滑油，其后每运转 4000h 应更换一次润滑油。

⑤ 主电动机为直流电动机的，应每月检查一次电动机的电刷的工作状况，若有问题应及时更换。

⑥ 长时间停机时，应对机器采取防锈、防污措施。

⑦ 对各润滑点的润滑情况及油位显示，各转动部位轴承的温升及噪声，电动机电流、电压的显示，润滑油和冷却水的温度，压力显示及液压管路的泄漏情况等，做到每日巡检。

1.2.14 挤出中空吹塑机定期检修包括哪些内容?

定期检修是挤出中空吹塑机维护保养中的一个重要环节，定期检修包括 3～6 个月、12 个月以及 36 个月的定期检修，一般分别称为小修、中修和大修。

(1) 小修的主要内容

① 清理上料系统的上料管，更换密封件。

② 抽真空系统的清理。

③ 机头漏料处理以及对滤网更换装置进行检修、清理。

④ 检查并处理冷却水、润滑油等管路、管件的泄漏。

⑤ 应及时补充液压系统的工作油，保证油位处于油标的中间位置。为保证工作油具有合适的黏度，建议环境温度低时采用 32 号抗磨液压油，环境温度高时采用 46 号抗磨液压油。

⑥ 每半个月至一个月，应观察减速器的油位视窗，若油位低于规定值，应及时补充适量的 220 中级液压齿轮油（LCKC220）。新机启用后，应在 300 ～600h 内更换一次润滑油，更换时间须在减速器停止至润滑油尚未冷却时，箱体亦应用同品质的润滑油冲洗干净。

(2) 中修的主要内容 对挤出中空吹塑机进行中修时，除包括小修的内容外，还主要有以下几方面内容。

① 检查螺杆表面、螺杆花键（或平键）并清洗。

② 检查多孔板、滤网更换装置，修理托板表面，调整夹紧力。

③ 检查减速箱中齿轮的齿面状况及接触情况，测量齿隙，清理减速箱底污油，消除油封等密封部位的漏油现象并换油。

④ 检查减速器输出轴与螺杆的连接套（或花键套）的同轴度及磨损情况。

⑤ 检查主电动机轴承并加注润滑脂。

⑥ 检查电加热器及电控部分。

⑦ 液压系统检查，包括：按规定更换工作油；清洗滤油过滤装置或更换；检查各阀的性能，必要时予以更换；按要求检查伺服系统，保证型坯质量。

(3) 大修主要内容 大修内容除包括中修内容外，还有以下几方面的内容。

① 拆卸并抽出挤出机螺杆。拆卸挤出机螺杆时应注意必须是在确定机筒内物料完全熔融，并挤净机筒内熔料后，再拆卸。在抽出螺杆的过程中，应防止螺杆变形和碰伤，所用钢丝绳应套胶管。清理螺杆表面物料、积炭，所用工具为铜棒、铜板及铜刷。测量并记录螺杆各段外径，测量螺杆的直线度，必要时进行校直。测量螺杆花键或平键的配合间隙，记录磨损情况，清除毛刺。螺杆外径，一般磨损量允许极限≤2mm。螺杆轴线的直线度偏差应不低于 GB/T 1184 规定的 8 级精度，否则应予以校正。镀铬层脱落部位可用刷镀法或喷镀法修复。

② 检修机筒内表面的刮伤部位。

③ 检查调整机筒对减速器输出轴的同轴度，及机筒体、减速器的水平度，测量并记录螺杆与机筒的间隙值。机筒前、后端水平度偏差≤0.05mm/m，且倾斜方向一致。

④ 解体检查轴承、润滑油泵、油分配器、密封及运动部件。

⑤ 解体检查主减速器，修理齿轮齿面，调整各部件的间隙，检查更换轴承、油封等易损件，清理油箱并换油。

⑥ 解体检查修理喂料机及喂料电动机。

⑦ 检修液压系统，全面清洗、检查、测试各液压元器件（特别是泵和阀），凡达不到要求的必须进行更换。

1.2.15 单螺杆挤出机螺杆应如何拆卸？螺杆应如何清理和保养？

(1) 螺杆的拆卸 单螺杆挤出机螺杆拆卸步骤如下。

① 先加热机筒至机筒内残余物料的成型温度。

② 开机把机筒内的残余物料尽可能排净。

③ 升温至成型温度后，趁热拆下机头。

④ 排净机筒内物料后，停机，并闭电源。

⑤ 松开螺杆冷却装置，取出冷却水管。

⑥ 在螺杆与减速箱连接处，松开螺杆与传动轴连接，采用专用螺杆拆卸装置从后面顶出螺杆。

⑦ 待螺杆伸出机筒后，用石棉布等垫片垫在螺杆上，再用钢丝蝇套在螺杆垫片处，然后采用前面拉后面顶，趁热拔螺杆。注意当螺杆拖出至根部时，应采用钢环套住螺杆，再将螺杆全部拖出。

(2) 螺杆的清理与保养 螺杆从挤出机拆卸并取出后，应平放在平板上，立即趁热清理，清理时应采用铜丝刷清除附着的物料，同时也可配合使用脱模剂或矿物油，使清理更快捷和彻底，再用干净软布擦净螺杆。待螺杆冷却后，用非易燃溶剂擦去螺杆上的油迹，观察螺杆表面的磨损情况。对于螺杆表面上小的伤痕，可用细砂布或油石等打磨抛光，如果是磨损严重，可采用堆焊等办法补救。清理好的螺杆应抹上防锈油，如果长时间不用，应用软布包好，并垂直吊放，防止变形。

1.2.16 双螺杆挤出机螺杆的拆卸步骤如何？

双螺杆挤出机螺杆拆卸时，一般可按如下步骤进行。

① 拆卸前应尽量排尽主机内的物料，若物料为聚碳酸酯（PC）等高黏性塑料或丙烯腈-丁二烯-苯乙烯三元共聚物（ABS）、聚甲醛（POM）等中黏性物料，停车前可加聚丙烯（PP）或聚乙烯（PE）料清膛。

② 先停主机，再停各辅机，断开机头电加热器电源开关，机身各段电加热仍可维持正常工作。

③ 拆下机头测压测温元件和铸铝（铸铜、铸铁）加热器，戴好加厚石棉手套（防止烫伤），拆下机头组件，趁热清理机头孔内及机头螺杆端部物料。

④ 趁热拆下机头，清理机筒孔端及螺杆端部的物料。

⑤ 松开两套筒联轴器，根据螺杆轴端的紧定螺钉，观察并记住两螺杆尾部花键与标记。

⑥ 拆下两螺杆头部压紧螺钉（左旋螺纹），换装抽螺杆专用螺栓。注意螺栓的受力面应保持在同一水平面上，以防止螺纹损坏。拉动此螺栓，若螺杆抽出费力，应适当提高温度。抽出螺杆的过程中，应有辅助支撑装置或起吊装置来始终保持螺杆处于水平，以防止螺杆变形。在

抽螺杆的过程中可同时在花键联轴器处撬动螺杆，把两螺杆同步缓缓外抽一段后，马上用钢丝刷、铜铲趁热迅速清理这一段螺杆表面上的物料，直至将全部螺杆清理干净；

⑦ 将螺杆抽出，平放在一木板或两根木枕上，卸下抽螺杆工具分别趁热拆卸螺杆元件，拆卸螺杆元件时，可采用木槌、铜棒沿螺杆元件四周轴向轻轻敲击以方便取出。若有物料渗入芯轴表面以致拆卸困难，可将其重新放入料筒中加热，待缝隙中物料软化后即可趁热拆下。

⑧ 拆下螺杆元件后，应及时清理螺杆元件、内孔键槽、芯轴表面、机筒内壁等的残余物料，并整齐排放，严禁互相碰撞，对暂时不用的螺杆元件应涂抹防锈油脂。若暂时不组装时应将其垂直吊置，以防变形。

1.2.17 挤出中空吹塑机温度控制系统应如何维护与保养？

挤出中空吹塑机温度控制系统主要是控制机头、挤出机的熔体工艺温度，其组成主要包括温控仪、接触器及加热器等。目前挤出机、机头的加热器普遍采用铸铝加热器、不锈钢加热器以及电磁感应加热器等。温度控制系统大都采用 PLC 的温控模块代替温控仪，采用固态继电器代替接触器，使电控系统集成化，减少了电控系统的接点和零部件。

(1) 温控仪的维护、保养 对于大型储料机头的温度控制，它所采用的温控仪多数为不需输出降温回路的温控仪，在设备的使用中主要需要注意做好以下一些维护和保养工作。

① 特别注意保持温控仪表的清洁，利用停机时间进行仪表的清扫工作。

② 经常检查温控仪的接线是否牢固，防止发生接线及接点松动，而影响温控仪的正常工作。注意检查温度传感器的接线是否牢固。

③ 在炎热的气候条件下，注意观测温控仪表使用环境的温度，确保仪表在正常工作温度范围以内，环境温度过高时，则需要采取有效的降温措施。

④ 在潮湿气候条件下，如果设备处于停机状态，则需要定期对温控仪表进行供电，防止因仪表受潮而发生故障。当设备停机较长时间以后，必须认真对其进行检查，确认无误后使用前先供电 4～6h，然后再让它转入工作状态。

⑤ 对已经失效的温控仪表和温度传感器，要及时进行更换，更换时特别注意温控仪的型号以及电压与控温范围是否相符，确保接线正确。

(2) 接触器的维护、保养 温控系统接触器的工作状态与其他电机的接触器工作状态有些不同，由于温度控制的特点，温控系统的接触器长期处于接通、断开的频繁交替工作之中，接触器的触点和线圈处于一种较高负荷的工作状态下，其触点和线圈容易受到电流的不断冲击发生损坏。日常的使用中需要注意做好以下的维护与保养工作。

① 注意保持接触器的清洁，利用停机时间进行清扫工作。经常检查接触器的保护电路是否工作正常，发现问题及时更换或修理。

② 定期检查各紧固件是否松动，特别是导线、导体连接部分，防止接触松动而发热。

③ 定期检查动、静触点位置是否对正，三相是否同时闭合，如有问题应调节触点弹簧；定期检查触点磨损程度，磨损深度不得超过 1mm，触点有烧损，开焊脱落时，须及时更换；轻微烧损时，一般不影响使用。清理触点时不允许使用砂纸，应使用整形锉；定期测量相间绝缘电阻，阻值不低于 10MΩ；定期检查辅助触点动作是否灵活，触点行程应符合规定值，检查触点有无松动脱落，发现问题时，应及时修理或更换。

④ 定期做好铁芯部分维护，注意清扫灰尘，特别是运动部件及铁芯吸合接触面间；仔细检查铁芯的紧固情况，铁芯松散会引起运行噪声加大；铁芯短路环有脱落或断裂要及时修复。

⑤ 定期做好电磁线圈维护，测量线圈绝缘电阻，检查线圈绝缘物有无变色、老化现象，线圈表面温度不应超过 65℃，认真检查线圈引线连接处，如有开焊、烧损应及时修复。

⑥ 做好灭弧罩部分维护，检查灭弧罩是否破损，灭弧罩位置有无松脱和位置变化；清除灭弧罩缝隙内的金属颗粒及杂物等。

⑦ 如果温控系统接触器已经失效，则应及时进行更换，更换时注意型号、功率、线圈电压等主要参数必须符合设备的技术要求。确保接线正确和接触器的固定可靠。

(3) 加热器的维护与保养 加热器工作的状态直接影响到储料机头的正常工作，同时也影响到产品的质量和产量。使用中主要注意做好以下几点。

① 定期检查接线点的接线是否牢固可靠，定期检查加热器的固定装置是否可靠，其固定装置如果没有自动锁紧结构的应加装带弹簧的装置，确保加热器与机筒外圈的紧密贴合。定期检查接线点安全瓷帽是否保护正常，检查加热器的绝缘是否正常，发现绝缘异常应该及时将加热器进行更换。

② 定期检查加热器的保温部件是否有效可靠，如有异常即将保温部件进行修理或是更换。

③ 经常检查温度传感器的接线是否可靠，异常时及时进行修理或是更换。

④ 加热器损坏需要更换时，注意电压和加热功率要相配合，为了使加热器能经久耐用，选用加热器时单位面积的功率不要太大，需要符合设备的技术要求。

⑤ 加热器的电源线更换时，需要选用耐高温的绝缘电线，以防止不安全的事故发生。

1.2.18 挤出机速度控制系统应如何维护与保养?

挤出机速度控制方法目前使用较多的主要有两种：一种是采用变频器控制电动机转速；另一种是采用直流电动机驱动器控制器的方法。

(1) 挤出机直流电动机调速器（驱动器）的维护与保养

① 检查记录环境温度，散热器温度；检查调速器有无异常振动、声响，风扇是否运转正常。

② 采用毛刷与吹风机清除调速器内部和线路板上的积灰、脏物，将调速器表面擦拭干净；调速器的线路板需要经常保持清洁状态。

③ 检查主回路端子是否有接触不良的情况，电缆或铜排连接处、螺钉等是否有过热痕迹。电力电缆、控制导线有无损伤，尤其是外部绝缘层是否有破裂、损伤的痕迹。电力电缆与冷压接头的连接是否松动，连接处的绝缘包扎带是否老化、脱落等。如有损坏，及时修理或更换。

(2) 挤出机变频器的调试与保养

① 允许环境温度为－10～40℃。周围理想温度为20～30℃，变频器寿命会延长。

② 允许环境湿度为90%以下（无水珠凝结现象）。如果周围温度突然下降，空气中湿度较大时，水珠凝结现象是很容易出现的，假如只是对线路板接插件进行部分干燥，绝缘有可能会降低，可能会引起错误动作。

③ 无导电性灰尘、油雾、腐蚀性气体。变频器应该安装在没有振动的地方。

④ 每两周检查一次记录运行中的变频器输出三相电压及输出电流，并注意比较它们之间的平衡度；检查记录环境温度，散热器温度；察看变频器有无异常振动、声响，风扇是否运转正常。

⑤ 每季度要清扫一次变频器表面及内部和风路内的积灰、脏物；在保养的同时要仔细检查变频器，察看变频器内有无发热变色部位、电阻有无开裂现象，电解电容有无膨胀漏液、防爆孔突出等现象，PCB板是否异常，有没有发热烧黄部位。保养结束后，要恢复变频器的参数和接线，送电，待电动机工作在3Hz的低频下约1min，以确保变频器工作正常。

⑥ 一般3～6个月对变频器进行一次定期常规检查，以消除故障隐患，确保长期高性能稳定运行。检查主回路端子是否有接触不良的情况，电缆或铜排连接处、螺钉等是否有过热

痕迹。

⑦ 电力电缆、控制导线有无损伤，尤其是外部绝缘层是否有破裂、割伤的痕迹；电力电缆与冷压接头的连接是否松动，连接处的绝缘包扎带是否老化、脱落；对印制电路板、风道等处的灰尘全面清理，清洁时注意采取防静电措施。

⑧ 对变频器的绝缘测试，必须首先拆除变频器与电源及变频器与电动机之间的所有连线，并将所有的主回路输入、输出端子用导线可靠短接后，再对地进行测试。测试时，应使用合格的500V兆欧表。严禁仅连接单个主回路端子对地进行绝缘测试，否则将有损坏变频器的危险。切勿对控制端子进行绝缘测试，否则将会损坏变频器。测试完毕后，切记要拆除所有短接主回路端子的导线。

⑨ 如果对电动机进行绝缘测试，则必须将电动机与变频器之间连接的导线完全断开后，再单独对电动机进行测试，否则将有损坏变频器的危险。控制回路的通断测试，使用万用表(高阻挡)，不要使用兆欧表或蜂鸣器。

⑩ 当进行检查时，应断开电源，过10min后，用万用表等确认变频器主回路P、N端子两端电压在直流30V以下后进行。

1.2.19 挤出中空吹塑机控制系统中PLC控制器的锂电池应如何进行更换?

挤出中空吹塑机控制系统中PLC控制器的锂电池和继电器输出型的触点为损耗性器件，使用较长时间后，需根据具体情况进行更换。

锂电池的作用是保护存放在RAM（随机存储器）中的程序和计数器中的内容。在25℃时，锂电池的寿命一般是5年左右，环境温度越高其使用寿命越短。当电池失效时，CPU的ALARM指示灯闪烁，此后的一周内，必须尽快更换锂电池。更换步骤如下。

① 断开PLC控制器的供电电源，若开始PLC控制器的电源是断开的，则需先接通至少通电15s以上（这样做可使作为存储器备用电源的电容器充电，在锂电池断开后，该电容器可对PLC控制器进行短暂供电，以保护RAM中的信息不丢失)，然后再断开电源。

② 打开CPU盖板，注意应视不同厂家的产品，其打开方式不同，应参照其说明书，以免损坏设备。

③ 尽快（在5min内）从支架上取下旧电池，并装上新电池，应注意型号、规格与原电池一致。

④ 重新装好CPU盖板，再用编程器清除ALARM。

1.2.20 挤出中空吹塑机中PLC控制器的故障应如何诊断?

PLC控制器一般有很强的自诊断能力，当PLC控制器自身故障或外围设备故障，都可用PLC控制器上具有的诊断指示功能的发光二极管的亮灭来诊断。

(1) 排除法确定故障原因 应按基本的查找故障顺序提出下列问题，并根据具体情况逐一排除最终确定原因。一步一步地更换各种模块，直到故障全部排除。所有主要的修正动作能通过更换模块来完成。除了一把螺丝刀和一个万用电表外，并不需要特殊的工具，不需要使用示波器、高级精密电压表或特殊的测试程序。

① PWR（电源）灯亮否？如果不亮，在采用交流电源的框架的电压输入端（98～162VAC或195～252VAC）检查电源电压；对于需要直流电压的框架，测量＋24VDC和OVDC端之间的直流电压，如果不是合适的AC或DC电源，则问题发生在PLC之外。

如AC或DC电源电压正常，但PWR灯不亮，检查保险丝，如果必要的话，就更换CPU框架。

② PWR（电源）灯亮否？如果亮，检查显示出错的代码，对照出错代码表的代码定义，做相应的修正。

③ RUN（运行）灯亮否？如果不亮，检查编程器是不是处于PRG或LOAD位置，或者是不是程序出错。如RUN灯不亮，而编程器并没插上，或者编程器处于RUN模式，且没有显示出错的代码，则需要更换CPU模块。

④ BATT（电池）灯亮否？如果亮，则需要更换锂电池。由于BATT灯只是报警信号，即使电池电压过低，程序也可能尚没改变。更换电池以后，检查程序或让PLC试运行。如果程序已经出现错误，在完成系统编程初始化后，将录在磁带上（或是其他储存方式）的程序重新装入PLC，有些机型则需要人工重新输入程序；输入程序后认真检查程序是否正确无误。

在潮湿的天气条件下，如果设备处于停机状态，PLC控制器没有采用外电供电，有可能因为气候潮湿形成的小水珠造成PLG控制器内部的线路短路，锂电池容易很快被放电，而造成控制程序的丢失，这种情况下，一般都会需要重新进行程序的输入；程序重新输入后均需要进行认真仔细地确认和检查。

⑤ 在多框架系统中，如果CPU是工作的，可用RUN继电器来检查其他几个电源的工作。如果RUN继电器未闭合（高阻态），按上面讲的检查AC或DC电源，如AC或DC电源正常而继电器是断开的，则需要更换框架。

(2) 查找故障步骤 首先，插上编程器，并将开关打到RUN位置，然后按下列步骤进行检查。

① 如果PLC停止在某些输出被激励的地方，一般是处于中间状态，则查找引起下一步操作发生的信号（输入、定时器、线圈、行程开关等）。编程器会显示那个信号的ON/OFF状态。

② 如果输入信号，将编程器显示的状态与输入模块的LED指示做比较，结果不一致，则更换输入模块。如发现在扩展框架上有多个模块要更换，那么，在更换模块之前，应先检查I/O扩展电缆和它的连接情况。

③ 如果输入状态与输入模块的LED指示一致，就要比较一下发光二极管与输入装置（按钮、限位开关等）的状态。如二者不同，测量一下输入模块，如发现有问题，需要更换I/O装置，现场接线或电源；否则，需要更换输入模块。

④ 如信号是线圈，没有输出或输出与线圈的状态不同，就得用编程器检查输出的驱动逻辑，并检查程序清单。检查应按从右到左进行，找出第一个不接通的触点，如没有通的那个是输入，就按第二个和第三个节点继续检查该输入点，如是线圈，检查该线圈所控制的通、断。要确认是哪个继电器所影响的逻辑操作。

⑤ 如果信号是定时器，而且停在小于999.9的非零值上，则要更换CPU模块。

⑥ 如果该信号控制一个计数器，首先检查控制复位的逻辑，然后检查计数器信号。

1.2.21 挤出中空吹塑机中PLC组件的更换步骤如何?

更换PLC系统组件的步骤如下。

(1) 更换框架

① 关闭切断AC电源；如装有编程器，取掉编程器。

② 从框架右端的接线端板上，取下塑料盖板，拆去电源接线。

③ 取下所有的I/O模块。如果原先在安装时有多个工作回路的话，不要搞乱I/O的接线，并记下每个模块在框架中的位置，以便重新插上时不至于搞错。

④ 如果是CPU框架，拔除CPU组件和填充模块。将它放在安全的地方，以便以后重新安装。

⑤ 卸去底部的两个固定框架的螺钉，松开上部两个螺钉，但不用拆掉。

⑥ 将框架向上推移一下，然后把框架向下拉出来放在旁边。

⑦ 将新的框架从顶部螺钉上套进去，装上底部螺钉，将四个螺钉都拧紧。

⑧ 插入I/O模块，注意位置要与拆下时一致。如果模块插错位置，将会引起控制系统危险的或者错误的操作，但不会损坏模块。

⑨ 插入卸下的CPU和其他模块，在框架右边的接线端上重新接好电源接线，再盖上电源接线端的塑料盖。

⑩ 检查一下电源接线是否正确，然后再通上电源。仔细地检查整个控制系统的工作，确保所有的I/O模块位置正确、程序没有发生变化。

(2) CPU模块的更换

① 切断电源，如插有编程器的话，把编程器去掉。

② 向中间挤压CPU模块面板的上T紧固扣，使它们脱出卡口。

③ 把模块从槽中垂直拔出，如果CPU上装着EPROM存储器，把EPROM取下，装在新的CPU上。

④ 首先将印刷线路板对准底部导槽。将新的CPU模块插入底部导槽。轻微的晃动CPU模块，使CPU模块对准顶部导槽。把CPU模块插进框架，直到两个弹性锁扣扣进卡口。

⑤ 重新插上编程器，并通电。

⑥ 在对系统编程初始化后，把录在磁带上、储存卡、移动U盘上的程序或是计算机中的程序重新装入。仔细检查整个系统的操作是否正常。

(3) I/O模块的更换

① 切断框架和I/O系统的电源，卸下I/O模块接线端上塑料盖，拆下有故障模块的现场接线；拆去I/O接线端的现场接线或卸下可拆卸式接线插座，这要视模块的类型而定。给每根线贴上标签或记下安装连线的标记，以便于重新连接。向中间挤压I/O模块的上下弹性锁扣，使它们脱出卡口，垂直向上拔出I/O模块。

② 仔细检查模块的插座接触面有无污染，如果有污染，可以采用棉球蘸医用酒精进行清洗并且待其干燥。

③ 重新安装，插入新的I/O模块，安好卡口，重新牢固连接拆卸的接线，通电仔细检查系统的操作是否正常。

1.2.22 挤出中空吹塑机的壁厚控制系统应如何进行调试?

挤出中空吹塑机的壁厚控制系统基本由以下部分组成：壁厚控制器、油源（伺服液压站）及过滤器系统、伺服阀及阀座、壁厚液压缸、位置传感器（电子尺）。其中关键部分为壁厚控制器，是整个壁厚控制系统的核心部件，目前中空成型机行业应用比较多的壁厚控制器是MOOG、B&R、BECKHOFF、Bar-ber-Colman、上海中船重工704所等。

壁厚控制系统调试的关键是一些基本参数和传感器位置的设置，设置错误将导致系统工作不正常，严重的可能造成机械或电气方面的损坏。如MOOG壁厚控制器的基础参数和传感器位置设置主要包括：控制方式（储料式或连续式）、增益倍数、型芯类型、型芯位置传感器、储料缸位置传感器，伺服液压系统压力的设置与调整。

(1) 控制方式的设置 控制方式是指中空成型机的类型，分为连续挤出式和储料缸式两种方式，机型不同壁厚控制系统的控制方式也不一样。在基础设置时，必须根据中空成型机的类型选择对应的控制方式，具体由MOOG控制器内部伺服阀外形的6#微动开关来选择，ON为连续挤出式、OFF为储料缸式。拨动微动开关时，壁厚控制器必须断电。选择完成后，MOOG壁厚控制器面板上对应的状态指示灯将会点亮，“Continuous”代表连续挤出式，“Accumulator”代表储料缸式。

(2) 增益倍数的设置 增益倍数（GAIN TIMES）控制壁厚油缸动作的稳定性和响应敏感度。增益倍数设置太小，壁厚油缸动作迟缓，响应速度慢，滞后严重，口模间隙与壁厚图形曲线的偏差大，达不到控制精度。增益倍数设置太大，响应敏感度太高，容易受到外部信号干扰，引起壁厚油路系统振动。增益倍数（GAIN TIMES）的参考设置为5～8。

(3) 型芯类型的设置 型芯类型（CORE TYPE）指的是口模的结构形式，分为收缩型（Convergent）和扩张型（Divergent）。根据中空成型机实际装配的口模形式进行相应设置，设置完成后，MOOG壁厚控制器面板上对应的状态指示灯将会点亮。

(4) 型芯间隙位置的设置 型芯间隙位置传感器（DCDT）用来检测型芯位置（即壁厚油缸活塞位置）。型芯间隙位置传感器的有效检测行程应略大于壁厚油缸的行程，并且安装时，两者的行程在实际空间位置上能够对应，即壁厚油缸活塞运动到油缸行程端点时型芯间隙位置传感器也应该运动到靠近对应行程的端点，也就是油缸行程必须在型芯间隙位置传感器检测行程有效范围内，如果安装错误，有可能导致型芯间隙位置传感器不能正确检测壁厚油缸活塞位置或者造成型芯间隙位置传感器等零件的损坏。

型芯间隙位置传感器的基本设置包括零点（ZERO）和范围（SPAN）。零点（ZERO）指的是壁厚油缸行程起点位置（型芯处于初始最小间隙位置）时的传感器电压值。范围（SPAN）通常指的是壁厚油缸行程终点位置（型芯处于最大间隙位置）时的传感器电压值。

型芯间隙位置传感器的基本设置对于壁厚控制系统的正常工作非常重要，是壁厚控制系统的基础数据，在设置时需要适当调低油源（液压站）的压力，在设置过程中可能需要反复校正传感器、油缸活塞及口模间隙三者之间的位置对应关系，确保对应准确，防止意外故障导致机械或电气零件的损坏。一般来说，油缸活塞处于蜷点（零点）时，口模间隙不能为零，保证有一定的安全间隙，同时传感器检测杆离行程端点保留一定的距离，这样才能保证整个系统处于安全状态。如果口模完全封死（间隙为0），则电气零件的意外失灵有可能导致模头、挤出机螺杆机筒、齿轮箱等机械零件的严重损坏。零点时的口模间隙可以通过手动壁厚调整机构进行调整，达到生产所需要的间隙。如果设备是25～200L范围内的机型，其间隙可以设置在一张报纸或是一张普通4号复印纸的厚度，这样设置时较为方便。

型芯间隙位置传感器的基本设置完成后，一般来说，更换口模时无需重新设置，除非传感器检测和安装的基准面发生变化。此项设置结束后，连续式中空成型机的壁厚控制器的基本设置就已经结束，将伺服液压油源（伺服液压站）的压力调至正常工作压力，壁厚控制系统可以进入工作状态。

(5) 储料缸位置传感器设置 控制方式为储料缸式的中空成型机需要对储料缸位置传感器进行设置。储料缸位置传感器用来检测储料缸活塞的位置，传感器的有效检测行程应该略大于储料缸的行程，并且安装时，两者的行程在实际空间位置上能够对应，即储料活塞运动到储料缸行程端点时储料缸位置传感器也应该运动到靠近对应行程的端点，也就是储料缸行程必须在储料缸位置传感器检测行程有效范围内，如果安装错误，有可能导致储料缸位置传感器不能正确检测储料缸活塞位置或者造成传感器等零件的损坏。储料缸位置传感器的基本设置包括：空缸（EMPTY）位置、满缸（FULL）位置以及保持方式。保持方式包括：挤出保持（EXTRUSION FIXED）或填充保持（FILLING FIXED）。

空缸（EMPTY）位置指的是储料缸射空时的储料缸位置传感器电压值；满缸（FULL）位置指的是储料缸储满时的储料缸位置传感器电压值。设置空缸和满缸时，一般空缸（EMP-

TY）位置和满缸（FULL）位置都距离储料缸行程端点一定距离，以留出适当的缓冲余地；不要以储料缸行程端点作为空缸和满缸的设置点，这样容易导致控制上的误操作，且安全系数降低。

储料缸行程与传感器行程对应关系的调整是先将储料缸里的熔融料射出，确认储料缸活塞处于空缸（EMPTY）位置时，按设定（SET）键，存入当前传感器电压值为空缸（EMPTY）设定值，面板上的射料结束（End of Extrusion）指示灯会点亮；然后向储料缸内储料，确认储料缸活塞处于满缸（FULL）位置时，按设定（SET）键，存入当前传感器的电压值，面板上的填充结束（End of Filling）指示灯会点亮。

保持方式指的是从储料缸射料量计量的起始点。挤出保持（EXTRUSION FIXED）的射料量（SHOT SIZE）计量的起始点为满缸位置（FULL）。储料缸位置传感器的基本设定完成后，壁厚控制器的最重要的基本设定已经完成，即可以根据设定的图形曲线进行壁厚控制。至于图形与制品的对应关系，则需要在实际生产中总结经验。

（6）伺服液压系统压力的设置与调整 伺服液压系统压力的设置根据中空成型机壁厚、液压缸的大小以及口模尺寸大小来决定，通常机器交付使用后，壁厚、液压缸大小已经固定，口模大小将根据制品而变化，口模越大，油源的压力也要相应地提高，以保证壁厚控制的准确性，压力不够将导致实际壁厚运行曲线与设定的曲线不符，偏差大。通常在设置型芯间隙位置传感器（DCDT）时，将压力适当调低至 2～3MPa，以防止设置操作不当损坏模头部件；设置完成后，再将压力调至生产所需要的正常值。

1.2.23 MOOG壁厚控制系统的安装与维护应注意哪些方面?

壁厚控制系统安装和维护过程中主要注意以下几方面。

（1）位置传感器安装

① 位置传感器是壁厚控制系统的基础，安装时的定位及检测基准面（点）要求选择在机器拆装调试过程中相对位置不会随意变动的基准面（点），例如油缸缸盖端面、活塞杆端面等。

② 传感器的轴线应该与油缸的中轴线保持平行，否则传感器可能检测不准或者影响使用寿命。

③ 位置传感器定位校正好后，固定螺钉一定要锁紧，防止其位置随意变动，影响检测基准和精度，同时在维修拆装时，做好位置标记，以便再次安装时，与原有位置保持一致。

（2）电缆的接线 壁厚控制系统的传感器与伺服阀的配线通常选用屏蔽电缆线，电缆线的屏蔽层一端接在 MOOG 壁厚控制器的制定接线端子上，以保证信号免受外界干扰。传感器与伺服阀接线的正、负极不可接错，且不可短路，错误连接或短路有可能造成传感器或壁厚控制器烧坏。

（3）系统的维护 壁厚控制系统采用伺服油路系统，对油质及洁净度要求很高，变质或受污染的液压油可能造成伺服阀的损坏或工作不正常。因此在安装伺服阀前，需要用洁净液压油对系统反复冲洗（建议冲洗 8h 以上），以清除管路和油缸里的杂质。新系统投入使用 500h 后，就要更换新液压油，以后每 3000h 进行更换，每次换油的同时需要清洗油箱和所有过滤器。

（4）基本设置数据的记录 壁厚控制系统基本设置结束后要对基本设置的数据进行保存和记录，MOOG30 点壁厚控制器具备数据存取功能，可参照说明书在 F3（FILE）功能画面内进行存取操作；在 F5（DATA）数据画面里可以显示当前的 F1（PROFILE）图形画面的所有参数以及基本设置（SET UP）的所有数据，包括增益倍数、型芯间隙位置传感器的设置、储料缸位置传感器的设置，这些关键性的数据建议做好书面记录，以备维修或再设置作参考。

1.2.24 挤出中空吹塑过程中应如何植入预埋件？

预埋件通常是指带螺纹的瓶颈以及各种桶类容器的排放口、连接法兰等，先用注射成型方法成型好后，再把它们固定到吹塑模具内，与型坯熔接，黏合成一个整体，这种植入部件称为预埋件。预埋件主要是针对由于受成型条件的限制，无法将预埋件的部位布置在分型面内，使这些部位的厚度得到保证，而常采用的成型这些微细部分的方法。

使用预埋件时，为了使预埋件与本体能很好地热熔合，预埋件的材质多与制品的材质相同。为了防止脱落，有时也预埋一些表面适当凹陷的金属件（例如带粗牙螺纹的螺母等）。预埋件在型腔内部固定，当合模时，预埋件不会脱落，就可以在型腔内加工出与预埋件形状吻合的空间，然后将其镶嵌在其中；当合模时预埋件可能脱落，就必须在型腔内设置定位及固定机构。其固定方法可以利用汽缸使型腔内的某一部分或柱销等零件动作，以此来确保预埋件在型腔内的位置。如预埋件是铁制零部件，还可在模具内植入磁铁，用来吸住预埋件。

预埋件在型腔内的植入可以通过人工植入或自动植入的方法进行。自动植入时必须要有自动植入的机构来执行。如20L左右的低密度聚乙烯罐的生产过程中，螺纹颈的自动植入工艺过程为：将预埋件按要求排列起来→传给机械化供料机构→预热→定位→将预埋件传给汽缸驱动植入机构→在型腔内定位、固定→合模→刺入吹针，吹入压缩空气→排气→开模并自动脱模。

1.2.25 中空吹塑制品的冷却方式有哪些？吹塑成型过程中应如何控制制品冷却？

（1）冷却方式 在中空吹塑成型过程中，为了缩短生产周期，提高生产效率，通常需加快制品的冷却速率，因此一般除对模具进行冷却外，还可以对制品进行内冷却或模外冷却。

① 模具冷却 型坯在模具内吹胀时，熔体紧贴模具型腔壁，熔体的热量通过模具壁向冷却介质传递而减少，从而使制品逐步冷却定型。对模具进行冷却是挤出中空成型最常用的冷却方式。

② 内冷却 内冷却是向制品内通入各种冷却介质进行直接冷却。挤出中空成型过程中的冷却速率比较慢，且内外冷却速率也存在差异，不仅延长了制品的冷却时间，还易导致制品产生翘曲、变形现象。内冷却方式可明显地提高制品的冷却速率，减少内外冷却速率的差异，提高产品质量和生产效率。目前内冷却方式主要有四种：将型坯吹胀用的压缩空气，进行制冷处理，利用吹胀气体进行冷却；型坯经预吹胀后，注入液态N_2或液态CO_2；型坯内循环注入压缩空气；以及采用空气/水混合介质或制冷空气/水混合介质，进行型坯吹胀冷却。

③ 模外冷却 模外冷却是将初步冷却定型的制品取出，放在模外冷却装置中继续冷却。这种冷却方式，可以减少制品在模具内的冷却时间，缩短成型周期，提高生产效率。模外冷却方式目前主要用于大型吹塑制品的成型。

（2）制品冷却的控制 在挤出中空成型过程中，型坯的吹胀与制品的冷却是同步进行的；除极短的放气时间外，型坯的吹胀时间几乎等于制品的冷却时间。冷却时间的长短，直接影响着制品的性能及生产效率。冷却不均匀会使制品各部位的收缩率有差异，引起制品翘曲、瓶颈歪斜等现象。为了防止塑料因产生弹性回复而引起的制品变形，吹塑成型制品的冷却时间一般较长。通常为成型周期的1/3～2/3。另外，还应注意以下几方面的因素。

① 塑料的品种 不同的塑料材料熔融温度不同，挤出型坯的温度也不同，且不同材料的热导率也不同。型坯温度越高，则冷却时间越长；热导率较低的（例如聚乙烯），冷却慢，在相同的情况下就比同厚度的聚丙烯需要较长的冷却时间。

② 成型制品的体积、形状、壁厚大小 一般成型制品的形状越复杂、体积较大、制品壁

厚大时，冷却时间也越长。

③ 吹塑模具所选用的材料的导热性、夹坯口刃结构、模具的排气　模具材料的导热性越好，夹坯口刃结构简单，模具的排气好，则冷却越快，冷却时间越短。

④ 吹塑模具冷却通道的设计。

⑤ 吹塑模具温度。模具温度越高，制品冷却越慢，冷却时间越长。

⑥ 冷却水的入口温度及流量。冷却水的入口温度高、流量小，冷却时间长。

⑦ 吹胀气压及气量。吹胀气压及气量越大，冷却越快，冷却时间越短。

⑧ 内冷却的类型、冷却介质的温度和压力等。

1.2.26 中空吹塑成型时模具的温度应如何控制?

从挤出机口模挤出的型坯进入模具后的吹胀与冷却，与模具温度有直接的关系。模具温度要适当且分布均匀，才能保证制品的冷却均匀。模具温度的设定一般应根据塑料的品种及制品的结构等方面来确定。模具温度控制原则是保证制品的性能较高、尺寸稳定性好；成型周期较短；能耗较低；废品较少。

为保证制品的质量，在冷却过程中要使制品受到均匀的冷却，模温一般保持在20～50℃。模温过低，会使夹口处塑料的延伸性降低，不宜吹胀，并使制品在此部分加厚，同时使成型困难，制品的轮廓和花纹等也不清楚。模温过高，冷却时间延长，生产周期加长。此时，如果冷却不够，还会引起制品脱模变形，收缩增大，表面无光泽。模温的高低取决于塑料的品种，当塑料的玻璃化温度较高时，可以采用较高的模具温度；反之，则尽可能降低模温。常用几种塑料材料中空吹塑模具的温度控制如表1-8所示。

表1-8 常用几种塑料材料中空吹塑模具的温度控制

材料名称	LDPE	HDPE	软质PVC	硬质PVC	PP	PC
模具温度/℃	20～40	40～60	20～50	20～60	20～50	60～80

1.2.27 中空吹塑制品应如何脱模? 制品出现脱模困难时应如何处理?

(1) 脱模方式　挤出中空吹塑过程中，型坯经吹胀冷却定型后，便可开启模具，从模具中取出制品，即脱模。中空吹塑制品脱模方式主要有：手动脱模、机械手自动脱模、气动脱模和机械脱模等。

手动脱模是操作工用手直接从模具中取出制品。机械手自动脱模是利用机械手夹住制品的飞边或型坯余料，将制品从模具中取出，放到设定的位置上或进行其他操作。气动脱模是指利用压缩空气把制品从模具中吹出，然后送入输送带或滑板。这种脱模方式主要用于瓶及小容器的脱模。机械脱模是采用机械连杆、气压驱动的脱模板和模内顶杆等装置，顶出吹塑制品。

(2) 脱模困难的处理方法　在正常情况下，制品经过冷却定型后应顺利脱模，但有时会出现制品脱模困难，这主要有以下原因及处理方法。

① 制品吹胀冷却时间过长，模具冷却温度低。适当缩短型坯吹胀时间，提高模具温度。

② 模具设计不良，型腔表面有毛刺。修整模具，减小凹槽深度，凸筋斜度1∶50或1∶100，使用脱模剂。

③ 开模时，前后模板移动速度不均衡。修整锁模装置，使前后模板移动速度一致。

④ 模具安装不合适。重新安装模具，校正两半模的安装位置。

1.2.28 中空吹塑成型过程中应如何控制制品壁厚的均匀性?

中空成型以其产品成本低、工艺简单、效益高等独特的优点得到广泛的应用，但成型过程中产品的壁厚均匀性不易控制，特别是对于产品的形状不规则、不对称、有死角时，其壁厚均匀性更加难以控制。随着塑料成型技术的发展，当制品的质量变轻，壁厚变薄，其不均匀性问题更加突出了，直接影响了产品的质量，特别是形状不规则的制品，其壁厚差别更大。中空容器的厚薄不均匀性与许多因素有关，如成型的设备、模具、成型工艺及工人的操作技术水平等。要控制中空吹塑制品壁厚的均匀性应从以下几方面加以考虑。

(1) 设备选择　一般自动化程度高的设备，产品厚度控制得好一些。因为全自动中空吹塑机可避免人工将型坯放入模具的过程中，因型坯出现温度降低，而使型坯局部吹胀难，造成中空制品壁厚不均匀。也可防止型坯在吹胀模具中的偏斜，而使得吹胀不均，造成中空制品壁厚不均。另外全自动的中空吹塑机有的还带有储料缸的挤出中空吹塑机，不存在因直接挤出型坯出现“下垂”而造成制品壁厚不均匀；有的则带有预吹塑装置；有的还带有厚度控制系统，如轴向壁厚 VWBS 系统和径向 PWDS 系统等，这些都有利于控制中空制品壁厚的均匀性。

(2) 制品和模具的结构　当设计一个中空制品时，应考虑它成型后最易出现壁薄的地方，这些地方有的可以在制品上设计纵向或横向的加强筋，来弥补壁厚的不足。

模具的结构应根据制品来设计，但有的地方必须从模具结构上考虑，也就是说模具的结构不一定设计成与制品的外观结构一致，但成型后的制品都必须和样品一致。如图 1-45 所示的广口容器的模具结构设计为如图 1-46 所示的结构就不合理，因为当型坯放入模具内吹胀时，*AD* 环边缘的吹胀比大，型坯厚度一致时，*AD* 环肯定薄些，而且吹胀时温度急剧下降，*AD* 环边缘的上部或下部先贴在模具内壁上，这时候 *AD* 环不可能把它上部或下部的料“拉”过来，所以它的壁就更薄。而设计成如图 1-47 所示的结构时，模具的型腔比较大，所用型坯也较长，吹胀时，*AD* 环与其上部型坯可以相互弥补，贴壁的时间间隔相差不大，这样一来 *AD* 环的厚度与其上部的厚度就比较接近，当然与 *BC* 环也就更接近。

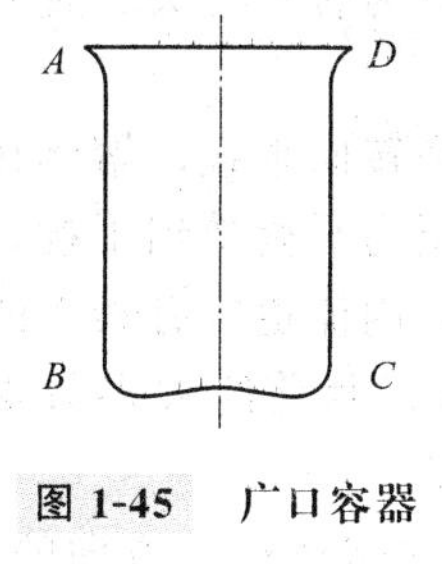

图 1-45　广口容器

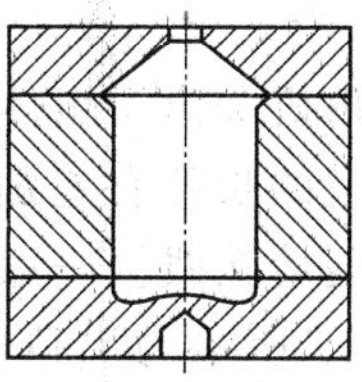

图 1-46　广口容器不合理的模具结构设计

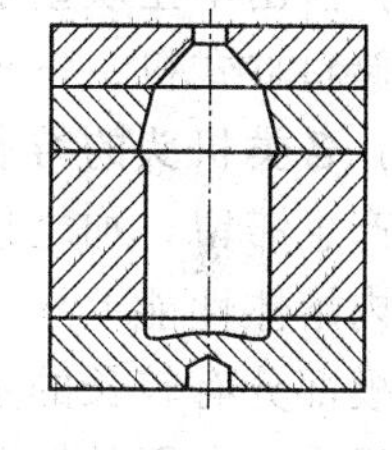

图 1-47　广口容器合理的模具结构设计

(3) 工艺控制　吹塑制品的壁厚均匀性与吹塑过程中的成型工艺控制有着较大的关系。如挤出成型型坯的温度、模具温度、螺杆转速、空气的压力及吹气的方向等。在挤出型坯过程中，机筒的温度高，熔体的黏度低，流动性增大，会使型坯自重下垂现象增加，引起型坯纵向壁厚不均。模具温度过低时，夹口处所夹物料温度就会低，难以吹胀，这部分就会比较厚。模具温度过高时，在夹口处塑料延伸性增加，吹胀容易，这部分就比较薄，并且还会延长成型周期和增加制品的收缩率。

挤出过程中螺杆的转速高，挤出速率大，挤出型坯速度快，这样可加快型坯进入模具，从而减少型坯因自重产生下垂的时间，以减少因型坯下垂而造成的壁厚不均。

吹塑过程中，当制品上下的薄厚相差很大时，改变吹气的方向，避免由上而下或由下向上直吹，空气的压力及吹气的方向也影响产品的壁厚。最好在吹气嘴的前端做一个球形接头，在上面要多开气孔，让压缩空气全方位吹出，这样制品的壁厚比未改变前要均匀得多。如果制品的壁厚局部薄，这时吹气的方向不宜直吹，也不宜全方位吹，而应定向地吹，即吹气的方向朝壁薄的地方吹，让它先于壁厚的地方吹胀，使它们瞬间能均匀地吹起，从而达到同时贴壁定型

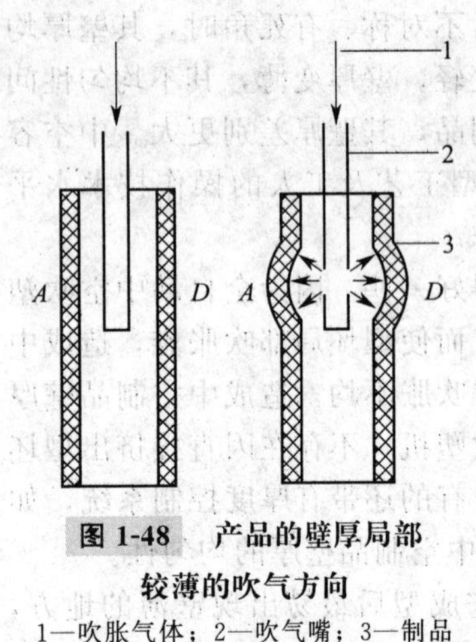

图 1-48 产品的壁厚局部较薄的吹气方向
1—吹胀气体；2—吹气嘴；3—制品

的目的。如图 1-48 所示，该制品在 AD 处较薄，吹胀时吹气方向应朝壁薄的 AD 处吹，使其先进行吹胀。

压缩空气的压力及温度对制品的壁厚影响也较大。压缩空气压力的均匀稳定性，直接影响吹胀的均匀性，从而影响制品壁厚的均匀性。压缩空气温度过高，等于给型坯升温，加大产品的上下部分壁厚的差距，而且影响制品的定型速度；温度过低，加速了型坯的冷却，使型坯不能完全吹胀起来，造成局部厚薄不均，所以合适的压缩空气温度对生产高质量的制品是必要的。

除以上因素外，原料种类不同，也影响产品壁厚。如 PVC 树脂，因为其加工温度范围窄，成型时间要求短，所以工艺要求严格。为了避免型坯冷却过快，一般要设置型坯的保温装置，当型坯挤出速度过快时，可以有效地克服这些缺陷。再如聚乙烯树脂中的线型聚乙烯树脂，由于材料本身的特殊结构，在挤出型坯时，它下垂的程度大，容易造成制品的上下部分厚薄不均。

1.3 挤出中空吹塑机头与模具疑难处理实例解答

1.3.1 挤出中空吹塑机头的结构形式有哪些？各有何特点和适用性？

(1) 挤出中空吹塑机头的结构类型 挤出吹塑机头结构形式通常分为转角机头、直通式机头和带储料缸式机头三种类型。

(2) 各类机头的特点与适用性 转角机头由于熔体流动方向由水平转向垂直，熔体在流通中容易产生滞留，加之连接管到机头口模的长度有差别，机头内部的压力平衡受到干扰，会造成机头内熔体性能差异，型坯表面易出现熔接线。一般对于转角机头，内流道应有较大的压缩比，口模部分有较长的定型段，如图 1-49 所示为出口向下的转角机头。目前绝大多数吹塑成型是采用出口向下的转角机头。

直通式机头与挤出机呈一字形配置，如图 1-50 所示，从而避免塑料熔体流动方向的改变，可防止塑料熔体过热而分解。直通式机头的结构能适应热敏性塑料的吹塑成型，常用于硬 PVC 透明瓶的制造。

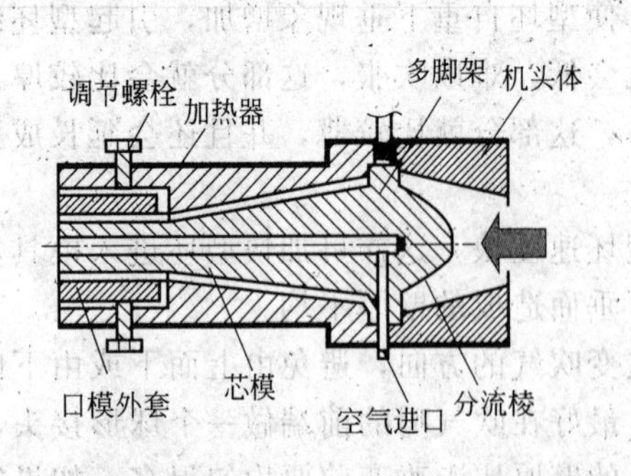

图 1-49 转角式机头

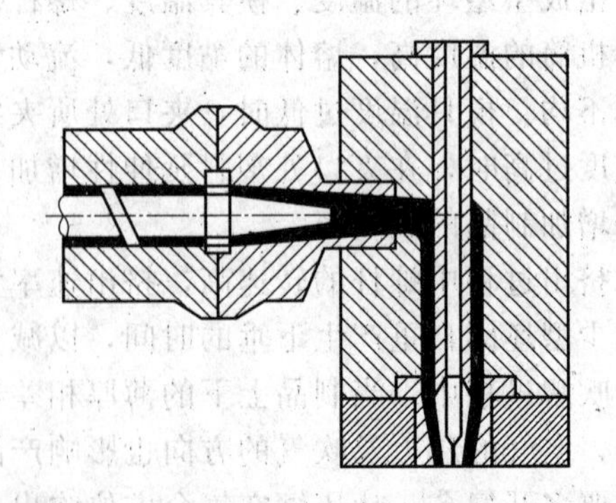
图 1-50 直通式机头

带储料缸式机头的结构形式有多种，按其结构的整体性有分离式和一体式两大类。分离式又有活塞式、柱塞、螺杆式等，一体式机头又可分为圆柱活塞式和管状活塞式等。如图1-51所示为分离活塞式带储料缸式机头的结构。

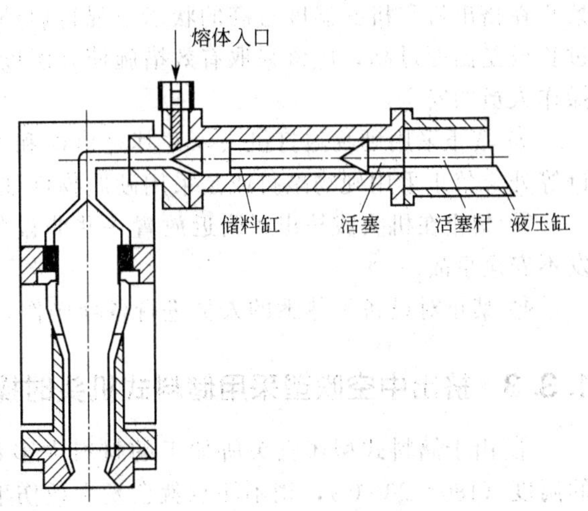

图1-51 分离活塞式带储料缸式机头

带储料缸式机头挤出过程中，由挤出机向储料缸提供塑化均匀的熔体，按照一定的周期所需熔体数量储存于储料缸内。在储料缸系统中由柱塞（或螺杆）定时、间歇地将所储的物料迅速推出，形成大型的型坯。高速推出物料可减轻大型型坯的下坠和缩径，克服型坯由于自重下垂产生的变形而造成的制品壁厚的不一致性，同时挤出机可保持连续运转，为下一个型坯备料，该机头即能发挥挤出机能力，又能提高型坯的挤出速率，缩短成型周期。主要用于成型大型中空制品如垃圾箱等。

1.3.2 挤出中空吹塑成型采用直接挤出式机头时操作过程中应注意哪些问题？

① 正确设置机头各段的加热温度，其具体加热参数需要根据聚合物材料的加工温度来决定，在初次开机或是停机时间较长以后再次开机时，加热温度需要比正常工艺温度高10～20℃。通常在挤出机与机头连接处的温度需要设置高一些，此外口模处的温度也需要设置高一些。温度设置并开始升温后，需要经常检查温度控制仪以及加热元件等是否正常工作，发现异常，及时进行处理。

② 加热时注意保持加热元件、测温元件（热电偶）的正常工作状态，有些设备在机头的加热过程中，加热元件（加热圈）及测温元件容易发生遇热松弛现象，这样会存在不安全的因素，需要及时进行处理，同时在加热器上建议采用一种自动锁紧装置，使其确保不会发生加热后松弛现象。

③ 在生产过程中，有时机头与挤出机连接处的孔板会出现堵塞，若堵塞时间过长，容易造成连接处的螺栓损坏及加热元件损坏，并且产生塑料原料的漏料，有些中空成型机安装了树脂压力异常报警，目前大多中空成型机没有安装这类报警装置，需要根据机头挤出料的具体情况及时进行处理。

④ 直接挤出式机头初次挤出型坯时，操作及维修人员应注意安全距离，因为加温过程中成型温度设置过高或过低均可能发生安全意外，因此需特别加以注意。当加热温度过高时，由于塑料长时间受到高温的加热，可能发生原料分解的现象，熔体可能出现似水状的流体，型坯挤出时易出现流体喷射现象。若操作及维修等人员距离机头较近，特别容易发生高温熔体的烫伤事故。当加热温度过低时，由于塑料还没有得到充分的加热，物料还没有达到可以流动的熔体状态，强行挤出时则可能会发生机头与挤出机连接螺栓或连接螺纹的松动与断裂，可能引起机械事故，若操作人员靠近机头很容易受到机械伤害。

⑤ 型坯正常挤出后，由于壁厚或是其他原因，需要对机头的一些调节螺栓进行调整，操作或是维修人员等必须带好可靠的手套等安全防护用品，防止发生烫伤和其他不安全事故。

⑥ 在进行机头口模或是芯模的调整时，必要时必须关闭设备的加热电源，以确保操作人员的人身安全。

⑦ 生产过程中禁止在机头温度过低的条件下强行启动挤出机，以保证设备和人员的安全。

禁止在挤出机和机头温度过高的状态下强行启动挤出机，如果设备因为其他原因造成加热时间过长或是温度过高，应该采取有效措施使其温度降低，温度降低到正常值后方可开机，以确保操作人员的安全。

⑧ 禁止采用硬物敲打机头，尤其是口模和芯模以及机头内部的流道，连接处的法兰、接口等处，禁止采用硬物敲打或是采用硬质物件强行刮削等，以防止机头因此受到损坏。

⑨ 禁止在机头或挤出机附近放置一些非设备必需的物件，防止电路短路等故障，避免引发不安全事故。

⑩ 禁止对设备不熟悉的人员进行各项操作，防止因此引发设备事故和人身不安全事故。

1.3.3 挤出中空吹塑采用储料式机头时操作中应注意哪些问题？

① 由于储料式型坯机头所加工的材料大多数是 HMWHDPE。加工这些塑料时需要较高的温度（180～230℃），稍不注意就会发生烫伤事故，操作人员穿着必要的防护衣物和带好手套才能进行操作。

② 在塑料型坯挤出时操作人员及其他人员均需要远离储料机头的正下方，并保持一定的安全距离，特别是冷机加热后的最初几次挤出需要特别地注意安全，因为有可能机头温度过高造成其内部的压力升高，一旦口模开口并注射压料，机头内部的塑料熔融体在高温高压力下有可能会激喷而出，高温塑料熔融体极容易对人体造成伤害或损伤。

③ 拆装口模、芯模时，需采用专用可以升降的拆装架，由于储料式型坯机头的口模、芯模的重量较重，拆装时温度较高，拆装架的使用可以确保操作人员的安全。对机头内塑料熔体的清除必须采用铜质刀具清理，不要造成对机头内部流道以及口模、芯模的刮、擦伤。对于连接用的高强度螺栓，安装芯模、口模时需要在螺栓的连接部位涂上耐高温润滑脂，有利于下一次的拆卸与安装。耐高温润滑脂的温度选用范围在正常使用温度的 1.5～2 倍。

④ 对储料式型坯机头的液压连接管道及零部件拆装检修时，必须认真检查液压、伺服系统是否已经确定是处于完全没有压力的状态下，主液压系统和液压伺服系统停机后，特别是安装有储能器的液压系统，必需打开卸荷阀彻底排空主液压系统、液压伺服系统的压力，以防止系统内的残存压力对人员和设备造成伤害。

⑤ 当储料机头内有塑料时，一定要加热到该种塑料的工艺温度以上才能进行拆卸操作；不然会对储料机头造成较大的损伤。当采用明火加热时，必须先拆卸液压缸、伺服缸、电控装置等外围零部件，并需做好拆卸现场的防火措施。

⑥ 严格控制塑料原料的清洁度，特别防止石子、泥砂、金属类等杂质混入原料之中，必要时可在塑料原料的进料斗中和粉碎机的料斗处加装强磁力除铁器；生产场地要注意搞好清洁，对塑料边料要设有专用的冷却装置，防止泥砂带入边料之中。

⑦ 严格按所加工的塑料原料的工艺特性给机头升温到工作温度，并恒定一段时间（2～4h 以上）才能开机。要特别注意防止温度不够就开机压料注射。

⑧ 由于储料机头加温时热量很高，所以设计储料机头时对相关的压料液压缸和伺服液压缸均设置有水冷却系统，机头升温时要特别注意保持冷却水的压力和畅通。防止因温度上升使压料液压缸和伺服液压缸的密封圈加速老化导致失效。

1.3.4 挤出中空吹塑采用储料式机头时应如何缩短换色与换料的操作时间？

挤出中空吹塑过程中，采用储料式机头时，目前可能会由于设计、制造、磨损、塑料原料等多方面的原因，一般换色、换料会耗时较长，但采取以下措施时可缩短换色与换料的操作时间。

① 在塑料原料中添加一定的水分（不能过多），使其在储料机头的内部熔融时产生较多气泡，增加一定的熔体压力，可使换色与换料的时间大为缩短。

② 适当调整压料时液压缸的压力，采用手动波动压料的方式可加快换色、换料的速度。

③ 改变塑料原料的配方，增加原料中高分子量原料的比例，可以加快换色、换料的速度，缩短其换色、换料时间。

④ 换色、换料时，应尽量清除料斗、机头等处的原有塑料原料，不让这些原料再进入挤出机与机头系统中，也可加快其换色、换料的速度。尤其是机头间隙溢出的废料，更应清理干净。

1.3.5　挤出中空吹塑采用多层型坯机头时应注意哪些方面?

① 由于生产塑料燃油箱的多层型坯机头体积较大，因此加热升温的时间较长，加热升温时需要值班人员加强值守与巡查，值班人员不能离开现场，以防止发生意外事故。

② 严格禁止在多层型坯机头、各台挤出机温度没有达到工艺温度要求的状态下开机运行，设备出现升温意外时及时排除。

③ 在更换芯模、口模及其他部件时，严格禁止采用钢铁类硬物碰撞或是敲打这些部件，清理流道的残余塑料熔体时必须采用铜质工具，不得采用直接火烧的办法处理塑料熔体。

④ 严格控制各挤出机料斗加入的原料品种，严格禁止加入其他非该挤出机所加工的原料；严格禁止塑料原料中混入其他杂质及杂物。

1.3.6　挤出中空吹塑模具有哪些特点?

挤出中空吹塑模具主要赋予制品形状与尺寸，并使之冷却，其特点是如下。

① 吹塑模具一般只有阴模，如图 1-52 所示。由于模颈圈与各夹坯块较易磨损，一般做成单独的嵌块便于修复或更换，也可与模体做成一体。

② 吹塑模具型腔受到的型坯吹胀压力较小，一般为 0.2～1.0MPa。因此，挤出吹塑用模具对材料的要求较低，选择范围较宽，选择材料时应综合考虑导热性能、强度、耐磨性、耐腐蚀性、抛光性、成本以及所用塑料与生产批量等因素。常用的材料有铝、铜铍合金、钢、锌镍铜合金及合成树脂等。吹塑模具型腔一般不需经硬化处理，除非要求长期生产。

图 1-52　吹塑模具

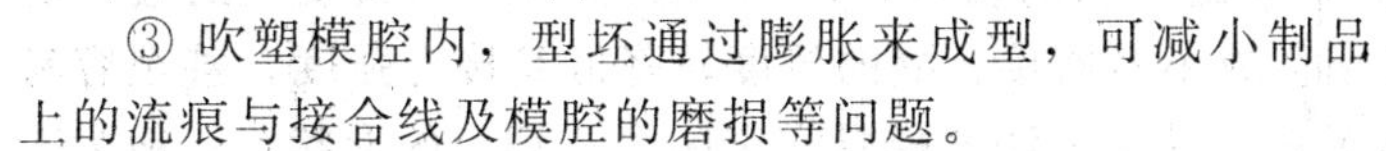

③ 吹塑模腔内，型坯通过膨胀来成型，可减小制品上的流痕与接合线及模腔的磨损等问题。

④ 由于没有阳模，吹塑制品上有较深的凹陷也能脱模（尤其对硬度较低的塑料），一般不需要滑动嵌块。

⑤ 能有效地夹断型坯，保证制品接合线的强度。

⑥ 能快速、均匀地冷却制品，并减小模具壁内的温度梯度以减小成型时间与制品翘曲。

⑦ 能有效排气，可成型形状复杂的制品。

1.3.7　挤出中空吹塑模具的结构如何? 中空吹塑时对模具结构有何要求?

(1) 挤出中空吹塑模具的结构组成　挤出中空吹塑模具一般都是由两半阴模构成。根据合模机构的不同，两个半边模具都是动模，其模具由合模机构各板所带动；也可以其中一半作定模，即合模机构的一块模板是固定的，另一半作为动模；但目前两个半边模具都作动模的应用

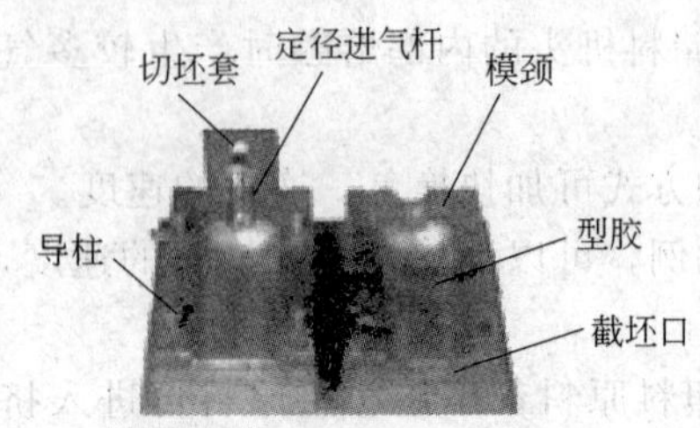

图 1-53 吹塑模具结构组成

比较普遍。

在吹塑模具结构上，主要由模具型腔（两个部分）、模具主体、冷却系统、切口部分、排气孔槽以及导向部分等组成，如图 1-53 所示主要包括模体、模颈、模腔、切坯套、截坯块、导柱等部分。由于现代许多工业产品如汽车配件较复杂，所以其模具经常需要应用一些嵌件、抽芯、分段开合模、负压等比较特殊的结构形式。

(2) 中空吹塑对模具结构的要求

① 模具分型面设计的要求　挤出中空吹塑模具的结构设计时模具分型面位置的选择应使模具对称，减小吹胀比，易于制品脱模。因此，分型面的位置通常由吹塑制品的形状确定。大多数吹塑模具设计成以分型面为界相配合的两个半模，对于形状不成规则的瓶类和容器，分型面位置的确定特别重要，如位置不当将导致产品无法脱模或造成瓶体划伤。这时，需要用不规则分型面的模具，有时甚至要使用三个或更多的可移动部件组成的多分型面模具，利于产品脱模。对横截面为圆形的容器，分型面通过直径设置；对椭圆形容器，分型面应通过椭圆形的长轴；矩形容器的分型面可通过中心线或对角线，其中后者可减小吹胀比，但与分型面相对的拐角部位壁厚较小。对有些制品，则需要设置多个分型面。容器把手应沿分模面设置。把手的横截面应呈方形，拐角用圆弧过渡，优化壁厚分布。把手孔一般采用嵌块来成型。还可用注射法单独成型把手。

② 型腔的设计要求　吹塑模具型腔直接确定制品的形状、尺寸与外观性能。用于 PE 吹塑的模具型腔表面应稍微有点粗糙，否则会造成模腔的排气不良，夹留有气泡，使制品出现“橘皮纹”的表面缺陷，还会导致制品的冷却速率低且不均匀，使制品各处的收缩率不一样。由于 PE 吹塑模具的温度较低，加上型坯吹胀压力较小，吹胀的型坯不会楔入粗糙型腔表面的波谷，而是位于或跨过波峰，这样，可保证制品有光滑的表面，并提供微小的网状通道，使模腔易于排气。对模腔做喷砂处理可形成粗糙的表面。喷砂粒度要适当，对 HDPE 的吹塑模具，可采用较粗的粒度，LDPE 要采用较细的粒度。蚀刻模腔也可形成粗糙的表面，还可在制品表面形成花纹。吹塑高透明或高光泽性容器（尤其采用 PET、PVC 或 PP）时，要抛光模腔。对工程塑料的吹塑，模具型腔一般不能喷砂，除可蚀刻出花纹外，还可经抛光或消光处理。

模具型腔的尺寸主要由制品的外形尺寸和收缩率来确定。收缩率一般是指室温（22℃）下模腔尺寸与成型 24h 后制品尺寸之间的差异。如 HDPE 瓶的吹塑成型，其收缩率的 80%～90%是在成型后的 24h 内发生的。

③ 模具切口　吹塑模具的模口部分应是锋利的切口，以利切断型坯。切断型坯的夹口的最小纵向长度约为 0.5～2.5mm，过小会减小容器接合缝的厚度，降低其接合强度，甚至容易切破型坯不易吹胀，过大则无法切断尾料，甚至无法使模具完全闭合。切口的形状，一般为三角形或梯形。为防止切口磨损，常用硬质合金材料制成镶块嵌紧在模具上，切口尽头向模具表面扩大的角度随塑料品种而异，LDPE 可取 30°～50°，HDPE 取 12°～15°。模具的启闭通常用压缩空气来操纵，闭模速度最好能调节，以适应不同材料的要求。如加工 PE 时，模具闭合速度过快，切口容易切穿型坯，使型坯无法得到完好的熔接。这就要在速度和锁模作用之间建立平衡，使得夹料部分既能充分熔接，又不致飞边难去除。

在夹坯口刃下方开设尾料槽，位于模具分型面上。尾料槽深度对吹塑的成型与制品自动修整有很大影响，尤其对直径大、壁厚小的型坯。槽深过小会使尾料受到过大压力的挤压，使模具尤其是夹坯口刃受到过高的应变，甚至模具不能完全闭合，难以切断尾料；若槽深过大，尾料则不能与槽壁接触，无法快速冷却，热量会传至容器接合处，使之软化，修整时会对接合处产生拉伸。每半边模具的尾料槽深度最好取型坯壁厚的 80%～90%。尾料槽夹角的选取也应适当，常取30°～90°。夹坯口刃宽度较大时，一般取大值。

④ 模具中的嵌块　吹塑模具底部一般设置单独的嵌块，以挤压封接型坯的一端，并切去尾料。设计模底嵌块时应主要考虑夹坯口刃与尾料槽，因为它们会直接影响吹塑制品的成型与质量。因此一般要求模底嵌块要有足够的强度、刚性与耐磨性，在反复的合模过程中承受挤压型坯熔体产生的压力；夹坯区的厚度一般比制品壁大些，积聚的热量较多。因此，夹坯嵌块要选用导热性能高的材料来制造。同时考虑夹坯嵌块耐用性，铜铍合金是一种理想的材料。对软质塑料，夹坯嵌块一般可用铝制成，并可与模体做成一体；接合缝通常是吹塑容器最薄弱的部位，要在合模后但未切断尾料前把少量熔体挤入接合缝，适当增加其厚度与强度；应能切断尾料，形成整齐的切口。

成型容器颈部的嵌块主要有模颈圈与剪切块，剪切块位于模颈圈之上，有助于切去颈部余料，减小模颈圈的磨损。剪切块开口可为锥形，夹角一般取60°，模颈圈与剪切块由工具钢制成，并硬化至56～58HRC。

⑤ 模具的排气　成型容积相同的容器时，吹塑模具内要排出的空气量比注射成型模具的大许多，要排除的空气体积等于模腔容积减去完全合模瞬时型坯已被吹胀后的体积，其中后者占较大比例，但仍有一定的空气夹留在型坯与模腔之间，尤其对大容积吹塑制品。另外，吹塑模具内的压力很小。因此，对吹塑模具的排气性能要求较高（尤其是型腔抛光的模具）。若夹留在模腔与型坯之间的空气无法完全或尽快排出，型坯就不能快速地吹胀，吹胀后不能与模腔良好地接触，会使制品表面出现粗糙、凹痕等缺陷，表面文字、图案不够清晰，影响制品的外观性能与外部形状，尤其当型坯挤出时出现条痕或发生熔体破裂时。排气不良还会延长制品的冷却时间，降低其机械性能，造成其壁厚分布不均匀。因此，要设法提高吹塑模具的排气性能。

⑥ 模具加热与冷却　在吹塑时，塑料熔体的热量将不断传给模具，模具的温度过高会严重影响生产率。为了使模温保持在适当的范围，一般情况下，模具应设冷却装置，合理设计和布置冷却系统很重要。一般原则是：冷却水道与型腔的距离各处应保持一致，保证制品各处冷却收缩均匀。对于大型模具，为了改进冷却介质的循环，提高冷却效应，应直接在吹塑模的后面设置密封的水箱，箱上开设一个入水口和一个出水口。对于较小的模具，可直接在模板上设置冷却水通道，冷却水从模具底部进去，出口设在模具的顶部，这样做一方面可避免产生空气泡，另一方面可使冷却水按自然升温的方向流动。模面较大的冷却水通道内，可安装折流板来引导水的流向，还可促进湍流的作用，避免冷却水流动过程中出现死角。

对于一些工程塑料，如PC、POM等，模具不仅不需要冷却，有时甚至要求在一定程度上升高模温，以保证型坯的吹胀和花纹的清晰，可在模具的冷却通道内通入加热介质或者采用电热板加热。

1.3.8 挤出中空吹塑模具有哪些结构类型？各有何特点？

(1) 结构类型　挤出中空吹塑模具整体结构的组装方式可分为整体式、组合式、镶嵌式、钢板叠层式以及其他特殊结构类型等。

(2) 各类结构特点

① 整体式结构　整体式结构吹塑模具的半边模具由一整块金属组成，采用高强度的不锈钢或模具钢直接加工出模具的型腔、切口、冷却水道以及排气孔甚至导向柱、导套等，如图1-54所示。模具可以在数控加工设备上一次成型，只需少量进行抛光即可，采用这种方法成型的模具精度高，几何尺寸误差小，经久耐用，适用于一些要求较高的吹塑制品，目前主要用于中小型工业吹塑制品和包装瓶。

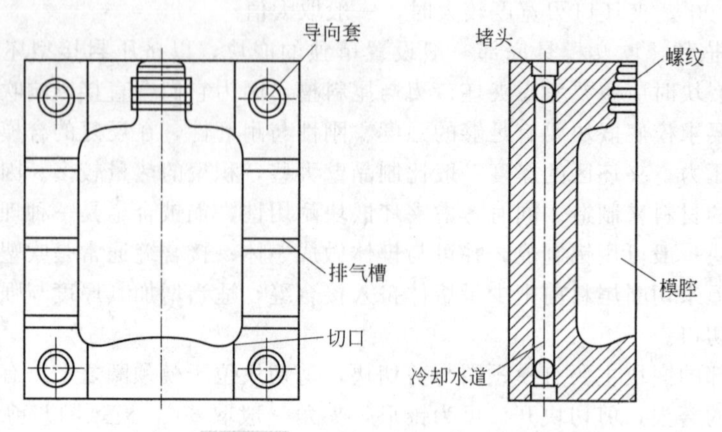

图 1-54 整体式吹塑模具结构

② 组合式结构 组合式吹塑模具的半边模具是由几块金属分别加工后组合而成，如图 1-55 所示为组合式结构吹塑棋具的结构。采用这种方法加工模具时，需要分别在各块模具上进行加工，组合后一般都会具有一定的加工误差，需要人工进行打磨和修整。这种结构形式的模具主要应用于大中型的吹塑模具以及制品要求不高的模具加工。

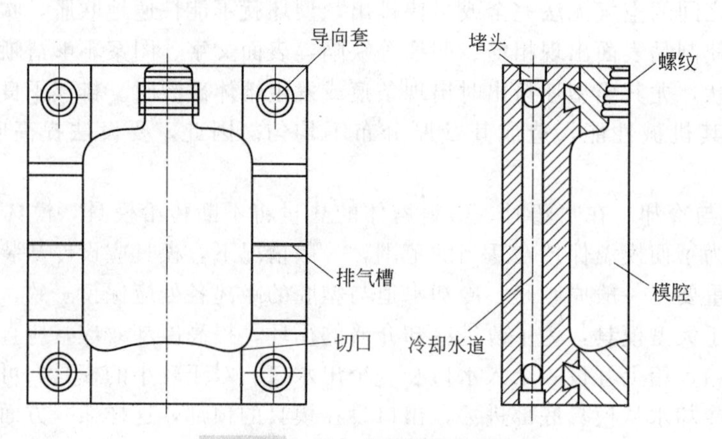

图 1-55 组合式吹塑模具结构

③ 镶嵌式结构 镶嵌式吹塑模具的半边模具由一块整体性金属材料与几块较硬的金属材料镶嵌而成，其结构如图 1-56 所示。其镶嵌方法一般有铸造镶嵌、压入镶嵌和螺栓连接镶嵌等几种方法。铸造镶嵌主要是将镶嵌件放在需要镶嵌的位置，采用铝合金铸造而成，然后再进行机械加工。压入镶嵌是将需要镶嵌的金属件进行一定的机械加工后采用压入的方法使其结合在一起，然后再进行机械加工直至成型完毕。螺栓连接镶嵌可以将需要加工的模具部件全部加工完毕后再进行螺栓连接。目前 200L 系列塑料桶的模具多数是采用铝合金铸造镶嵌的方法制造。

④ 钢板叠层结构模具 叠层模具是采用钢板叠层的方法将预先制作好的模板层层叠起，通过一定的专用模具制作架，将叠层钢板在制作架内层层压紧，然后采用螺栓连接或是焊接的方式将模板紧密连在一起，使其成为整体。模具型腔部分可以采用线切割、激光修整或烧结的方法来制作，模具型腔精度能够达到较高的质量水平。一般为大型全冷却吹塑模具。如图 1-57 所示为一种钢板叠层吹塑模具的结构，模具由右模和左模两个半模组成，侧吹汽缸用于制品成型时吹胀塑料型坯，叠层冷却水通道使冷却水在模具内部快速循环，模具能够迅速冷却，加快制品成型速度。

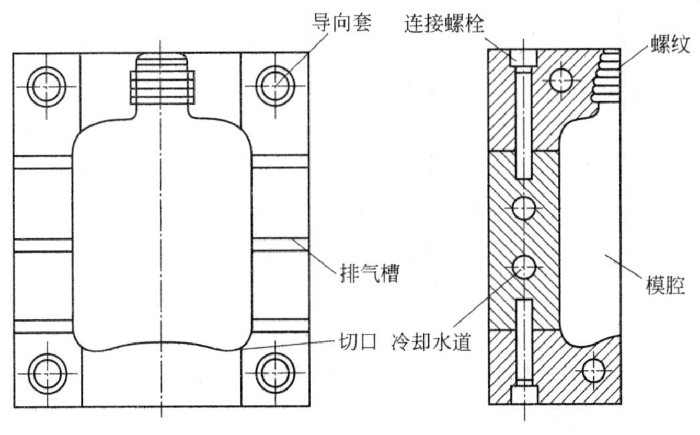

图 1-56　镶嵌式吹塑模具结构

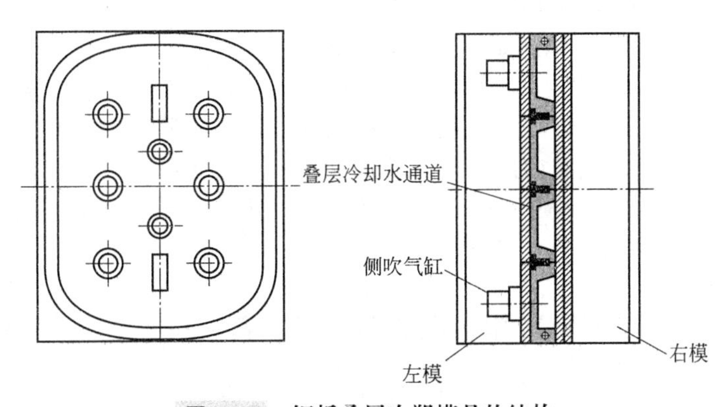

图 1-57　钢板叠层吹塑模具的结构

与采用原有方法制作的模具相比，极大地提高了模具冷却的速度，产品成型周期可缩短一半以上，大大加快了大型吹塑制品的成型速度，从而节约了制品成型周期内的能耗。而且这种模具冷却水道的制造成本比传统模具制造方法有较大的降低，在提高制品成型速度的同时，节约了大型吹塑模具的投资。目前叠层模具主要用于不方便采用铝合金铸造的大型模具中。

⑤ 其他类型的模具结构　在成型一些需要采用特别吹塑方法成型的制品时，其模具往往需要采用与众不同的结构形式，如抽芯模、预制件镶嵌模、分体顺序合模结构、高压热封模具、局部抽真空模具、局部控温负压以及插抽模具等。这些不同模具结构的不同组合与应用，可以完成不同吹塑制品的吹塑成型。成型这类特殊制品时其模具结构有不同的特点，其成型模具技术在不断地发展之中。

1.3.9　挤出中空吹塑模具的排气形式有哪些？各有何特点？

(1) 挤出中空吹塑模具的排气形式　吹塑模具采用的排气方法主要有分型面上的排气、模腔内的排气、模颈螺纹槽内的排气和抽真空排气。

(2) 各排气形式的特点

① 分型面上的排气　分型面是吹塑模具主要的排气部位，合模后应尽可能多、快地排出空气。否则，会在制品上对应分型面部位出现纵向凹痕。这是因为制品上分型面附近部位与模腔贴合而固化，产生体积收缩与应力，这对分型面处因夹留空气而无法快速冷却、温度尚较高的部位产生了拉力。为此，要在分型面上开设排气槽，如在分型面上的肩部与底部拐角处开设有锥形的排气槽。排气槽深度的选取要恰当，不应在制品上留下痕迹，尤其对外观要求高的制

品（例如化妆品瓶），排气槽宽度可取 5～25mm 或更大。

② 模腔内的排气　为了尽快地排出吹塑模具内的空气，要在模腔壁内开设排气系统。随着型坯的不断吹胀，模腔内夹留的空气会聚积在凹陷、沟槽与拐角等处，为此，要在这些部位开设排气孔。排气孔的直径应适当，过大会在制品表面上产生凸台，过小又会造成凹陷，一般取 0.1～0.3mm。排气孔的长度应尽可能小些（0.5～1.5mm）。排气孔与截面较大的通道相连，以减小气流阻力。另一种途径是在模腔壁内钻出直径较大（如 10mm）的孔，并把一磨成有排气间隙（0.1～0.2mm）的嵌棒塞入该孔中。还可采用开设三角形槽或圆弧形槽的排气嵌棒。这类嵌棒的排气间隙比排气孔的直径小，但排气通道截面较大，机械加工时可准确地保证排气间隙。嵌棒排气用于大容积容器的吹塑效果好。还可在模腔壁内嵌入由粉末烧结制成的多孔性金属块作为排气塞，可能会有微量的塑料熔体渗入多孔性金属块内，在吹塑制品上留下痕迹。因此，可考虑在金属块上雕刻花纹或文字。

③ 模颈螺纹槽内的排气　夹留在模颈螺纹槽内的空气难以排除，可以通过开设排气孔来解决，在模颈圈上钻出若干个轴向孔，孔与螺纹槽底相距 0.5～1.0mm，直径为 3mm，并从螺纹槽底钻出 0.2～0.3mm 的颈向小孔，与轴向孔相通。

④ 抽真空排气　如果模腔内夹留空气的排出速率小于型坯的吹胀速率，模腔与型坯之间会产生大于型坯吹胀气压的空气压力，使吹胀的型坯难以与模腔接触。在模壁内钻出小孔与抽真空系统相连，可快速抽走模腔内的空气，使制品与模腔紧密贴合，改善传热速率，减小成型时间（一般为 10%）、降低型坯吹胀气压与合模力，减小吹塑制品的收缩率（25%）。抽真空排气较常用于工程塑料的挤出中空成型。

1.3.10 挤出中空吹塑模具冷却水道的结构形式有哪些？各有何特点？

吹塑模具的冷却与控温直接影响和决定制品的生产效率和产品质量，模具冷却系统的设计与制作必须充分考虑合适的冷却部位、冷却面积、传热效率、制品冷却均匀性、冷却水温度、流量、压力、熔融树脂的温度与热容量等因素。模具的冷却效率决定了制品的成型效率，如果模具的冷却速度慢，其制品生产周期就会延长，冷却不均匀就可能造成制品收缩变形。通过对模具的强化冷却，可以提高吹塑制品的生产效率和产品质量。常用的模具冷却水道的形式主要有机械铣切水槽式、机械钻孔加工式、铸造模具嵌入式和叠层模具式等。

① 机械铣切加工冷却水道　机械铣切加工冷却水道的冷却是在模具型腔的背面采用机械铣切加工的方法加工成可以循环的冷却水槽，在冷却水槽的上部采用螺栓连接或是焊接的方式用密封盖板将冷却水槽封闭，并在冷却水槽的两端安装进出水的水嘴，可以通过较大流量的冷却水，使模具较快地实现冷却，如图 1-58 为机械铣切加工冷却水道结构。

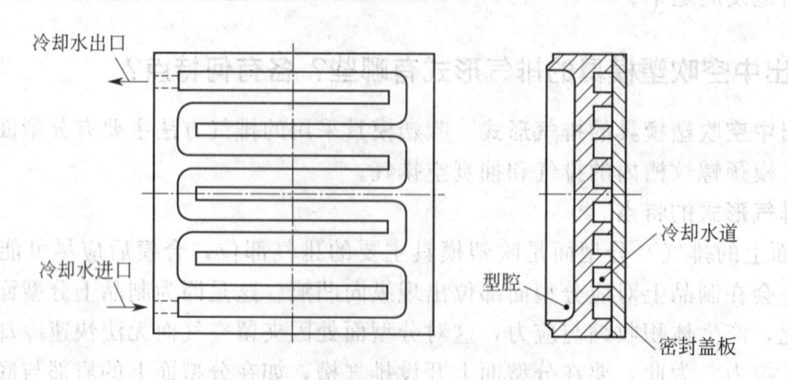

图 1-58　机械铣切加工冷却水道结构

密封盖板采用螺栓连接时需要在合适的位置安装橡胶密封圈，另外由于多数吹塑模具的冷却水的压力一般均在0.3～0.4MPa，因此连接螺栓的数量不能太少，螺栓之间的间距不能太宽，螺栓间距在40～120mm，螺栓直径为10～24mm。这种螺栓连接方式的优点是当冷却水道被水垢堵塞时可以拆卸盖板进行清理；不足之处是当橡胶密封圈老化后容易导致吹塑模具渗漏水，造成对模具的腐蚀。同时这种方式的模具维修工作量要多一些。密封盖板密封连接采用焊接方式时，不需要采用橡胶密封圈进行密封，直接采用焊接方式就可以将盖板与模具焊接在一起，这种方式在冷却水质量较好的情况下和冷却水压力较大的情况下会比较经久耐用。在进行盖板与模具冷却水槽的焊接时需要注意结构设计上尽量减少密封盖板的面积，同时注意两种材料的一致性，对于如45中碳钢等类似的模具材料，在较为寒冷的季节进行焊接时，需要适当给模具升温，控制焊接时的先后次序，并注意防止焊接时应力开裂与变形。

② 机械钻孔加工冷却水道　这种方式是在吹塑模具型腔的壁内用机械钻孔的方式纵横方向钻出冷却水道。这种钻孔的方式对于吹塑模具来说，冷却水的孔径一般在10～30mm，孔间距在30～150mm之间；如图1-59所示为机械钻孔加工冷却水道结构，图中有一种孔中加螺旋片的冷却方式，它是在冷却水孔中安置一个螺旋片，螺旋片可以使冷却水在孔中形成两股并呈螺旋状流动，加快模具的传热效果，螺旋片可以采用铜片或是不锈钢片制作。对于大型吹塑模具，螺旋片的厚度一般在2mm时较好。

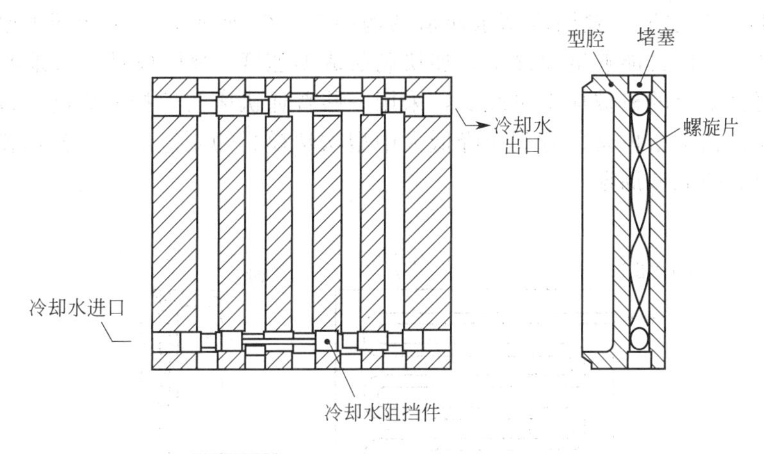

图1-59　机械钻孔加工冷却水道结构

由于大型吹塑模具的冷却水道采用钻孔时其孔的深度会较长，当采用两头对钻的方式时，不可避免会产生钻孔偏差，在模具的实际加工中，为了确保冷却水的良好循环，应尽可能地减少钻孔时的偏差。为了利于模具钻孔的顺利进行，模具设计人员在模具厚度尺寸许可的情况下，可以尽量选择较大的孔径。冷却水孔在两头对钻的情况下，螺旋片也可以采用从两头加入的方式。

为了保障冷却水的流向和流动可靠性，将螺旋件设计成为螺杆形式，将阻挡件与其合二为一，使其更为可靠；其中螺杆材料一般可采用不锈钢材料制作。采用螺杆方式的分隔形式，要求钻孔的偏差极小；同时，为了保障分隔螺杆的顺利插入，可以将分隔螺杆设计成为两段，使其从冷却水孔两端插入。此种方式对于较深的冷却水道来说，是较好的选择；同时也可以降低分隔螺杆的加工难度。分隔螺杆的螺距应该设计大一些，以利于冷却水的快速通过。这种方式在模具制作时需要注意防止螺塞堵塞处渗漏水。

③ 铸造模具嵌入式冷却水道　这种方式是在采用铝合金、锌合金或是铸铝材料铸造模具时将预先制作好的冷却弯管放入模具坯模之中，冷却弯管可以设置在离型腔壁较近的位置，如

图 1-60 所示为铸造嵌入式冷却水道结构。

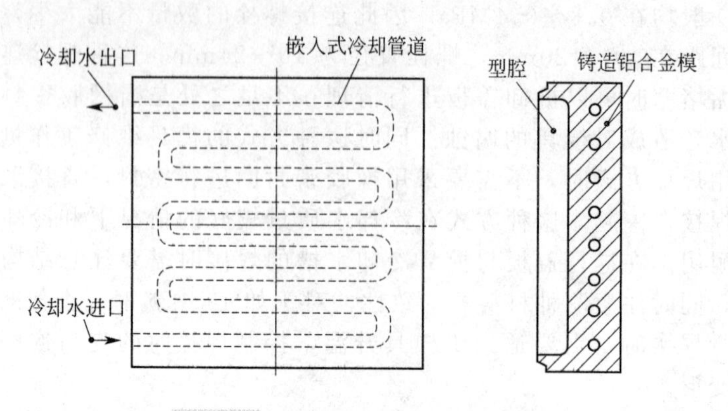

图 1-60 铸造嵌入式冷却水道结构

弯管可以采用铜管、不锈钢管、无缝钢管等制成，可以根据模具型腔的要求设计制作，能使模具的冷却效果达到较高的水平。同时，模具的切口及导向套等需要耐磨及冲击的部位，也可以采用钢制部件预先嵌入到坯模的合适位置，然后机械加工成为图纸要求的尺寸即可。目前国内绝大部分 200L 全塑桶吹塑模具的冷却水道基本都是采用这种方法来制作的。

④ 叠层模具冷却水道　叠层冷却水通道结构如图 1-61 所示，叠层冷却水通道使冷却水在模具内部快速循环，模具能够迅速冷却，加快制品成型速度。叠层模具较大地改善了冷却水道的分布，也使模具型腔的机械加工量减少，采用一些普通机床与数控机床配合以及一些普通的薄型钢板即可成型大中型模具；有利于降低大中型吹塑模具的制造成本，提高模具的冷却效率以及缩短吹塑制品的成型周期。

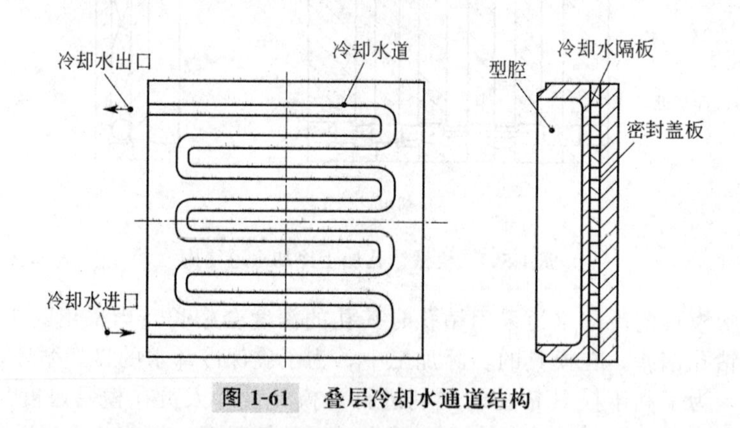

图 1-61 叠层冷却水通道结构

1.3.11 挤出中空吹塑中型容器的模具结构有何要求?

中型容器（20L 左右）模具的结构要求主要如下。

① 一般分为颈部、筒体部、底部三截来制造，这样型腔的加工工艺性可明显改善。颈部模块上固定着一个单独加工的带有螺纹接口形状的零件（镶块），吹塑空气从此处引入。若制品带有把手，一般安装在制品把手的相对侧，即采用下吹工艺方法。带有桶口冲切功能的吹塑模具的螺纹接口端面部分应设有冲切嵌件。

② 为了缩短成型周期，模具应采取强化冷却方式。

③ 为了提高桶底和把手周边部分的跌落强度，这些部分的裁切边缝采用双层裁切方式。

④ 型腔的适当部位应植入排气销，各模块间结合面应开设 0.05mm 左右的排气缝，以提高模具的排气能力。另外，为了确保螺纹部分的几何形状，在模具螺纹的牙尖部位还可开设几个直径为 0.4～0.5mm 的排气孔。

⑤ 为了便于进行飞边的裁切，裁切刀必须十分锋利。

1.3.12　中空吹塑模具的分型面为曲面时，分型面的位置的选择应考虑哪些方面?

在中空吹塑模具设计中，当制品为不对称或凹凸状或颈部倾斜，以及带有连接法兰的形状复杂的制品时，必须把模具的分型面设计成曲面或包括斜面在内的锥面，即曲面分型吹塑模。采用曲面分型时，其分型面位置的设定应考虑以下几个方面的问题。

(1) 避免制品上的下陷部分给制品取出造成困难。

(2) 为了使制品各部壁厚均匀，PL 的设置应力图使吹胀比较大部位的壁厚减薄的趋势有所改善。

(3) 制品上用来组合的法兰及颈部，都有一定强度上的要求，PL 应通过这些部位，否则成型会发生困难。

(4) 应考虑模具型腔的颈部及其他各部有良好的工艺性。

(5) 为了防止在合模时型坯破裂，并且使之有足够的强度，PL 的凹凸应尽可能地减小，应避免出现锐角及过小的圆角。如果 PL 的凹凸程度很大，应确保开模时有足够行程以便于制品的取出。

(6) 应保证吹塑过程得以顺利进行。曲面分型面确定以后，还要进一步考虑模具的开合方向，尽可能地减少由锁模力引起的作用在导向销和导向套上的切应力；为了便于模具的加工与检测，在可能的条件下，尽可能地不要使型腔加工的基准面发生倾斜。在确定成型方向（模具内制品是正置还是倒置），即在型坯挤出方向上，型腔是正置或倒置时应注意：

① 为了降低成型作业成本，在允许的情况下，型坯的直径应尽可能得小。

② 考虑到垂伸会对型坯壁厚的分布有影响，应把吹胀比较大的部位、接缝处壁厚不易保证的部位设置在模具的下侧。

③ 模具的开合方向与成型方向的确定必须保证：合模→吹针前进→刺透型腔外壁→吹气→吹针后退→模具开启→制品取出等一系列工艺过程能顺利地进行。

1.3.13　挤出中空吹塑表面凹陷的制品时，制品的脱模可采取哪些措施?

挤出中空吹塑成型一些柔软而富有弹性的制品时，在模内因冷却收缩，会使制品表面产生凹陷。当制品表面的凹陷不太厉害时，一般不影响制品的顺利脱模。除用气芯吹塑成型的制品受气芯的制约外，在模具开启的同时，一般底部内陷的小型瓶类制品只要稍稍向上提起，制品就能顺利脱模。但是，有些制品尽管凹陷不太厉害，但是制品在脱模时无法变更位置，如制品两个对称的端面同时向内凹陷或凹陷很深时，制品的脱模就会变得很困难，甚至在模具开启的同时就被拉破。在这种情况下，通常的办法就是使模具局部能够运动，在开模和取出制品时让出空间，保证制品取出不受影响。其驱动机构一般都采用液压缸或汽缸（推动凹陷部位的模块做退让运动），如用液压缸驱动四分型模。但对汽车零件来说，凹陷部分的形状各异，因此模具上必须设置各种各样的液压缸驱动的模块退让动作机构。

当模具内、外受空间限制，无法装设动作缸时，可将模具上凹陷部分的模块做成可分离的结合形式，也就是抽芯式结构，在脱模时可与制品同时脱落，然后再放回到模具中去。

内孔带螺纹的制品模具可以理解为带凹陷部位制品的特殊型式。这类中、小型容器的模具可在吹塑喷嘴上设置带螺纹的凸缘环，成型脱模后再将凸缘环旋出。另外，有些汽车部件在分型面以外的部位设有螺纹结构，这类制品的模具中就应该设置具有转角控制功能的汽缸，使螺纹部分的模块按螺距的要求一边旋转一边向外退出。

1.3.14 挤出中空吹塑成型时，如何控制型坯的壁厚？

挤出吹型时，对型坯壁厚进行控制，不仅可以节省原料、缩短冷却时间、提高生产率，还可以减少制品飞边，提高制品的质量。在挤出过程中型坯壁厚可以通过工艺控制参数和调整机头口模间隙大小来进行控制。挤出中空成型过程中，对于型坯厚度的控制方法主要有调节口模间隙、改变挤出速率、改变型坯牵引速率、预吹塑法及型坯厚度的程序控制等方法。

(1) 调节口模间隙 一般圆锥形的口模可通过液压缸驱动芯轴上下运动，调节口模间隙，作为型坯壁厚控制的变量，结构如图1-62所示。

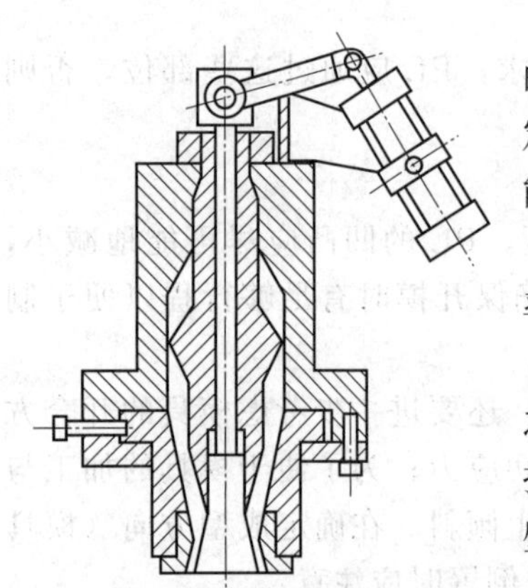

图1-62 圆锥形口模间隙调节机构

(2) 改变挤出速率 挤出速率越大，由于离模膨胀，型坯的直径和壁厚也就越大。利用这种原理挤出，使型坯外径恒定，壁厚分级变化，不仅能适应型坯的下垂和离模膨胀，而且能赋予制品一定的壁厚，又称为差动挤出型坯法。

(3) 改变型坯牵引速率 通常通过周期性改变型坯牵引速率也可控制型坯的壁厚。牵引速率大，型坯壁厚变薄。

(4) 预吹塑法 当型坯挤出时，通过特殊刀具切断型坯使之封底，在型坯进入模具之前吹入空气称为预吹塑法。在型坯挤出的同时自动地改变预吹塑的空气量，可控制有底型坯的壁厚。

(5) 型坯厚度的程序控制 这是通过改变挤出型坯横截面的壁厚来达到控制吹塑制品壁厚和重量的一种先进控制方法。型坯壁厚的程序控制器可以根据吹塑容器轴向各处的吹胀比的差异产生型坯轮廓，设定型坯控制点控制型坯壁厚。壁厚控制点有10点、20点、40点、60点、120点等多种，控制的点数越多，则壁厚越均匀。程序控制器输出的信号通过电液伺服阀驱动液压缸使机头芯棒上下移动，以调节机头口模的间隙，满足型坯轴向壁厚分配要求，达到既保证制品质量要求又实现原材料节省的目的。调整时，根据机头套、模芯形状的不同，模唇间隙的调节方法也不同，模芯下降，模唇间隙变大，称为倒锥调节方式；反之，模芯下降，模唇间隙变小，称为正锥调节方式。模芯上下运动一般采用液压缸驱动。除通过模芯的上下移动实现型坯的壁厚变化之外，还可以借助薄壁钢圈的弹性变形来改变模唇间隙，模唇间隙借薄壁钢圈的弹性形变局部地环绕口模圆周而改变，形变可借螺钉来固定，或在出料过程中借程序控制器来自动改变。

如某企业采用美国摩根（MOOG）公司的24点型坯壁厚控制器，如图1-63所示为24点型坯壁厚控制器的工作原理。它是由电子控制器、电液伺服阀、位移传感器及用来调整机头口模开口间隙大小的伺服液压缸等所组成的位移反馈电液伺服系统。工作时，电子控制器发出规律性变化的电信号，经比例放大器放大后输入到带位移反馈的电液伺服系统。伺服液压缸和电信号成正比地位移，带动机头芯棒上下运动以改变模口部分开口缝隙大小，来实现改变型坯壁厚的目的。通常不同规格的中空成型机根据其加工对象的不同，为保证壁厚变化平缓，电子控制器可以把型坯长度均匀地按24等分或32等分来控制其开口间隙。这样，只要操作者根据工艺要求设定好各等分型坯厚度的预选值，就可以很容易地控制长度方向的壁厚，得到壁厚均匀理想的中空制品。

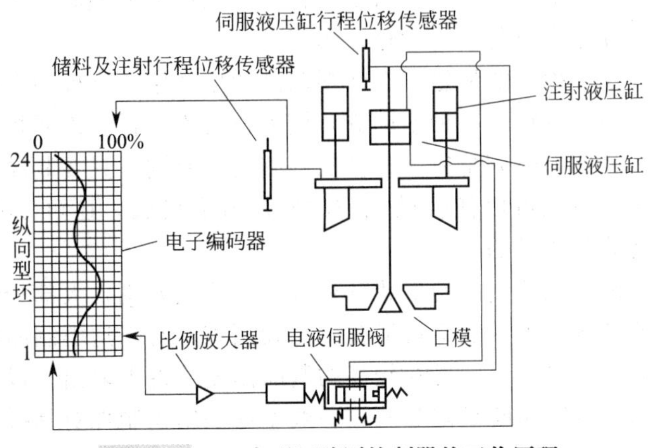

图1-63 24点型坯壁厚控制器的工作原理

1.3.15 制作中空吹塑模具的材料有哪些？如何选用？

(1) 模具材料 制作中空吹塑模具可使用的材料主要有：铸铁、钢、不锈钢、铝、铍铜合金、锌、高分子材料等多种材料。

(2) 材料的选用

① 按吹塑制品的批量选材 当吹塑制品的批量较大或是很大时，可以根据其工作条件和制品质量的要求来选择模具的材料。如果其制品表面质量要求高，产量及批量均较大，可以尽量选用高级的模具钢来制作吹塑模；如果其制品表面质量要求不高，产量及批量均较大，可以选择普通碳素钢制作吹塑模具；如果其制品产量及批量均不大，产品表面质量要求也不高，可以选用铝合金、锌合金、普通碳素钢等一般材料制作吹塑模具；需要注意的是：从制模成本考虑，制品批量小，外观质量要求低，是没有必要采用高级模具钢来制作吹塑模具的。

② 按模具成型的方法选材 当模具成型的方法不同时，可以根据其成型方法的不同选择其制模的材料。如果模具型腔等采用数控加工的方法，可以采用优质碳素钢等模具钢进行成型；如果模具采用叠层加工的方法，可以采用低碳钢进行成型；如果模具采用浇铸加机械加工的方法成型，可以采用铝合金或是锌合金浇铸，并嵌入必要的铍铜合金或合金钢嵌件。

③ 按模具的结构件进行选材 当模具的结构件用途及技术要求不同时，可以根据其结构件的使用条件不同选择不同的材料。一般吹塑模的型腔强度要求不高，可以选择铝合金、锌合金材料进行浇铸，而模具切口及螺纹部位强度要求较高，可以选用铍铜合金、优质碳素钢等优质钢材制成嵌件嵌入；模具的排气组件及饰物件精度及表面质量要求较高，可以选用铍铜合金及不锈钢等高级模具材料制作；模具的导柱、导套等强度及耐磨性要求较高，可以采用具有较高硬度的高碳钢等材料成型；不能采用一般的低硬度材料制作。

1.3.16 挤出中空吹塑模具使用过程中应注意哪些问题？

中空吹塑模具在使用时只有与中空成型机有效配合才能发挥出其应有的功能，两者配合使用中需要特别注意以下几个方面。

(1) 合模机构开合模速度的调整 吹塑模具在成型制品过程中，对其开模速度变化的要求：慢速→快速→停止；对合模速度变化的要求是：快速→慢速→锁模。一般情况下，目前在用的合模机构都具有开合模速度调整的功能，在吹塑设备的开合模速度调整中，合模时，在空行程时可以调整为快速合模，模具将要合拢时，采用慢合模，然后再锁模到底。开模时，先采用慢开模，将模具打开一定距离后即用快开模，开模到位即停止并准备下一步的工作循环。慢开模和慢合模的距离调整每个产品均有其自己的特点，应以制品顺利成型和脱模为原则，在提高生产效率的同时，充分考虑设备的长期稳定运行。

（2）合模机构锁（合）模力的调整 在吹塑制品的生产中，合模力会随着模具的结构、尺寸不同而不同，使用的塑料原料的品种不同其合模力也会不一样，需要根据制品的具体条件进行调整，一般情况下，合模力的调整应该遵循从低到高的原则，只要制品能够顺利成型，其合模力应该尽量调低，这样不但可以使合模机构的使用寿命延长，还可以在生产过程中节约能源；达到降低能耗提高效益的目的。

（3）吹塑制品的取出 吹塑制品的形状各种各样，千差万别，大部分吹塑制品都能顺利地脱模取出，但一些特殊形状的工业制件可能脱模比较困难，对于这类制品的成型，开模时间的选择可以比一般制品的时间提前，即可在较高的制品温度条件下取出，以利于其脱模；同时模具的温度可以适当调高。当制品脱模困难时，一般不得采用钢制件对其撬击，防止造成对模具切口与模腔的损坏。

（4）模具冷却水温度控制 成型吹塑制品时，模具温度有时会是决定生产效率高低的重要因素，同时也会影响到制品的质量。一般情况下，模具冷却水的温度在10～30℃，但是需要根据气候温度条件的变化进行调整，在气候较为潮湿的地方，以模具不发生结露（水珠凝结）较好。模具发生结露时，会直接影响到制品的成型质量，并且很容易造成对模具的锈蚀从而影响模具的使用寿命。模具出现结露时，及时进行处理，特别是高表面质量的吹塑模具需要重点注意。同时经常注意保持冷却水的畅通，并防止冷却水的泄漏。

（5）操作模具的注意事项

① 不能使用钢制件对模具的型腔、切口等重要部位进行敲击和撞击。

② 不能使用腐蚀性液体对模具的型腔、切口等重要部位进行腐蚀。

③ 不能在制品没有脱模时进入下一步工作循环。

④ 不能在模具之间有人员或是其他物体时进行合模，防止意外事故的发生。

⑤ 不能在模具安装不牢固及对位不准确的情况下进行使用。

⑥ 不能采用水冲洗模具，防止模具锈蚀。

1.3.17 挤出中空吹塑模具应如何安装与拆卸？安装与拆卸中应注意哪些问题？

（1）模具的安装 模具的安装是将模具从存放场地转移或是吊装并安装到吹塑设备的合模装置上的全过程。中空成型机的型号以及模具的规格很多，具体安装的过程也不尽相同；需要重点把握的原则就是确保所有在场人员的安全，以及保障设备、模具不受到损坏。

在模具的安装、调试过程中，需要将中空成型机的电气控制按钮转换到“手动”位置，使吹塑设备的所有动作都在可以控制的状态下运行。与模具安装、调试无关的一些辅助设备可以停机；以确保安全。

① 模具的吊装 一般的小型吹塑模具可以采用人工吊装的方法，将模具从模板的上面或是侧面装入即可，在安装过程中注意保护合模导柱不受到损坏，防止模具切口与型腔不被碰伤。大中型的吹塑模具体积较大，重量较重，吊装时注意检查所有吊具的使用状况，确保其处于安全使用范围内工作。两板式无拉杆合模装置将模具从上面或是侧面吊入均可，三板式四拉杆的合模装置模具吊装时一般只从其模板上方吊入，在模板上应该先设置模具的可调垫块，以方便模具安装。

一般大型的吹塑模具的半边模具可能就有2t左右或是更重，吊装时最好是半边模具分开进行，基本固定以后再吊装另一半模具。

② 模具的固定 一般的中小型吹塑模具，吹塑制品容积在80L以下时，半边模具可以采

用四块压板进行固定，制品容积在80L以上时，需要采用6～12块压板进行紧固。压板的位置需要尽量对称、受力均匀。紧固螺栓的位置要合适，防止其受力不均。大型及超大型的吹塑模具安装时需要特别注意做好安全防护措施，紧固压板及螺栓的强度与数量要保障模具能够稳定地安装在合模装置的模板上。

③ 模具的空循环运行试验与样品调试　模具安装紧固完毕后，需要进行空循环运行试验，使其保障导向灵活，确保模具的型腔切口部位对准。特别是大型的组装模具有时由于其导向柱、导向套制作精度与周边切口存在一定的误差，需要进行样品的试制后根据产品的外观形状质量进行模具的微调，以确保其制品外观质量处于较好的状态。

④ 模具配套部件的安装与调试　模具在合模装置上安装调试好以后，可以进行模具配套部件的安装与调试，普通的吹塑模具相对来说比较简单，只需要安装固定好冷却水连接管道即可。而一些工业吹塑件的模具比较复杂，除了安装冷却水连接管道外，一些模具还有侧吹汽缸气管的连接以及制品顶出装置的调试，多开模的开合模液压缸管道的连接及开模行程的调节，以及电气控制元件的接线与调试等。各辅助部件的安装与调试一定要确保精确无误，保证各部件运行良好准确。

(2) 模具的拆卸　模具的拆卸往往是在一批产品完成生产任务，更换另一规格的制品模具时进行。小型吹塑模具的拆卸工作比较简单，一般只需人工即可完成。大中型的吹塑模具由于本身的重量较重，需要借助吊装工具才能安全地拆卸。

大中型吹塑模具的拆卸工作中，首先拆卸模具各辅助部件的连接管线，采用管道连接压缩空气到模具的冷却水嘴，向生产车间外，或是向容器排空模具内部的冷却水，然后安装好吊装使用的钢丝绳等吊装器具，检查无误并让其稳定受力后才可开始拆卸模具的固定压板，所有固定压板松开并移走后即可将模具从合模装置的模板上吊开。模具拆卸时需要注意确保人员和设备、模具的安全；动作需要平稳，速度不宜过快。

由于大中型模具内部冷却水道残留的水较多，可在拆卸模具之前采用压缩空气将其内部的余水吹出来，以防止余水在模具内部停留时间较长造成对模具冷却水管道的腐蚀，而影响模具的使用寿命。余水排放时，不能随意排放，应连接管道将其排放至排水道或是空置容器中，以保障生产车间内部的环境卫生。

(3) 模具安装与拆卸中的注意事项

① 不能在中空成型机正常使用状态下安装和拆卸模具，安装与拆卸模具时控制按钮必须处于手动控制位置。

② 不能在没有做好安全防范措施之前进行模具的安装与拆卸工作。吊装与拆卸时，模具下方严禁站人。

③ 吊装大中型模具时，不能采用不安全的吊装器具及部件，也不能使用不合格的行车，禁止没有经过相关技术培训的人员操作行车。

④ 不能采用硬物敲打模具的型腔及切口等重要部位。

⑤ 彻底排干净模具冷却水管道的余水，当模具型腔、切口等重要部位粘有水珠时，及时将其清理干净。

1.3.18 挤出中空吹塑模具应如何保养?

模具的维护保养直接关系到制品的外观质量及模具的使用寿命，必须引起重视。挤出吹塑模具的维护保养通常有以下内容。

(1) 型腔内表面整修　型腔内表面的粗糙度是保证制品外观质量的关键，对于透明容器（如PVC和PET容器）要求型腔内表面具有很高的表面粗糙度质量（通常Ra为0.4μm）。在生产过程中，应定期抛光维护，抛光时应用力摩擦，使少量抛光剂渗入模腔表面，然后用干净的棉布反复打磨，到型腔表面再次达到镜面为止。抛光操作时，应经常更换棉布，以免划伤型腔。

(2) 夹坯口的维护 经过一定时间的挤出中空吹塑生产后，模具夹坯口的刃口将会磨损，故应定期修复。修复工作应有经验的制模人员承担。

(3) 模颈的保护 挤出中空吹塑模具颈部的剪切块及进气杆的剪切套，是保护制品颈部形状的重要部件。剪切块与剪切套的刃口被不均匀磨损后，成型容器在使用时颈部会产生泄漏现象，故应经常检查，使其处于良好状态，必要时应及时修理或更换。

(4) 模具冷却孔道的清洗 当模具冷却孔道发生堵塞或因锈蚀而影响冷却介质流动时，会导致制品因冷却不匀而产生翘曲变形，故应定时对冷却孔道进行清洗。清洗时可采用专用除垢剂进行清洗，再用清水冲洗的清洗方法。

(5) 模具运动件的润滑 合模装置导杆、导轨以及模具导柱、导套应定期进行润滑，以保证合模动作的平稳性。导套磨损后应及时更换，以确保模具的对称性。

(6) 模具的存放 挤出中空吹塑模具存放的情况会影响模具的使用寿命，由于对模具存放认识上的差异往往导致模具在存放过程中受损。比如：模具受潮后锈蚀，灰尘太多影响模具型腔的表面，堆放不好造成对模具型腔和切口的损坏，情况严重时，还可能造成模具的报废。

① 当停止生产一段时间或将模具入库时，应用压缩空气吹净模具的冷却孔道。模具表面应涂上防护剂并合拢放置，避免锈蚀和损伤。

② 模具的存放环境条件 吹塑模具的存放地点，需要做到灰尘少，空气湿度较低，温度稳定，地方平整，并且方便吊装。对于表面质量要求较高，以及高精度的吹塑模具，尽量使其存放条件相对更好，即环境温度在（25±4)℃，相对湿度≤68%较为干净的空间里。

③ 模具的分类存放 许多吹塑制品工厂的产品品种、规格很多，模具的规格、类型不少，在这种情况下需要对其进行分类存放。小型模具可以存放在模具存放架上，编写模具的编号，每次存放时都对号入座，并且对模腔及导向、切口等部位加注合适的防锈剂。大中型模具可以分类存放在模具存放架或是在模具下部垫上木方，在模具的上方盖上防尘的膜布等。

1.3.19 挤出中空吹塑的型坯机头应如何进行清理？

在挤出中空吹塑成型过程中，当加工工艺温度较高或进行间歇吹塑时，若熔体在储料室中滞留时间较长，一些聚合物可能会产生一定程度的降解。若聚合物中的添加剂太多，则在物料熔融过程中会形成副产物。这些降解物或副产物将会积聚在机头流道内，使型坯表面出现条纹，影响制品的性能及外观。因此，必须及时对型坯机头进行清洗，以保持机头的洁净。在生产中，机头的清理方法主要有手工清理、溶剂清理及超声波溶剂清理等几种。

① 手工清理法 手工清理法是在拆卸机头前将机头温度加热到残料的熔点（T_m）之上，待机头内物料熔融后停止加热，迅速除去加热器，拆开机头。用铜片或铜制刮片去除黏附在机头流道内多余的熔体，然后用黄铜棉做仔细清理。如果有条件，也可采用高速气流来除去机头上的熔体，而后再用黄铜棉擦去氧化的熔体。此外，还可采用磨轮或高热除去熔体。应注意的是加热机头时不能用喷灯火焰，以免造成机头局部过热，影响口模与芯棒的尺寸形状。

手工清理不仅工作量较大，还会对机头的流道壁面造成物理损伤。故清理机头时，应注意避免刮伤流道，尤其是模口区。

② 溶剂清理法 溶剂清理法是通过酸性或碱性化学制剂、有机或无机溶剂来清理机头。采用溶剂清理法清理机头流道，可以避免刮伤流道表面。但采用酸性或碱性化学制剂清理机头时或多或少会腐蚀流道表面，且清洗的效率不如有机溶剂清理效率高。使用溶剂清理法清理机

头后，应设置回收装置，以降低成本消耗并可避免污染环境。

③ 超声波溶剂清理法 超声波溶剂清理法是先采用超声波发声器及化学试剂并用清理机头，用清水冲洗，除去机头表面的无机残余物，以避免对流道的腐蚀。清洗效果好，但要超声波发声器附加，故清理成本较高。

1.4 挤出中空吹塑成型机故障疑难处理实例解答

1.4.1 挤出中空吹塑成型过程中为何动作程序会发生误动作？应如何处理？

(1) 产生原因 挤出中空吹塑成型过程中，可能会突然遇到有PLC程序控制器出现误动作的情况发生，误动作的表现比较多样性，如前后动作顺序发生变化，设备在静止状态下突然启动，一旦控制系统发生这种误动作状况，将可能导致不安全的事故发生，严重时可能危害操作人员或设备维修人员的人身安全。通常出现误动作可能的原因主要有以下方面。

① PLC控制器的输入、输出线的外表塑料绝缘破裂或是磨损，与机架产生短路，或导线相互搭连，导致输入、输出信号发生干扰、错乱。

② PLC控制器模块的插脚部分与插座接触不良，插脚部分污染较重发生信号短路。

③ PLC内部输入、输出继电器或是外围输入、输出继电器发生故障。

(2) 处理办法

① 检查PLC控制器的输入、输出线的外表塑料绝缘是否破裂或是磨损，导线相互是否搭连，或与机架是否产生短路等。如有破裂或磨损应及时更换。

② 检查PLC控制器模块的插脚部分与插座是否接触不良，插脚部分是否污染严重。如污染严重，应采用酒精进行清洗干净，清洗时注意防火。

③ 检查PLC内部输入、输出继电器或是外围输入、输出继电器是否发生故障，如有故障应及时进行修复或更换零件。

1.4.2 挤出中空吹塑过程中为何挤出机会发出“叽叽”的噪声？应如何处理？

(1) 产生原因 挤出中空吹塑过程中挤出机发出“叽叽”的噪声这可能是螺杆旋转与机筒内壁产生了刮擦，而发出的异常响声。引起的原因主要有以下几方面。

① 挤出机中无料或加料太少，造成螺杆与机筒内壁相接触，而出现大的摩擦声。

② 螺杆与机筒装配不好，两零件不同心，误差大。

③ 机筒端面与机筒连接法兰端面和机筒中心线的垂直度误差大。

④ 螺杆弯曲变形，中心线的直线度误差大。

⑤ 螺杆与其支撑传动轴的装配间隙过大，旋转工作时两轴心线同轴度误差过大。

(2) 处理办法

① 检查挤出机的加料状况，防止料斗缺料、下料口出现架桥、下料不均等现象。

② 检查螺杆与机筒的装配情况，调整螺杆与机筒装配的同心度。

③ 检查螺杆与其支撑传动轴的装配间隙，以调整合适的装配间隙。

④ 标准化下螺杆的直线度，防止螺杆的弯曲变形。

1.4.3 挤出中空吹塑成型时为何挤出机有一区段的温度突然偏低？应如何处理？

(1) 产生原因 在挤出过程中挤出某一区段温度突然偏低的原因主要如下。

① 温控表或 PLC 调节失灵。

② 该区段的加热器或热电偶损坏。

③ 冷却系统冷却水温偏低。挤出机的冷却系统的电磁阀卡住或水阀开度太大，造成冷却水流量太大。

④ 螺杆组合剪切不够。

⑤ 主机螺杆转速偏低等。

(2) 处理办法

① 检查或更换温控表或 PLC 模块，修改温度表或 PLC 调节参数。

② 检查或更换加热器、热电偶。

③ 提高冷却水温。

④ 检查电磁阀线路或线圈。

⑤ 调整螺杆转速。

⑥ 调整螺杆的组合。

1.4.4 在挤出中空吹塑过程中为何机头总是出现出料不畅现象？应如何解决？

(1) 产生原因 在挤出中空吹塑过程中机头总是出现堵塞，而出料不畅，其原因主要如下。

① 挤出某段加热器可能没有正常工作，使物料塑化不良，熔料中未塑化的颗粒卡在机头狭窄的流道内，而导致流道堵塞。

② 挤出温度设定偏低，或塑料的分子量分布宽，造成物料塑化不良。

③ 物料中可能有不容易熔化的金属或杂质等异物。

④ 加料口出现“搭桥”现象，引起下料不均。

⑤ 主电动机转速波动大，造成挤出不稳定。

⑥ 加热、冷却系统匹配不合理或热电偶误差太大。

(2) 处理办法

① 检查加热器及加热控制线路，必要时更换。

② 核实各段设定温度，必要时与工艺员协商，提高温度设定值。

③ 清理检查挤压系统及机头。

④ 选择好树脂，去除物料中的杂质等异物。

⑤ 清理料斗下加料口“搭桥”，加强对下口处的冷却。

⑥ 检查主电动机及控制系统。

⑦ 调整加热功率，更换热电偶。

1.4.5 单采用螺杆挤出中空吹塑机为何会出现机头不出物料的现象？应如何处理？

(1) 产生原因 单螺杆挤出机在挤出过程中出现机头挤不出物料的现象的原因主要有以下几方面。

① 机筒、螺杆的温度控制不合理。当机筒温度过高，螺杆温度较低。当机筒温度过高时，与机筒接触的物料发生熔融，使物料与机筒内壁的摩擦系数达到最小值，而当螺杆温度较低，与螺杆接触的物料未发生熔融，此时与螺杆表面的摩擦系数较大，而发生黏附，造成物料包覆在螺杆的表面，随螺杆旋转，在机筒内壁打滑，因而挤不出料，很易造成物料出现过热分解。

② 机头前的分流板和过滤网出现堵塞，而使物料向前输送的运动阻力过大，使物料在螺槽中的轴向运动速度大大降低，造成挤不出料的现象。

(2) 处理办法

① 控制好机筒、螺杆的温度。适当降低机筒的温度，减小螺杆冷却水的流量，提高冷却水温度。

② 及时清理分流板和清理或更换过滤网。

1.4.6　挤出中空吹塑时主机电流为何波动大？应如何处理？

(1) 产生原因

① 喂料系统的喂料不均匀，造成螺杆的扭矩变化较大，而使消耗功率变化不稳定。

② 主电机轴承损坏或润滑不良，使主机螺杆运转不平稳。

③ 某段加热器失灵，不加热，使物料塑化不稳定，造成螺杆的扭矩变化。

④ 螺杆调整垫不对，或相位不对，元件干涉。

(2) 处理办法

① 检查喂料机是否堵塞或卡住，清理通畅，排除故障，使其加料均匀。

② 检修主电机轴承和润滑状况，必要时更换轴承。

③ 检查各加热线路及加热器是否正常工作，必要时更换加热器。

④ 检查调整垫，拉出螺杆检查螺杆有无干涉现象，消除螺杆元件的干涉现象。

1.4.7　挤出中空吹塑成型过程中主机为何会出现启动电流偏高？应如何处理？

(1) 产生原因

① 加热时间不足，或某段加热器不工作，物料塑化不良，黏度大，流动性差，使螺杆转动时的扭矩大。

② 螺杆可能被异物卡住，使得旋转时的阻力大，而产生较大的扭矩。

③ 加料量过多，造成螺杆的螺槽过分填充，使螺杆的负荷过大，而产生较大的扭矩。

(2) 处理办法

① 开车时应用手盘车，如不能轻松转动螺杆，则说明物料还没完全塑化好或可能有异物卡住螺杆，此时需要延长加热时间或适当提高加热温度。当时间足够长、温度足够高，在盘动螺杆时，螺杆转动还是比较困难，则需对螺杆、机筒进行检查、清理。

② 检查各段加热器及加热控制线路是否损坏，并加以修复或更换。

③ 减少机筒的加料量。

1.4.8　在挤出中空吹塑过程中为何出现突然自动停机？应如何处理？

(1) 产生原因

① 冷却风机停转。

② 熔体压力太大，超出挤出机的限定值。

③ 调速器有故障，出现过流、过载、缺相、欠压或过热等。

④ 润滑油泵停止工作或润滑油泵油压过高或过低。

⑤ 与主机系统联锁的辅机故障。

(2) 处理办法

① 检查风机，并重新启动风机。

② 检查熔体压力报警设定值是否合适，并重新调整合适报警设定值。

③ 清理或更换机头过滤网。

④ 检查机头和主机温度是否过低，适当升高机头和主机温度，以提高熔体的温度，降低

其黏度，防止螺杆负荷过大而出现过载。

⑤ 检查机筒是否有硬质异物卡住，机头流道是否被堵塞，如堵塞及时清理，降低熔体的压力。

⑥ 检查加料量是否过大，物料颗粒是否过大。

⑦ 检查润滑油泵及油压。

⑧ 检查调速器、减速箱齿轮或轴承是否损坏。检查与主机系统联锁的辅机是否出现故障。

1.4.9 挤出中空吹塑过程中机头压力为何会出现不稳现象？应如何处理？

（1）产生原因

① 外部电源电压不稳定或主电机轴承状态不好，使挤出机的主电机转速不均匀，使物料的塑化和物料的输送出现不均匀，从而使挤出量不稳定，而造成机头压力不稳定。

② 喂料电机转速不均匀，喂料量有波动，导致挤出量有波动。

③ 挤出辅机的牵引速度不稳定，引起挤出物料量的不稳定，而造成机头压力的不稳定。

（2）处理办法

① 检查外部电源电压是否稳定，电源电压不稳定时，可以增加稳定器。

② 检查主电机轴承状态是否良好，必要时更换主电机轴承。

③ 检查喂料系统电机及控制系统，调整喂料的速度。

④ 调整挤出辅机的牵引速度，使之保持稳定。

1.4.10 在挤出中空吹塑过程中为何型坯突然出现缺料现象？应如何处理？

（1）产生原因

① 挤出的喂料系统发生故障或下料口堵塞，使机筒内物料不足。

② 挤出机料斗中缺料或料量不足。

③ 挤压系统进入坚硬杂质或异物卡住螺杆，使物料向前输送受阻。

（2）处理办法

① 检查喂料系统是否正常工作，检查喂料机的控制线路是否有故障，检查喂料螺杆是否有被卡。

② 检查并清理下料口，使下料口保持畅通。

③ 检查料斗中的物料量是否足够，并加入适量的物料。

④ 检查清理挤出机筒和螺杆。

1.4.11 挤出中空吹塑主机为何有时会出现某一区段温度偏高现象？应如何处理？

（1）产生原因

① 主机的冷却系统的电磁阀未工作、水阀没有打开或冷却水管路堵塞。

② 主机冷却系统的风机未工作或转向不对，或小型空气开关关闭。

③ 温度表或 PLC 调节失灵。

④ 固态继电器或双向晶闸管损坏。

⑤ 组合螺杆的剪切过强。

（2）处理方法

① 检查电磁阀线路或线圈。

② 打开水阀，并调节至合适的流量，疏通冷却水管路。

③ 检查风机线路或更换风机，打开小型空气开关。

④ 检查温度表或PLC调节参数，更换温度表或PLC模块。

⑤ 检查并更换固态继电器或双向晶闸管。

⑥ 调整螺杆的组合，降低螺杆对物料的剪切作用。

1.4.12 双螺杆挤出中空吹塑PVC中空制品时，为何会出现喂料机自动停车现象？应如何处理？

(1) 产生原因 当双螺杆挤出PVC中空制品过程中，出现喂料机突然停机造成的原因主要如下。

① 主机的联锁控制线路出现故障。

② 喂料机的调速器故障。

③ 喂料机螺杆被卡死。

(2) 处理办法

① 检查并修复主机联锁控制线路。

② 检查或更换喂料机的调速器。

③ 检查喂料机中是否有异物或物料中是否有过大的颗粒存在，清理喂料螺杆。

1.4.13 挤出中空吹塑成型过程中为何会出现主电机的轴承温度偏高现象？应如何处理？

(1) 产生原因

① 主电机润滑油路出现故障，使轴承润滑不良，产生了干摩擦。

② 轴承磨损严重，润滑状态不好。

③ 润滑油的型号不对，黏度太低。

④ 螺杆负荷太大，产生了过大的转矩。

(2) 处理办法

① 检查主电机润滑油是否畅通，各部件工作是否正常。

② 检查润滑油箱的油量是否足够，并加入足够的润滑油。

③ 检查电机轴承是否损坏，必要时进行更换。

④ 润滑油型号是否正确，黏度是否合适，必要时更换合适的润滑油。

⑤ 检查挤出的加料及物料的塑化状态是否良好，适当减少加料量或提高挤出温度，改进物料的塑化状态。

1.4.14 挤出中空吹塑过程中为何出现模具不能完全闭合现象？应如何处理？

(1) 产生原因

① 合模压力不足。

② 合模到位触动器过早碰到行程开关，或合模到位接近开关损坏。

③ 电磁阀线圈已坏，或电磁阀不动作、卡死。

④ 液控单向阀有泄漏现象。

(2) 处理办法

① 提高合模压力。

② 检查触动器并调至适当位置。

③ 检查或更换接近开关。

④ 检查或更换电磁阀。

⑤ 检查液控单向阀，并清洗或更换液控单向阀。

1.4.15 挤出中空吹塑过程中为何合模时模具会出现较大的撞击声？应如何处理？

(1) 产生原因

① 慢速合模的节流阀调节不当。

② 慢速合模触动器位置不当，触动器未碰到接近开关，或合模慢速、合模终点接近开关已坏。

③ 合模压力太大。

④ 合模到位后触动器未碰到接近开关。

(2) 处理办法

① 按顺时针方向调整慢速合模的节流阀。

② 调节触动器位置，使其慢速合模时能碰到接近开关。

③ 适当降低合模压力。

④ 检查或更换接近开关。

1.4.16 挤出中空吹塑过程中为何液压泵会出现异常的噪声？应如何处理？

(1) 产生原因

① 液压泵可能已经损坏。

② 油箱内过滤网杂质太多，堵塞严重。

③ 油箱至液压泵之间的球阀关闭。

④ 液压油的质量不好，油温过高。

⑤ 油箱至液压泵的管路有空气进入。

(2) 处理办法

① 检查液压泵，必要时更换液压泵。

② 清洗或更换过滤网。

③ 打开油箱至液压泵之间的球阀。

④ 更换液压油，检查冷却水进入情况。

⑤ 紧固该管路各接头，加强各连接部分的密封。

1.4.17 挤出中空吹塑时螺杆变频调速电机的变频器为何会突然停止工作？应如何处理？

(1) 产生原因

① 变频器已烧坏。

② 变频器内控线或主控制线接触不良。

③ 变频器散热不良。

④ 接触器线圈失电工作。

⑤ 电压太低。

(2) 处理办法

① 检查或更换变频器。

② 检查变频器内控线或主控制线，坚固接线。

③ 检查变频器散热情况，并清理散热口。

④ 检查接触器，必要时更换接触器。

⑤ 检查并调节变频器进线电压。

1.4.18　挤出中空吹塑机为何不升温或出现升温报警现象？应如何解决？

(1) 产生原因

① 加热按钮未打开，或某一段加温控制键未打开。

② 热电偶接触不良，或损坏。

③ 温控模块已坏。

④ 当前温度值低于下限设定温度值，或温控值未设定。

(2) 解决办法

① 打开加热按钮，或打开该段控制键。

② 检查热电偶接线情况，必要时更换热电偶。

③ 更换新的温控模块。

④ 检查报警加热段工作是否正常，设定合适的下限温度及温控值。

1.4.19　挤出中空吹塑成型时真空表为何无读数指示？应如何处理？

(1) 产生原因

① 真空泵未工作。

② 真空表已损坏。

④ 冷凝罐真空管路阀门未打开。

⑤ 真空泵进水阀门未打开，或开度过大或过小。

⑥ 真空泵排放口堵塞。

(2) 处理办法

① 检查真空泵是否过载。

② 检查真空泵控制线路。

③ 检查或更换真空表。

④ 打开冷凝罐真空管路阀门。

⑤ 开启和调节好真空泵进水阀门。

⑥ 清理真空泵排放口。

1.4.20　吹塑成型过程中，影响型坯下垂的因素有哪些？应如何控制型坯的下垂？

(1) 影响型坯下垂的因素　吹塑成型过程中，挤出的型坯通常会由于自重的作用而产生下垂，致使型坯壁厚不均匀，而影响制品的吹塑成型及制品的质量。因此，在成型过程中应严格控制型坯的下垂。

在挤出型坯过程中影响型坯下垂的因素很多，如型坯的质量、挤出时间、熔体黏度等，从而也不同程度上影响型坯厚度的均匀性。

① 型坯的质量　型坯的质量增加，型坯产生自重下垂，使型坯壁厚变薄。

② 熔体黏度　随着熔体黏度的下降，型坯的下垂增加，但对于熔体黏度较大的材料，型坯的下垂较小（下垂受挤出时间的影响较小）。

③ 挤出时间　挤出时间增长，下垂程度增大。

④ 型坯的质量、挤出时间相同时，型坯的下垂随熔体流动速率的增加而加大。

(2) 型坯下垂的控制　在挤出中空吹塑成型过程中，影响型坯下垂的因素往往不是单一存在，而是相互影响的。因此，在生产时，应根据材料的不同牌号进行试验，确定最佳成型工艺条件，以减少型坯的自重下垂，改善型坯的均匀性。型坯下垂严重时，可以根据情况采取如下措施：

① 选择熔体流动速率比较小的树脂，充分干燥物料，降低熔体的流动性。

② 可以适当降低机头及口模温度，以降低熔体的黏度。

③ 提高挤出速率，以减少挤出型坯，从而可减少型坯自重下垂的时间。

④ 加快闭模速度，减少型坯自重下垂的时间。

⑤ 适当加大口模间隙宽度，增加型坯壁厚。

1.4.21 挤出中空吹塑型坯时，型坯的表面为何会出现条纹？应如何处理？

(1) 产生原因 挤出中空吹塑管状型坯时，其表面出现条纹主要是由以下几方面的原因所引起：

① 机头流道表面有划伤痕迹，导致型坯上出现条纹。

② 机头流道内或口模处有杂质异物，会划伤挤出的型坯的表面，而使型坯表面出现条纹。

③ 挤出不稳定，使机头出料不稳定，机头支架处产生合流痕。

(2) 处理办法

① 对机头流道内表面进行抛光，修复机头流道。

② 清理挤出型坯的流道，将留存在流道内的杂质清理干净。

③ 控制挤出速率和挤出的压力，使其保持稳定，减少合流痕。

第2章

注-吹中空成型设备操作与疑难处理实例解答

2.1 注-吹中空成型设备结构疑难处理实例解答

2.1.1 注-吹中空成型过程怎样？注-吹中空成型与挤-吹中空成型有何不同？

(1) 注-吹中空成型过程 注-吹中空成型由注射型坯和吹胀成型两个过程组成。注-吹中空成型的基本工艺过程如下：原料混合—加料—注射成型型坯—适当冷却—吹胀成型—制品冷却定型—开模取出制品—检验。

① 注射型坯 注射型坯是将熔融的物料注入一个装有芯棒的注塑模腔，并使之局部或不完全冷却，收缩在芯棒上，形成黏弹性的预塑型坯。开模后型坯留在型芯上，然后由机械装置将型芯上的型坯转至吹胀工位，进行吹胀成型。

② 吹胀成型 吹胀成型是将芯棒和预塑型坯转至吹胀工位后，置于吹胀模具中，合拢模具，再在芯棒的吹气通道通入压缩空气，压缩空气压力大约为0.2～0.7MPa。在压缩空气压力的作用下，使型坯从芯棒壁上分离，并被逐渐吹胀，最后贴紧模腔壁，获取模腔的轮廓形状，经冷却成型为中空制品，然后转移到脱模工位。

③ 制品脱模 型坯在吹胀模具中经吹胀冷却后，即可脱模取出制品。为了提高生产效率，制品的脱模一般是在专门的脱模工位上进行，即吹胀成型后，由芯棒将制品转送至脱模工位上，再从型芯上顶出制品。

(2) 注-吹中空成型与挤-吹中空成型的不同之处 注-吹中空成型与挤-吹中空成型主要的不同之处在于：注射中空吹塑的型坯是采用注射的方法制备的。注射中空吹塑是利用对开式模具将型坯注射到芯棒上；待型坯适当冷却，即型坯表层固化，移动芯棒不致使型坯形状破坏或变形时，将芯棒与型坯一起送到吹塑模具中，使吹塑模具闭合；通过芯棒导入压缩空气，使型坯吹胀而形成所需要的制品，冷却定型后取出。

挤-吹中空成型是将塑料在挤出机中熔融塑化后，经管状机头挤出成型管状型坯，当型坯达到一定长度时，趁热将型坯送入吹塑模中，再通入压缩空气进行吹胀，使型坯紧贴模腔壁面而获得模腔形状，并在保持一定压力的情况下，经冷却定型，脱模即得到吹塑制品。

2.1.2 注-吹中空成型机的结构组成如何？注-吹中空成型机有哪些类型？工作原理怎样？

(1) 结构组成 注-吹中空成型机与普通注射机的区别在于合模装置带有注射型坯成型模

图 2-1 三工位注-吹中空成型机

具和吹塑成型两副模具以及模具工位的回转装置等。注-吹中空成型机主要由注射装置、合模装置（包括注射合模、吹塑合模）、回转工作台、脱模装置、模具系统、辅助装置和控制系统（电、液、气）等组成。如图 2-1 所示为三工位注-吹中空成型机。

(2) 注-吹中空成型机的类型 注-吹中空成型机类型较多，其分类的方法可以按塑料型坯从注射模具到吹塑模具传递方法来分，或按工位数来分。按塑料型坯从注射模具到吹塑模具传递方法的不同，通常可把注-吹中空成型机分为往复移动式与旋转运动式两大类型。按注射中空吹塑机的工位数来分通常分为二工位、三工位、四工位等类型，目前注-吹中空成型机通常以三工位居多。采用往复式传送的设备一般只有注射工位和吹塑工位两个工位，而旋转式传送的设备通常有注射工位、吹塑工位和脱模工位等三个工位，有的还可能有注射、吹塑、脱模和辅助工位等四个工位。一般注-吹中空成型机的辅助工位主要是用于安装嵌件、安全检查或对吹塑容器进行修饰及表面处理，如烫印及火焰处理等。安全检查主要是检查芯棒转入注射工位之前容器是否已经脱模，或者在该工位进行芯棒调温处理，使芯棒在进入注射工位时处于最佳温度状态。辅助工位用于吹塑容器的修饰及表面处理时，一般是设置在吹塑工位与脱模工位之间。

(3) 工作原理 注射吹塑中空成型时是先通过注射部件中的机筒、螺杆，依靠外加热和螺杆旋转的剪切热使塑料塑化成黏流态的熔体，间歇地由注射座移动将料注入注塑模定温度的型坯，通过机械传动转入吹塑模内，依靠直接自动调温装置，使型坯符合吹塑温度。合模后，利用芯棒内的通道引入 0.2～2MPa 的压缩空气吹胀型坯，使其紧贴模腔内壁。经迅速冷却后脱模，即获得注射吹塑中空制品。如三工位注-吹成型机，其结构如图 2-2 所示，注射型坯模具合拢后，芯棒在型坯模具中，当熔融树脂被注射到注射型坯模具中后，型坯包覆在芯棒上。冷却开模后，该型坯随芯棒旋转 120°到吹胀工位，在吹胀模具中被吹胀成型，成型后的制品再随芯棒旋转到脱模工位进行脱模，最后沿输送带经火焰处理后送入包装工位。

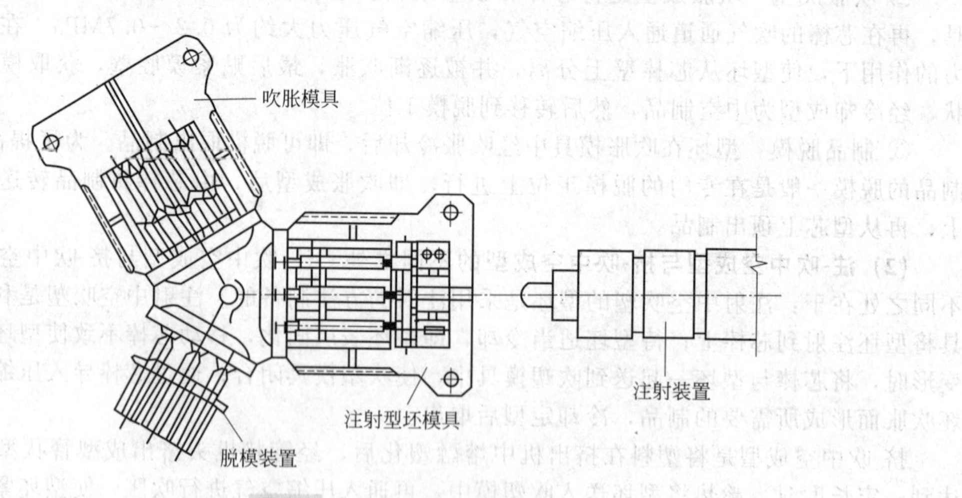

图 2-2 三工位水平回转结构

2.1.3 注-吹中空成型机的注射装置有哪些类型？各有何特点？

(1) 注射装置类型 注射装置的作用主要是完成对物料的预塑化、计量，并以足够的压力和速度将熔料注射到模具型腔中，注射完毕后能对模腔中的熔料进一步保持压力，进行补缩和增加型坯的致密度。注射吹塑中空成型机的注射装置一般要求能在规定的时间内，提供定量的塑化均匀的熔料；还能根据塑料性能和制品结构情况，提供合适的压力，将定量的熔料注入模腔。

目前注射吹塑中空成型机的注射装置主要有往复螺杆预塑式注射装置和带储料器的注射装置两大类型。往复螺杆预塑式注射装置是目前应用最广泛的一种形式。

（2）各类注射装置特点

① 往复螺杆预塑式注射装置　往复螺杆预塑式注射装置工作时是将从料斗落入的物料，依靠螺杆转动不断地带入机筒并向前输送，在机筒外部加热器和剪切摩擦热的作用下，逐渐熔融塑化。随着螺杆的转动，塑化的熔料被输送到螺杆前端，随着螺杆头部的熔料越积越多，压力也越来越大，当熔料压力达到能够克服注射油缸活塞后退的阻力时，螺杆一边旋转一边后退，并开始计量。当螺杆前端熔料达到预定注射量时，计量装置撞击行程开关，使螺杆停止转动，为注射做好准备（此过程又称为预塑）。注射时，液压系统压力油进入注射油缸，推动油缸活塞带动螺杆以一定的速度和压力将螺杆头前端的熔料注入模具型腔中，随后进行保压、补缩，保压结束后注射系统又开始下一个循环。

该注射装置的主要特点是：塑化效率高，物料塑化时不仅有外部加热器的加热，而且螺杆还有对物料进行剪切摩擦加热，因而塑化效率高；塑化均匀性好，螺杆的旋转使物料得到了搅拌混合，提高了组分和温度的均匀性；压力损失小，由于螺杆式注塑系统在注塑时，螺杆前端的物料已塑化成熔融状态，而且机筒内也没有分流梭，因此压力损失小；由于螺杆有刮料作用，可以减小熔料的滞留和分解，机筒易于清理；由于螺杆同时具有塑化和注射两个功能，螺杆不仅要回转塑化，同时还要往复注射的轴向位移，因此结构较为复杂。

② 带储料器的注射装置　带储料器的注射装置是在预塑式往复螺杆式注射装置的螺杆头部和喷嘴之间设置一个储料缸，储料缸外安装固定板，储料缸的一侧有一进料口，进料口与机筒相通，在储料缸中安装推料活塞杆，推料活塞杆顶部连接注射活塞杆，注射活塞杆由注射油缸带动。物料塑化时，熔料被挤入储料缸内，储料缸内的活塞在熔料压力的作用下向后退，当熔料达到型坯所要求的数量时，限制开关启动，螺杆停止转动。然后，喷嘴打开，注射活塞前进开始进行注射。储存量的多少要根据活塞后退的距离大小来确定。由于储料缸的作用，可以满足小注射装置生产比较大的型坯的需要。

2.1.4　螺杆式注射装置的结构组成如何？主要组成部件结构如何？

（1）螺杆式注射装置的结构组成　螺杆式注射装置主要是由螺杆、机筒和喷嘴等组成。

（2）组成部件的结构

① 螺杆的基本结构　注射螺杆是注射系统中的核心零部件。在注射过程中的作用主要是对物料进行预塑和将熔料注入模腔，并进行对模腔熔料进行保压与补缩。注射螺杆主要由螺杆杆身和螺杆头两部分组成，普通螺杆的杆身通常根据各部分的功能可分为三段，即加料段、压缩段（熔融段）及均化段（计量段）等三段，如图 2-3 所示为螺杆的基本结构。图中 L_1 为加料段，其作用是将松散的物料逐渐压实并送入下一段；减小压力和产量的波动，从而稳定地输送物料；对物料进行预热。L_2 为熔融段（压缩段），其作用是把物料进一步压实；将物料中的空气推向加料段排出；使物料全部熔融并送入下一段。L_3 为均化段（计量段），其作用是将已熔融物料进一步均匀塑化，并使其定温、定压、定量、连续地挤入机头。h_1、h_2、h_3 分别为加料段、压缩段、均化段的螺槽深度。s 为螺距，φ 为螺旋角，e 为螺棱宽度，即螺棱法向宽度。

② 机筒的结构　机筒在型坯成型过程中的作用主要是与螺杆共同完成对物料的输送、塑

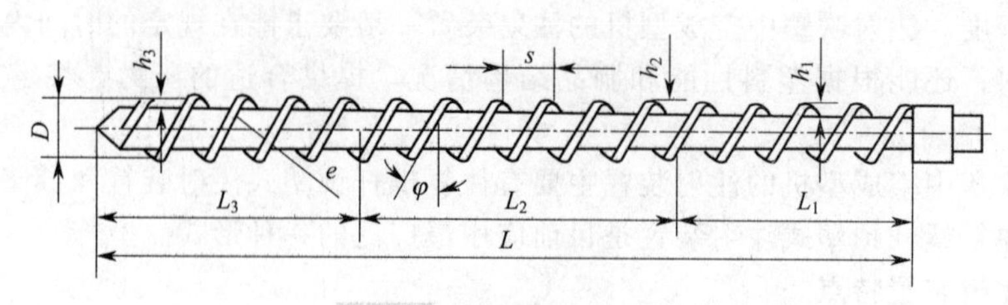

图 2-3 螺杆的基本结构

化和注射。注塑螺杆与机筒的材料必须选择耐高温、耐磨损、耐腐蚀、高强度的材料，以满足其使用要求。机筒的结构有整体式和分体式两种，目前大多采用整体式结构。开设有加料口。加料口的断面形状必须保证重力加料时的输送能力。为了加大输送能力，加料口应尽量增加螺杆的吸料面积和螺杆与机筒的接触面积。机筒通常外部安装有加热器，为了满足加工工艺对温度的要求，需要对机筒的加热分段进行控制，一般分为3～5段，每段长约（3～5）D（D为螺杆直径）。温度的检测与控制常采用热电偶，温控精度一般不超过5℃，对热敏性物料最好不大于2℃。

机筒壁厚要保证在工作压力下有足够的强度，同时还要具有一定热惯性，以维持温度的稳定。机筒壁厚小时虽然升温快，重量轻，节省材料，但容易受周围环境温度变化的影响，机筒温度稳定性差。厚的机筒壁厚不仅结构笨重，升温慢，热惯性大，在温度调节过程中易产生比较严重的滞后现象，一般机筒外径与内径之比为2～2.5。注射机机筒常用壁厚参考如表2-1所示。

表 2-1 注射机机筒常用壁厚参考

螺杆直径/mm	35	42	50	65	85	110	130	150
机筒壁厚/mm	25	29	35	47.5	47	75	75	60
外径与内径比	2.46	2.5	2.4	2.46	2.1	2.35	2.15	1.8

③ 螺杆与机筒的径向间隙 螺杆与机筒的径向间隙，即螺杆外径与机筒内径之差，称为径向间隙。如果这个值较大，则物料的塑化质量和塑化能力降低，注射时熔料的回流量增加，影响注射量的准确性。如果径向间隙太小，会给螺杆和机筒的机械加工和装配带来较大的难度。我国塑料注射成型机国家标准JB/T 7267—2004对此作出了规定，不同螺杆直径与机筒之间的间隙大小如表2-2所示。

表 2-2 螺杆直径与机筒最大径向间隙值（JB/T 7267—2004） 单位：mm

螺杆直径	≥12～25	>25～50	>50～80	>80～110	>110～150	>150～200	>200～240	>240
最大径向间隙	≤0.12	≤0.20	≤0.30	≤0.35	≤0.45	≤0.50	≤0.60	≤0.70

④ 喷嘴 喷嘴是注射装置和成型模具连接的部件。其主要是注射时将部分压力能转变为速度能，使熔料高速、高压注入模具型腔；在保压时，还需少量的熔料通过喷嘴向模具型腔内补缩；熔料高速流经喷嘴时受到较大的剪切，产生的剪切热使熔料温度升高。喷嘴按其结构可分为直通式喷嘴、锁闭式喷嘴和特殊用途喷嘴几种类型。

2.1.5 注射螺杆的结构有哪些类型？各有何特点？

(1) 螺杆类型 注射螺杆的类型主要有渐变型螺杆、突变型螺杆、通用型螺杆及新型螺杆等，如图2-4所示。

(2) 各类特点 渐变型螺杆是指螺槽深度由加料段较深螺槽向均化段较浅螺槽过渡，是在一个较长的轴向距离内完成。如图2-4(a)所示。主要用于加工具有较宽的熔融温度范围、高

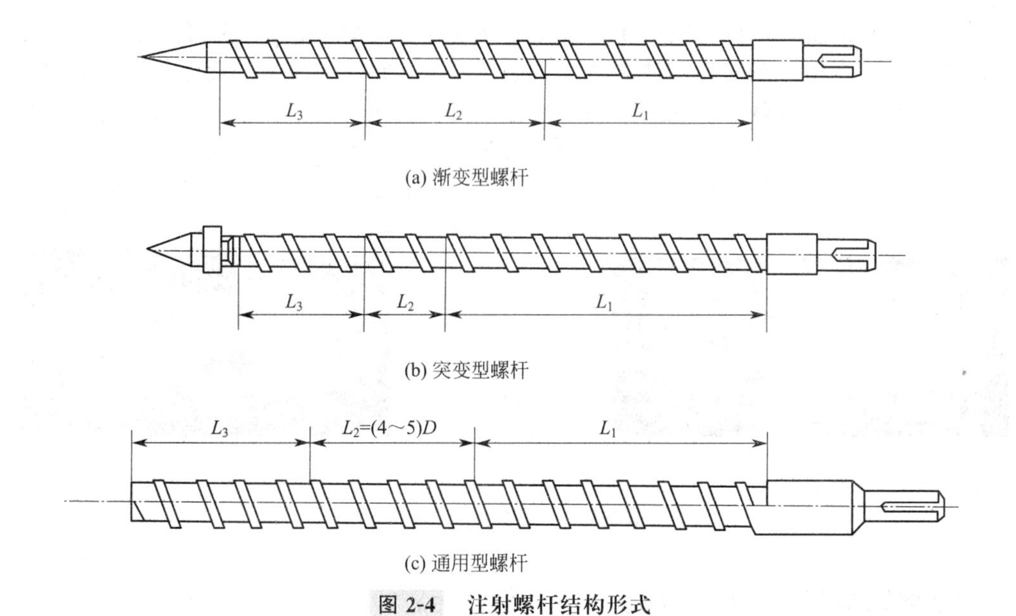

(a) 渐变型螺杆

(b) 突变型螺杆

(c) 通用型螺杆

图 2-4　注射螺杆结构形式

黏度非结晶型物料，如 PVC 等。

突变型螺杆是指螺槽深度由深变浅的过程是在一个较短的距离内完成的，如图 2-4(b) 所示。主要用于黏度低、熔融温度范围较窄的结晶型物料的加工，如 PE、PP 等。

通用型螺杆的压缩段长度介于渐变型和突变型之间，一般为（4～5）D，如图 2-4(c) 所示。在生产中可以通过调整工艺参数（温度、螺杆转速、背压等）来满足不同塑料品种的加工要求，这样可避免因更换物料而更换螺杆所带来的麻烦。但通用型螺杆在塑化能力和功率消耗方面不及专用螺杆优越。

新型注射螺杆是在普通螺杆的均化段上增设一些混炼剪切元件，对物料能提供较大的剪切力，而获得熔料温度均匀的低温熔体，可在不改变合模力的情况下提高螺杆的注射量和塑化能力，可获得表面质量较高的制品，同时节省能耗，如波状型、销钉型、DIS 型、屏障型的混炼螺杆、组合螺杆等，如图 2-5 所示为屏障剪切型和销钉混炼型元件的结构。

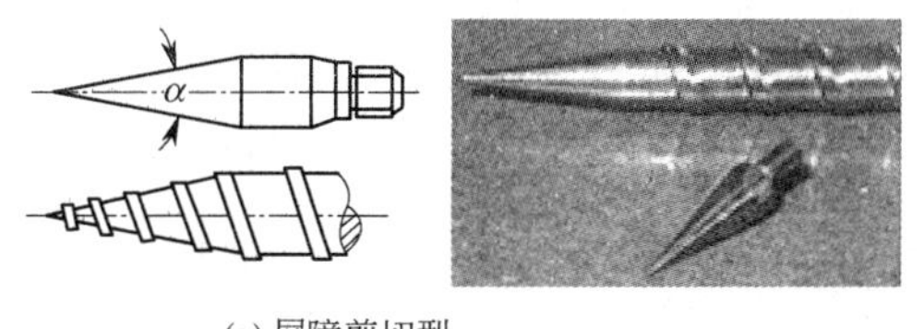

(a) 屏障剪切型

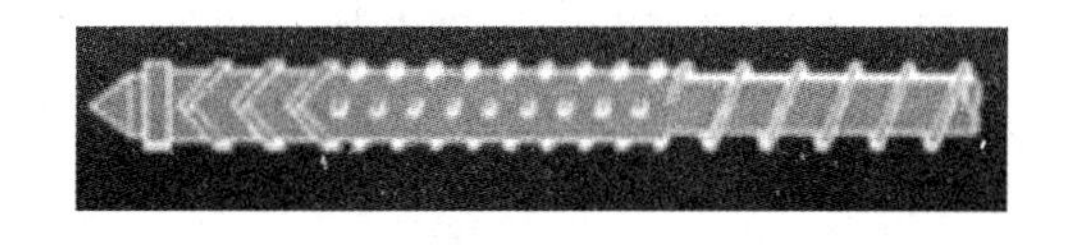

(b) 销钉混炼型

图 2-5　注射螺杆的混炼剪切元件

2.1.6　注射螺杆头的结构形式有哪些？各有何特点？

（1）结构形式　注射螺杆头的结构形式主要有尖形螺杆头、止逆型螺杆头两大类型。

（2）各类特点　尖形螺杆头又称 PVC 型螺杆头，其结构如图 2-6 所示。这种螺杆头采用 20°的小锥角，有的头部还带有螺纹。有利于在注射时排料干净而防止滞料引起过热分解的现象。主要用于加工高黏度、热稳定性差的物料。

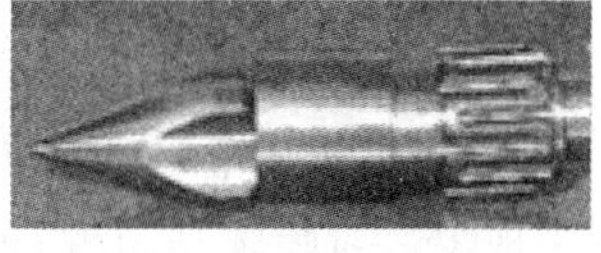

图 2-6　尖形螺杆头

止逆型螺杆头的结构是一种防止注射时熔料回泄的螺杆头，通常有止逆环和止逆球两种结构，如图 2-7 所示。当螺杆旋转塑化时，沿螺槽前进的熔料形成一定的压力将止逆环（球）向前推移，熔料通过止逆环（球）与螺杆头间的通道进入螺杆头前端；注塑时，止逆环（球）在注射压力的反作用下往后移动与环座紧密贴合，使止逆环（球）与螺杆头间的通道封闭，从而防止了熔料的回流。这种类型的螺杆主要用于中、低等黏度的物料型坯的成型，为防止在注射时螺杆前端熔料在注塑压力作用下沿螺槽回流，造成生产能力下降，注射压力损失增大、保压困难而使制品质量降低等。

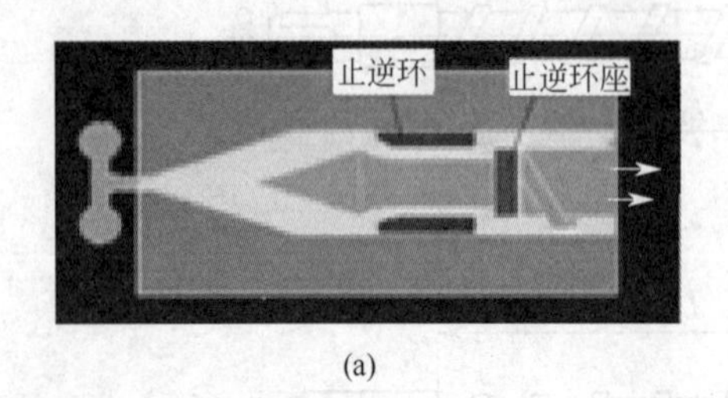

(a)

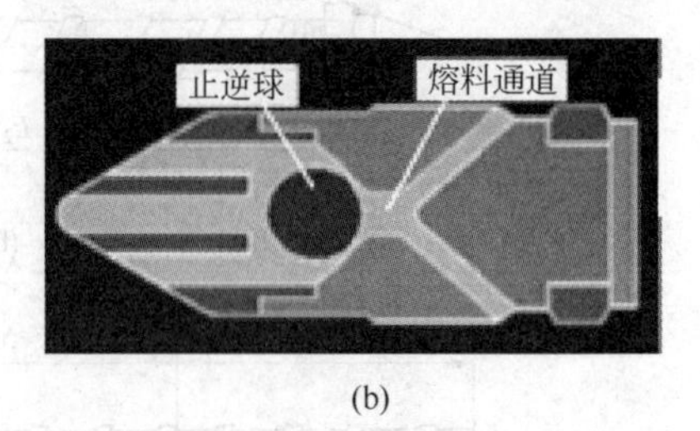

(b)

图 2-7 止逆型螺杆头结构

2.1.7 注射喷嘴有哪些结构类型？各有何特点？

(1) 结构类型 注射喷嘴的结构类型有直通式喷嘴、锁闭式喷嘴两大类。直通式喷嘴根据使用要求的不同又可分为短式直通式喷嘴、延长型直通式喷嘴、远射程直通式喷嘴等。锁闭式喷嘴可分为弹簧针阀式喷嘴、液控锁闭式喷嘴等。

(2) 各类特点

① 直通式喷嘴 直通式喷嘴是指熔料从机筒内到喷嘴口的通道始终是敞开的。短式及延长型直通式喷嘴的结构如图 2-8 所示。这种喷嘴结构简单，制造容易，压力损失小。但当喷嘴离开模具时，低黏度的物料易从喷嘴口流出，产生“流涎”现象（即预塑时熔料自喷嘴口流出）。另外，因喷嘴长度有限，不能安装加热器，熔料容易冷却。因此，这种喷嘴主要用于加工厚壁制品和热稳定性差的高黏度物料。

延长型直通式喷嘴是短式喷嘴的改型，由于加长了喷嘴体的长度，可安装加热器，熔料不易冷却，补缩作用大，射程较远，但“流涎”现象仍未克服。但结构简单，制造容易，主要用于加工厚壁制品和高黏度的物料。

远射程直通式喷嘴除了设有加热器外，还扩大了喷嘴的储料室以防止熔料冷却。这种喷嘴的口径小，射程远，“流涎”现象有所克服。主要用于加工形状复杂的薄壁制品，其结构如图 2-9 所示。

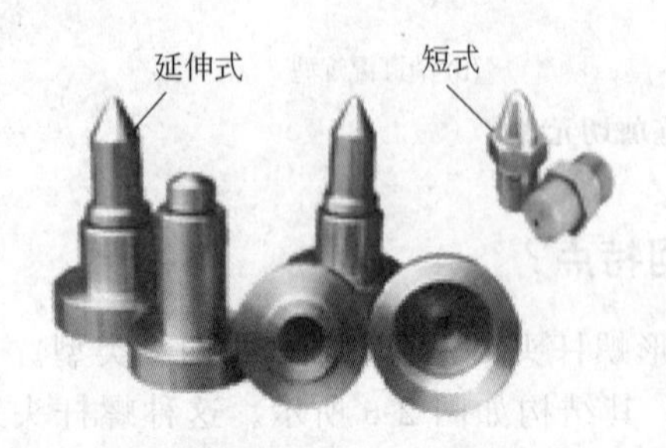

图 2-8 直通式喷嘴

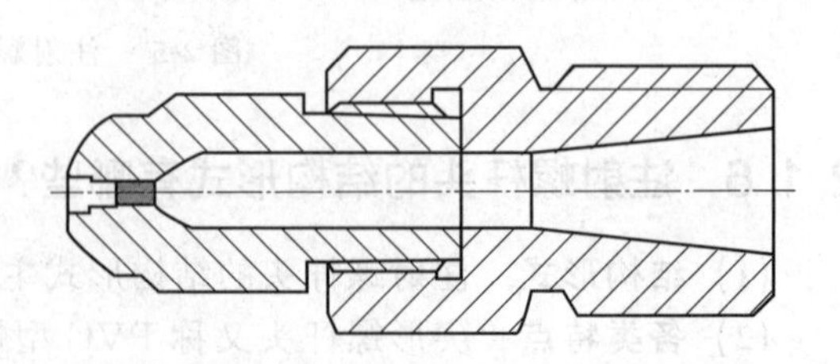

图 2-9 远射程直通式喷嘴

② 锁闭式喷嘴 锁闭式喷嘴是指在注塑和注射、保压动作完成以后，为克服熔料的“流涎”现象，对喷嘴通道实行暂时关闭的一种喷嘴。与直通式喷嘴相比，锁闭式喷嘴结构复杂，制造困难，压力损失大，补缩作用小，有时可能会引起熔料的滞留分解。主要用于加工低黏度

的物料。

弹簧针阀式喷嘴根据弹簧所示的位置又可分为外弹簧针阀式喷嘴和内弹簧针阀式喷嘴，其结构如图 2-10、图 2-11 所示。在注射塑前，喷嘴内熔料的压力较低，针阀芯在弹簧张力的作用下将喷嘴口堵死。注射时，螺杆前进，喷嘴内熔料压力增高，作用于针阀芯前端的压力增大，当其作用力大于弹簧的张力时，针阀芯便压缩弹簧而后退，喷嘴口打开，熔料则经过喷嘴而注入模腔。在保压阶段，喷嘴口一直保持打开状态。保压结束，螺杆后退，喷嘴内熔料压力降低，针阀芯在弹簧力作用下前进，又将喷嘴口关闭。弹簧喷嘴是目前应用较广的一种喷嘴，但结构比较复杂，注射压力损失大，补缩作用小，射程较短，对弹簧的要求高。

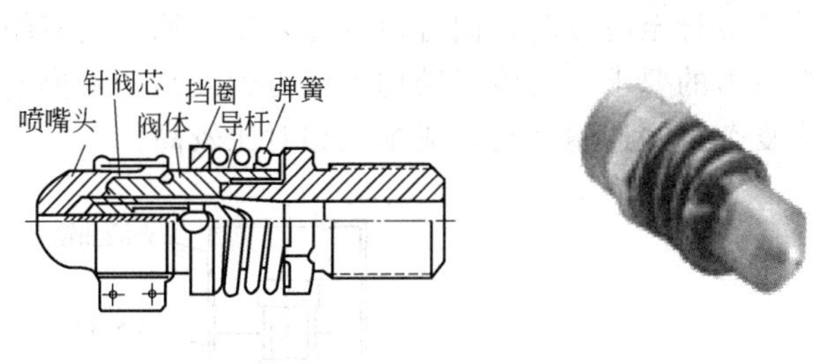

图 2-10　外弹簧针阀式喷嘴

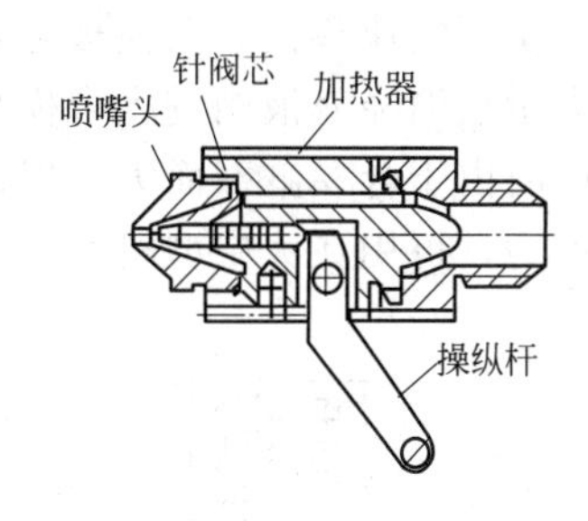

图 2-11　内弹簧针阀式喷嘴

液控锁闭式喷嘴是依靠液压控制的小油缸通过杠杆联动机构来控制阀芯启闭的。这种喷嘴使用方便，锁闭可靠，压力损失小，计量准确，但增加了液压系统的复杂性，其结构如图2-12 所示。

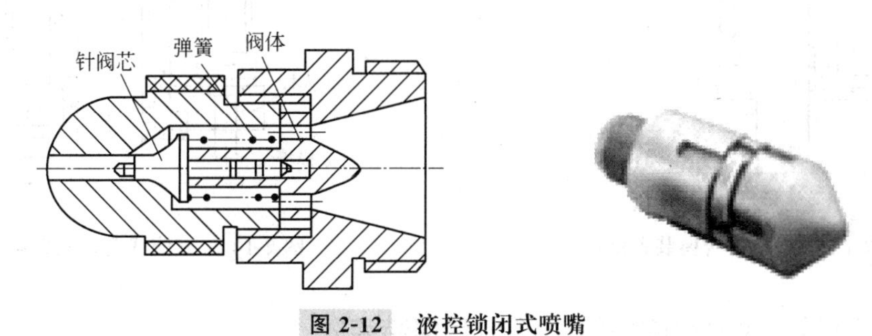

图 2-12　液控锁闭式喷嘴

2.1.8　注-吹成型机的合模装置有何特点？其结构如何？

(1) 合模装置特点　注-吹成型机的合模装置是保证成型模具可靠地闭紧和实现模具启闭动作的部件。合模装置的特点主要如下。

① 机构要有足够的锁模力和系统刚性，保证模具在熔料的压力作用下，不出现胀模溢料现象。

② 模板要有足够的模具安装面积和启闭模具行程，以适应成型不同制品或模具的要求。

③ 在注射吹塑成型机上，所需的合模行程较短，同时受到整个结构的限制，故一般都采用液压式（直压式）合模装置。

(2) 合模装置结构　目前注-吹成型机中常用的合模装置主要有液压增压式和液压充液式两种。

增压式合模装置主要由增压油缸和合模油缸、动模板、定模板等组成，其结构如图 2-13 所示。由于液压油路采用了液压差动回路，可实现快速合模；且有增压结构，因此提供足够的锁模力，实现高压锁模。

增压式合模装置在合模时，压力油先进入合模液压缸上腔，因液压缸的直径较小（采用增压后）加上合模液压缸下腔的油返回上腔（差动），所以合模速度较快。当模具闭合后，压力油换向，进入增压缸。由于增压活塞两端直径不同（$D_0>d_0$），故提高了合模液压缸内的液体压力（P），满足了最终锁模力的要求。采用增压式合模装置，其移模速度在 20m/min 左右，增压后压力在 20～32MPa，主要用在中小型合模装置上。

充液式合模装置是通过采用两种不同直径的液压缸和改变液压油压力的方法来实现快速低压和慢速高压锁紧模具的要求，即以快速移模缸（小直径液压缸）取得高速，通过合模缸（大直径液压缸）取得要求的锁模力。其结构如图 2-14 所示。在合模时，压力油先进入快速移模缸中，实现快速移模。动模板随合模缸的活塞一起运动，使合模缸内形成负压。这时充液油箱内的大量液油经充液阀进入合模缸内。当动模板行至终点时，向合模缸通入压力油，充液阀关闭。此时由于合模缸截面大，保证了最终锁模力的要求。充液式结构可以得到较高的移模速度和锁模力，可用在大中型机型上。但其结构复杂，制造精度高，成本也相对比较高。

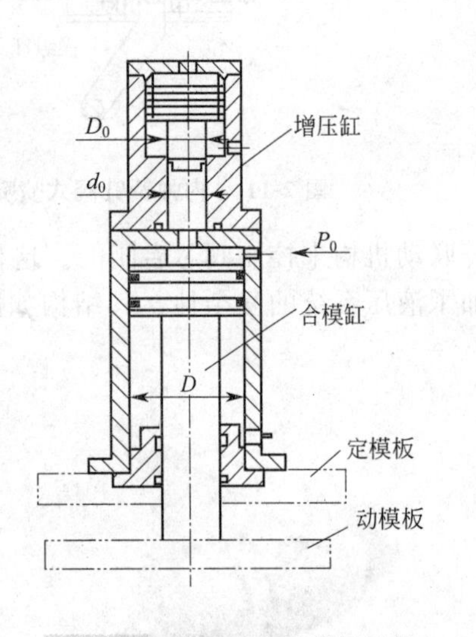

图 2-13 增压式合模装置结构

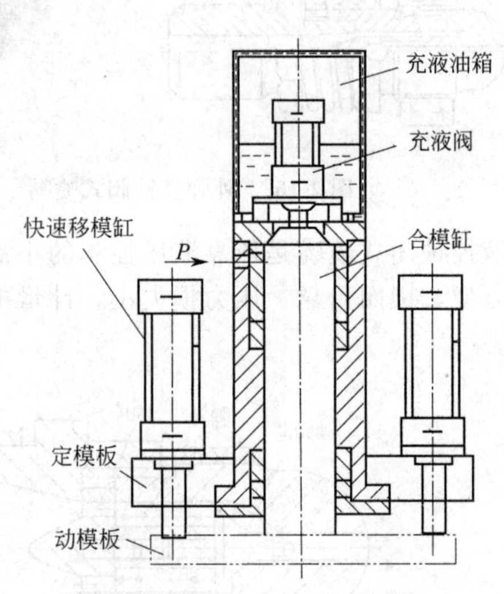

图 2-14 充液式合模装置结构

2.1.9 三工位注-吹中空成型机的结构有何特点?

三工位注-吹中空成型机的结构组成如图 2-15 所示，其吹塑成型部分主要由合模装置、芯模安装台、吹气系统等组成。它有三组芯棒，且互成 120°夹角水平径向排列在转塔上，同时注射型坯模具、吹胀型坯模具和脱模装置也对应地按 120°夹角分布。当芯模在注射位置时，型坯在中心芯模上注射成型，然后注射模具打开，芯棒连同型坯被送到吹塑模具中。模具闭合后卡住芯棒的颈部，然后通入压缩空气吹胀，直至容器冷却定型。

① 吹塑时，压缩空气先以低压大流量，使型坯表面迅速贴合模具，消除局部冷却的可能性，然后以高压小流量（一般压力在 0.7～1.0MPa），使制品表面与具有花纹、商标、字母等装饰图案的模具紧密贴合，冷却定型。由于吹塑压力较低，吹塑锁模力也就不需要很高，因此，吹塑合模装置可以采用最普通的直压式结构。

② 芯模安装台上装有芯模、旋转装置、柱塞、瓶颈螺纹模等。芯模安装台与油缸的柱塞连接在一起，并且由旋转装置以顶角的等分线为中心进行旋转，使芯模移动到对应的位置上。其工作过程是油缸活塞杆前移，将型芯插入型坯成型模具中，模具闭合，然后，由注射装置向型坯成型模具内注入熔料。与此同时，另一个芯模和型坯一起进入到吹塑模具内进行吹胀，形成所需要的容器。当注射结束、吹塑结束后，芯模安装台向后移动，开模，事先上升了的脱模

板使容器脱模。然后，将芯模安装台旋转 180°，再进行下一次循环。

③ 把型坯成型模具装设在水平面上，而吹塑模具在垂直面上，这样型坯模具和注射装置容易配合，垂直状态的吹塑模具也符合工艺要求，容易操作。假若型坯在水平状态进行吹胀时，由于型坯处于软化状态，型坯熔料向底部流动，很可能使型坯的圆周壁厚分布不均匀，也就不可能吹成均匀的容器。型坯在垂直状态，即使型坯上端和下端壁厚有一些差别，但对整个型坯来说是处于均匀状态，因此，容器圆周壁厚分布是均匀的。

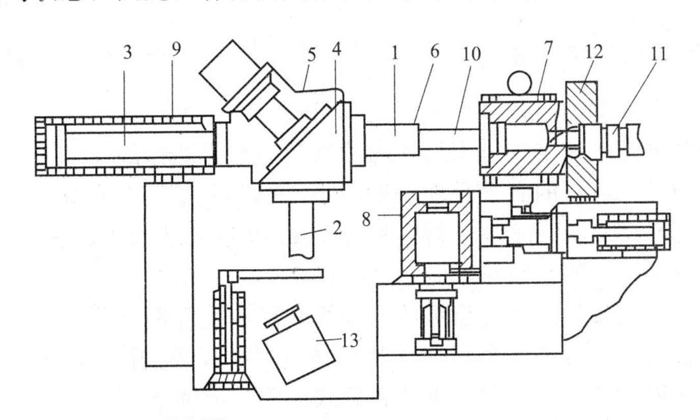

图 2-15　三工位注-吹中空成型机的结构

1，2—型芯；3—活塞杆；4—型芯安装台；5—旋转装置；6—型坯；7—型坯成型模具；8—吹塑模具；9—移动油缸；10—导向拉杆；11—注塑装置；12—固定模板；13—容器

2.1.10 注-吹中空成型机的回转机构的类型有哪些？各有何特点？

（1）回转机构的结构类型 注-吹中空成型机的回转机构主要是实现上升、回转、下降三个动作，将注射、吹塑、脱模三个工艺过程自动地连接起来。一般要求回转机构回转平稳、定位精确、速度快、刚性好；在注射、吹塑过程合模和开模动作的同时，回转工作台必须紧跟其上升使芯棒脱离下模，这样芯棒上型坯处于同一工艺状态下，有利于保证制品壁厚均匀性。注射吹塑中空成型机回转定位系统通常采用机械或液压驱动实现快速粗定位，然后用定位销实现二次定位。常用回转机构的结构有齿轮齿条副、Fergnsen 分度机构、曲柄滑块机构等几种类型。

（2）各类的特点

① 齿轮齿条副　齿轮齿条副是最简单的结构，如图 2-16 所示。其结构简单，制造容易。但其缺点是在开始和结束的位置所受冲击大，使用液压缓冲效果不明显，齿轮、齿条间有传动间隙，定位精度不高。

② Fergnsen 分度机构　Fergnsen 分度机构具有准正弦的运动规律，无运动冲击，适用于高速工作。由步进电动机驱动，功率小，回转工作台不能很大。为了提高生产率，必须加快工作节奏，这样导致惯性冲击大，故要求中心轴强度、刚度大。机构设计复杂、制造成本高。

③ 曲柄滑块机构　曲柄滑块机构设计简单，整机强度、刚度好，制造成本低，其结构如图 2-17 所示。它为余弦运动规律、始末柔性冲击，适合于中速工作。用液压驱动，增力比大，回转工作台可以比较大，特别适合一模多腔成型。

2.1.11 注-吹中空成型模具有哪些部分？各有何作用？

注射吹塑中空成型模具主要由芯棒、型坯模具和吹塑模具三部分组成。

（1）芯棒 芯棒主要由芯棒体、弹簧、星形螺母、凸轮螺母等组成，其结构如图 2-18 所示。

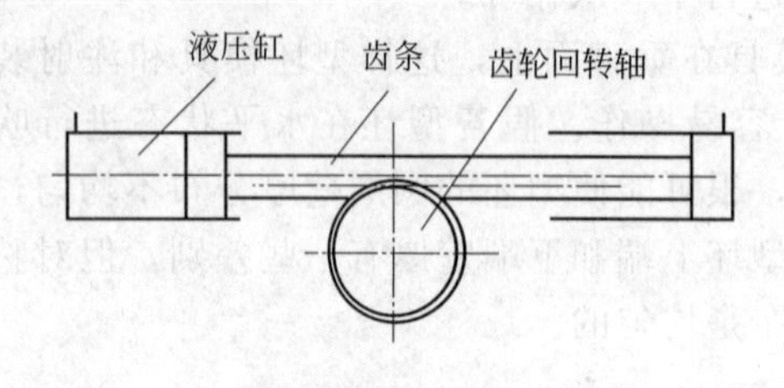

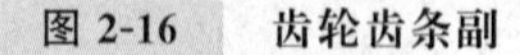
图 2-16 齿轮齿条副

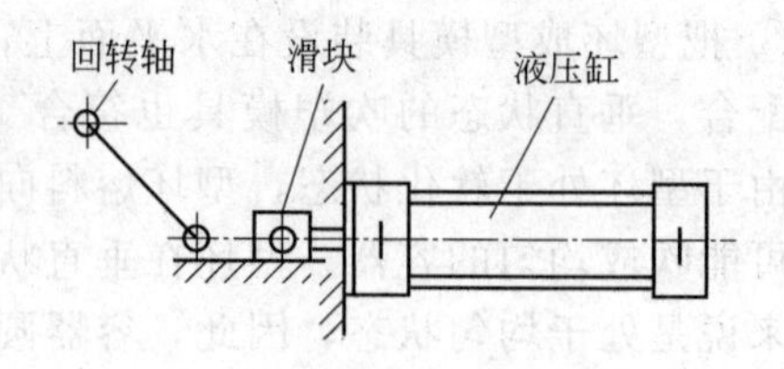

图 2-17 曲柄滑块机构

芯棒的作用是成型制品颈部的内径和型坯的内部形状；还是型坯的载体，把型坯间断地送到吹塑、脱模工位；同时也是压缩空气进入型坯内的吹气通道。芯棒的外部形状和尺寸直接关系到吹塑制品的壁厚均匀性。芯棒的有效长度一般略小于制品长度，长径比 L/D 取得也较小，常在 10 以下。L/D 增大，芯棒的刚性下降，吹塑过程中芯棒易产生偏斜。芯棒直径可尽可能大，吹胀比可以小一点，一般吹胀比控制在 3.5 以下。

（2）型坯模具 型坯模具包括流道组件、型坯颈环和型腔模具等。流道组件安装在定模板上，它由喷嘴、歧管板、歧管底座等组成，如图 2-19 所示。注射型坯的热流道远没有注射成型的热流道和绝热流道复杂。一般常用等径直管式歧管，喷嘴孔径在 $\phi1\sim4.8$mm 范围内。为使一套型坯模具中各型腔的流量均匀，喷嘴孔径可相差 0.1～0.15mm。喷嘴一般通过与加热的歧管板接触得到加热。

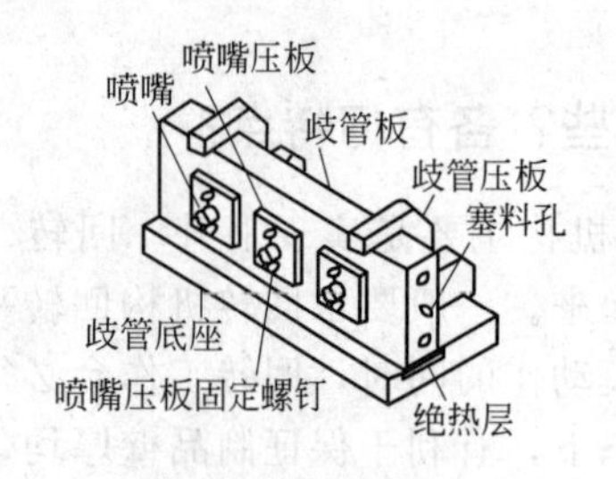

图 2-18 芯棒结构

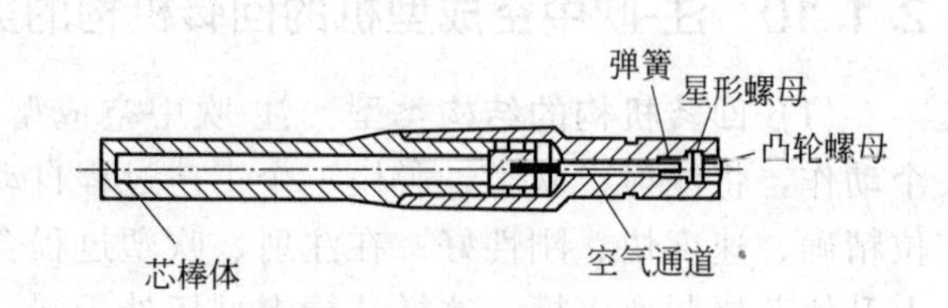

图 2-19 型坯模具流道组件

型坯模具由上、下两部分组成，结构如图 2-20 所示。其型腔内部尺寸和结构由芯棒的形状和制品的大小来决定。它直接关系到型坯的吹塑性能和制品的壁厚均匀性。一般型坯径向厚度（除颈部外）在 2m 以上，否则会由于局部壁薄，导致吹塑性能下降。壁厚过大，超过 6.5mm，也会产生制品壁厚不均匀的缺陷。型坯颈环用来成型容器的颈部和颈部的螺纹，它和芯棒相配合，保证芯棒在注射过程中不歪斜。温度控制槽是型坯模具应用的一个关键，它直接关系到吹塑工艺。一般通过模温控制器控制循环介质在模具流道中循环，保持模温在一定的范围内。流道垂直型腔，流道之间的距离应尽可能小，一般为 22m。循环介质常被分成瓶颈、瓶体、瓶底三个单独控制区域，温度取决于所加工塑料的种类，一般在 65～135℃之间。

（3）吹塑模具 吹塑模具由吹塑颈环、底塞和吹塑模腔等组成，其结构如图 2-21 所示。吹塑颈环固定在吹塑模腔上，主要用来保护已成型的制品颈部，并夹住芯棒使其与型坯保持同心，吹塑颈环的内径一般比注射颈环的内径大 0.04～0.12mm。吹塑模腔应有合适的收缩余量和良好的排气结构，同时还要给模具进行最大限度的冷却，冷却流道应尽可能地贴近模腔，这样既可减小模具尺寸，又可提高模具的冷却效率。底塞用来成型制品的底部表面，对于聚乙烯塑料制品，最大底深可达 4.8mm，对聚丙烯、聚碳酸酯等塑料制品，最大底深为 0.8mm。若要成型更深的底深，就得使用伸缩底塞。

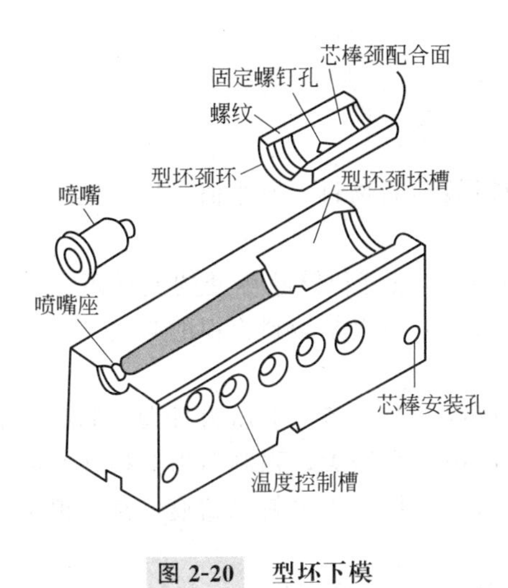

图 2-20　型坯下模

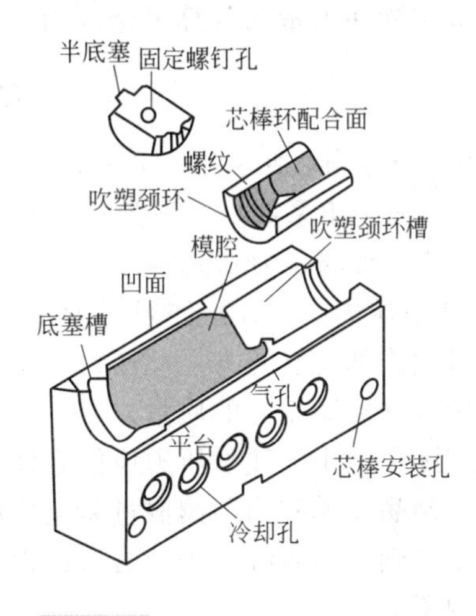

图 2-21　吹塑模具结构（下模）

2.1.12　注-吹中空成型设备应如何选型？

注-吹中空成型设备选型主要包括注射部分加工能力的选择、模具芯棒结构形式、型坯注射参数及合模参数、吹塑部分合模装置参数的选择等。

（1）注射部分加工能力的选择　注射吹塑成型时设备的选型应根据制品的形状、大小、重量、所用材料以及批量大小等条件，决定注射机的加工能力，即机器所能成型加工制品的大小及生产效率，包括机器的主技术性能参数以及塑化螺杆大小和结构形式等。

（2）模具芯棒的结构形式的选择　模具芯棒的结构型式应根据制品的几何形状、材料和重量要求选用。芯棒的直径应小于成型制品的最小内径，且使制品的内径尽量大，以减小吹胀比，降低芯棒的制造难度。另外选择模具芯棒结构时还应考虑注射型坯模具的温度控制系统、空气压缩机、空气净化装置以及冷却水供应等辅助设备。模温控制器的温度控制范围在0～260℃。

（3）注射装置参数的选择　注射装置的参数主要有注射量、注射压力、注射速率、塑化能力等。

① 注射量的选择　注射量是指在对空注射条件下，注射螺杆做一次最大注射行程时，注射系统所能达到的最大注出量。该参数在一定程度上反映了注射机的加工能力，标志着该注射机能成型塑料制品的最大质量，是注射装置的一个重要参数。注射量一般有两种表示方法，一种以 PS 为标准（密度 $\rho=1.05\text{g/cm}^3$）用注出熔料的质量（g）表示；另一种是用注出熔料的容积（cm^3）来表示。

根据对注射量的定义，由图 2-22 可知注塑螺杆一次所能注出的最大注射容量的理论值为：螺杆头部在其垂直于轴线方向的最大投影面积与注射螺杆行程的乘积。

$$Q_L=\frac{\pi}{4}D^2S$$

式中　Q_L——理论最大注射容量，cm^3；

D——螺杆或柱塞的直径，cm；

S——螺杆或柱塞的最大行程，cm。

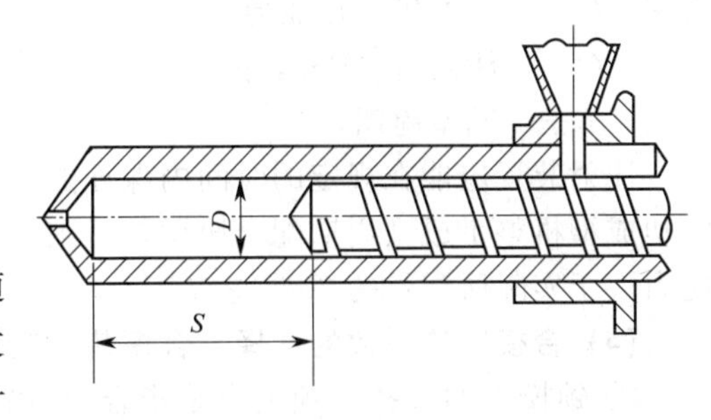

图 2-22　注射量与螺杆尺寸之间的关系

注射装置在工作过程中，由于塑料的密度随温度、压力的变化，以及熔料在压力下沿螺槽发生逆流等原因，其实际注射量是难以达到理论计算值的。实际注射量通常只有理论值的 70%～

90%。故实际注射量的计算可修改为：

$$Q=\alpha Q_{L}=\frac{\pi}{4}D^{2}S\alpha$$

式中 Q——实际注射容量，cm^3；

α——射出系数，一般为0.7～0.9，对热扩散系数小的物料α取小值，反之取大值，通常取α为0.8。

② 注射压力的选择　注射时为了克服熔料流经喷嘴、浇道和模腔等处的流动阻力，螺杆对塑料必须施加足够压力，此压力称为注射压力。注射压力不仅是熔料充模的必要条件，同时也直接影响到成型制品的质量。

在实际生产中，注射压力应能在注射机允许的范围内调节。若注射压力过大，制品可能产生飞边，制品在模腔内因镶嵌过紧造成脱模困难，制品内应力增大，强制顶出会损伤制品，同时还会影响到注射系统及传动装置的设计；注射压力过低，易产生欠料和缩痕，甚至根本不能成型等现象。

注射压力的大小要根据实际情况进行选用。如熔体黏度高的物料（PVC、PC等）要比熔体黏度低的物料（PS、PE等）的注射压力要高；制品为薄壁、长流程、大面积、形状复杂时，注射压力应选高一些；模具浇口小时，注射压力应取大一些。物料流动性好，如LDPE、PA等物料，制品形状简单、壁厚较大，一般注射压力为34～54MPa；物料熔体黏度较低，如PS、HDPE等，制品精度一般，注射压力为68～98MPa；物料熔体黏度中等或较高，如PP、PC等，制品精度有要求，形状复杂，注射压力一般为98～137MPa。物料熔体黏度高，如增强尼龙、聚砜、聚苯醚等，制品为薄壁、长流程、精度要求高、形状复杂，注射压力为137～167MPa；加工优质精密微型制品时，注射压力可达到226～245MPa以上。

③ 注射速率的选择　注射速率是表示单位时间内从喷嘴射出的熔料量，其理论值是机筒截面面积与速度的乘积。熔融的树脂通过喷嘴后就开始冷却。为了将熔料及时充满模腔，得到密度均匀和高精度的制品，必须要在短时间内，把熔料充满模腔，进行快速充模。

注射速率与注射时间成反比。它直接影响到制品的质量和生产能力。注射速率太低，即注射时间过长，制品易形成熔接痕，制品密度不均匀、内应力大，不易充满复杂的型腔。合理地提高注射速率，降低注射时间，能缩短生产周期，减小制品的尺寸公差，能在较低的模温下得到优良的制品，特别是在成型薄壁、长流程及低发泡制品时使用，能获得优良的制品。注射速率的大小应根据成型工艺条件、模具、塑料性能、制品形状及壁厚等确定。

④ 塑化能力的选择　塑化能力是指塑化装置在单位时间内所能塑化的物料量。一般螺杆的塑化能力与螺杆转速、驱动功率、螺杆结构、物料的性能有关。

塑化能力与成型周期的关系为：

$$G=\frac{Q}{T}$$

式中 G——注射机塑化能力，g/s；

Q——注射量（PS），g；

T——成型周期，s。

注射装置应能在规定的时间内保证能够提供足够量的塑化均匀的熔料。塑化能力应与注射吹塑成型机整个成型周期配合协调，否则不能发挥塑化装置的能力。一般注射装置的理论塑化能力大于实际所需量的20%左右。

(4) 合模装置参数的选择　合模装置应考虑的参数主要有锁模力、模板间距和移模速度。

① 锁模力的选择　锁模力是指合模装置施于模具上的最大夹紧力。当熔料以一定速度和压力注入模腔前，需克服流经喷嘴、流道、浇口等处的阻力，会损失一部分压力。但熔料在充

模时还具有相当高的压力，此压力称为模腔内的熔料压力，简称模腔压力 p_m。模腔压力在注射时形成的胀模力将会使模具顶开。为保证制品成型完全符合精度要求，合模系统必须有足够的锁模力来锁紧模具。

在实际吹塑成型过程中，锁模力的大小应根据成型物料的性质、模具、制件的结构尺寸等确定。一般锁模力大小的估算方法是：

$$F \geqslant K p_{CP} A \times 10^{-3}$$

式中　F——锁模力，kN；

K——安全系数，一般取 1～2；

p_{CP}——模腔内平均压力，MPa，模腔平均压力与成型制品及物料的性质有关，其关系如表 2-3 所示；

A——成型制品和浇铸系统在模具分型面上的最大投影面积，mm^2。

表 2-3　模腔平均压力与成型制品及物料的性质的关系

成型条件	模腔平均压力/MPa	举　例
易于成型制品	25	PE、PP、PS 等壁厚均匀的日用品
一般制品	30	在模具温度较高条件下，成型薄壁容器类制品
加工高黏度和有要求制品	35	ABS、POM 等加工有精度要求的零件
用高黏度物料加工高精度、难充模制品	40～45	高精度机械零件、如塑料齿轮等

② 模板最大间距的选择　模板最大间距是指开模时，固定模板与动模板之间距离，包括调模行程在内所能达到的最大距离。为使成型后的制品能方便地取出，模板间最大开距一般为成型制品最大高度的 3～4 倍。动模板的行程最好不小于模具的最大厚度，或 2 倍的制品最大高度。

③ 移模速度的选择　移模速度是反映机器工作效率的参数。移模速度在整个成型过程中，动模板的运行速度是变化的，即闭模时先快后慢；开模时，先慢后快再慢。同时还要求速度变化的位置能够调节，以适应不同结构制品的生产需要。

(5) 吹塑合模参数的选择　吹塑合模成型的技术参数主要有吹塑锁模力、吹塑合模行程、最小模厚和模板尺寸等。

① 吹塑锁模力的选择　吹塑锁模力表示带有型坯的芯棒置入吹塑模中进行吹胀时所需的夹紧力，可按下式计算：

$$P_c = APF$$

式中　P_c——吹塑锁模力，kN；

A——单位换算系数，$A=0.1$；

P——吹塑气压，MPa，根据型坯的材料和温度决定，一般取 0.2～1MPa；

F——吹塑制品总投影面积，cm^2。

② 吹塑模板尺寸的选择　要使吹塑成型后的制品能顺利地在对开的两半模中脱出，即带有成型制品的芯棒能方便地传送至下一制品取出工位，模板的间距就要足够大。而模板尺寸应考虑能方便地安装最大的吹塑模具。

2.2　注射吹塑成型设备操作疑难处理实例解答

2.2.1　注-吹中空成型机的操作应注意哪些方面?

注-吹中空成型机操作时应从操作方式的选用、开机前的准备、开机的操作及停机操作等几方面加以注意。

(1) 操作方式及选用 注-吹塑中空成型机一般都有四种操作方式，即调整、手动、半自动及全自动操作，在生产过程中应根据不同情况选择合适的操作方式。

① 调整操作是指机器的所有动作，都必须在按住相应按钮开关的情况下慢速进行，放开按钮动作即停止，故又称点动。一般用于装卸模具、螺杆或检修机器时的操作。

② 手动操作是指按动相应的按钮，设备便进行相应的动作，并进行到底。不按动就不进行。主要用于试模、生产开机的调试或自动生产有困难的情况。

③ 半自动操作是指将安全门关闭以后，工艺过程中的各个动作按照一定的顺序自动进行，直至打开安全门，取出制品为止。这实际上是完成一个注射过程的自动化，可以减轻体力劳动，避免因操作错误而造成事故，是生产中最常用的方式。对三工位注射吹塑成型机，即在转塔下降、合模、注射、保压、吹塑、预塑、防流延、冷却、脱模、开模、转塔上升、转位等一个动作循环结束后，再按一次半自动按钮，则机器将进行下一个循环。半自动操作一般在空运转试机和生产开始阶段使用。

④ 全自动操作是指机器的全部动作过程都由电器控制，自动地往复循环进行。经半自动操作制品成型稳定后，不改变操作程序，将选择开关拨至“自动”位置，按自动“开启”按钮，机器即按选定的程序连续地、周而复始地自动完成工艺过程和各个动作。在生产正常条件下，机器应该在全自动状态下运行，若要停止机器运转，则按自动停止按钮，机器在自动完成本循环后自动停止至循环起始位置。

(2) 开机前准备 在开机前必须做好充分的准备工作，以便操作能正常、有序、安全地进行。注射吹塑机开机前的准备工作主要如下。

① 认真阅读使用说明书，掌握设备的操作规范，熟悉设备的基本结构、各操作按钮、开关的位置及功能。

② 检查各开关按钮，在开机前各操作按钮或触摸开关应处于“断开”位置。

③ 检查各紧固件是否拧紧，严防松动。检查安全门滑动是否灵活，控制是否正确。

④ 检查油箱中液压油的油位是否合格，要求油面应处于油标上、下限位线的中间（或3/4处）。

⑤ 润滑油路是否接通，各润滑点供油是否正常。

⑥ 检查冷却水管接头是否可靠，严禁有渗漏现象。

⑦ 检查料斗内有无异物，将物料加满料斗。

(3) 开机操作

① 接通电源，对机筒预热。达到塑料塑化温度后，应保温40min，使各点温度均匀一致。

② 确定操作方式，按实际需要可采用调整、手动、半自动和全自动四种操作方式中的一种。

③ 打开注射座、加料口位置的冷却循环水阀，调节好水量，进水量过小，易导致加料口处的物料黏结，形成“搭桥”，影响正常塑化；进水量过大，会过多地带走机筒的热量，造成不必要的热量损失。

④ 注意油箱中液压油的温度，若温度太低，应立即启动加热器。

⑤ 当向空机筒中加料时，螺杆的转速要慢，一般不超过30r/min。当物料从注射喷嘴中正常流出后，再把转速调到要求值。当机筒中的物料处于冷态时，绝对不能开动主机，以防螺杆被扭断（通常设备有冷态安全保护）。

⑥ 采用手动对空注射，观察预塑化物料熔体的质量。当塑化质量欠佳时，应调节预塑背压，进而改善塑化质量。

⑦ 生产开始，由于模具温度不够，最初的一些型坯通常不能被完全吹胀，需要在脱模工

位上从芯棒上以手工剥下来。为了稳定注塑模和芯棒的温度，每根芯棒上均必须几次注射。若型坯模腔的温度太低，则型坯会过渡收缩，不能吹制尺寸合格的制品。如果芯棒温度太低，型坯就会收缩包在芯棒上。

⑧ 经过几个循环的操作，芯棒、型腔和吹塑模的温度将趋于适当，这时就可以启动吹塑成型机的自动操作了。

⑨ 在脱模工位，要对制品进行抽检，检验制品的重量、尺寸是否符合要求，有无飞边、缺料和破洞。芯棒的任一部位上如果粘有塑料，制品的壁厚就会不均匀。故应从芯棒取样，送至质量检验部门检验。如果质量合格，成型可继续进行，反之应做调整。

(4) 停机操作

① 操作方式选择开关转到手动位置，以防整个循环周期的误动，确保操作人员的人身安全及设备安全。

② 关闭加料闸板、停止向机筒供料。

③ 注射座退回，喷嘴与模具脱离接触。

④ 清理机筒中的余料，在不加料的情况下反复注射、预塑，直至物料不再从喷嘴流出。这时降低螺杆转速。加工以易分解的树脂为原料的制品时，如PVC，应采用PE、PP或螺杆清洗专用料把机筒清洗干净。

⑤ 把所有操作开关和按钮（或触摸屏）置于“断开”位置，断电源、断水。

⑥ 停机后要擦净机器的各部分，并打扫工作场地。

2.2.2　注-吹中空成型机空机试运转时应注意哪些方面?

注-吹中空成型机空机试运转时应注意以下方面。

① 在机器首次启用或较长时间停机后再使用时，应在开机前先用手转动泵轴十几转，使油泵内部得到充分润滑。再接通电源，启动电动机、油泵，检查电动机的旋转方向是否准确，油泵必须在卸荷情况下空运转5min以上。

② 打开冷却水截止阀，对回油进行冷却，以防油温过高。

③ 液压系统压力在出厂前已调整好，一般用户不需调整。如需调整，必须向设备制造厂咨询。一般液压系统压力为14MPa或16MPa。

④ 允许调整的压力、流量均由外设的拨码设定。用手动操作方式进行试机，检查各动作是否正常后再进行半自动试机、全自动试机。

⑤ 机器在运转时，可能会因液压系统中混有空气而产生爬行现象或撞击声，待运转动作数次，油路中空气排净后，爬行和撞击声即会消失。若运转仍不正常，则须作进一步的检查，待故障排除后再重新试机。

2.2.3　注-吹中空成型机负荷试运转时操作步骤如何？试运转过程中应注意哪些方面?

(1) 负荷试运转操作步骤　注-吹中空成型机负荷试运转时应严格按操作步骤进行，具体的操作步骤如下。

① 操作手动按钮，首先使合模装置处于开启状态，再将转塔升至最高位置，注射座退至最后位置，必要时允许回转。

② 用轻油、抹布擦净工作台面板、动模连接板及模具、上下模架的两外表面，在工作台与模架相接触部位加少量L-AN4b全损耗系统用油，涂抹均匀。

③ 模具必须水平推入工作台，切勿垂直落在工作台上。将模具水平推入定位键槽内，注

意勿与喷嘴、机筒相碰。

④ 使模具前移，压紧前面的调整垫。

⑤ 先用螺钉压板将下模架紧固在工作台上，再操作合模动作（注意不能接通增压油路，将上模架紧固在动模连接板上，然后再开启合模装置）。

⑥ 检查转塔内模芯推板是否灵活，然后在转塔的一边装上一组模芯棒，将这组模芯棒转到注射工位，压下微点动开关，操作转塔下降，使模芯棒下降至接近注射模时停止。目测芯棒是否恰好卡入注射模的颈环内，如不合适，则可稍松开上下模紧固螺钉，更换模具前端的调整圈，微调模具位置，使之与芯棒位置相吻合。确保合适后，重新紧固上、下模架。

⑦ 将转塔升起，将该组芯棒转到吹塑工位，用上面的方法，调好吹塑模位置，最后用螺钉紧固上、下模架。

⑧ 将转塔升起，使该芯棒转到脱模工位，装上脱模推板，用与上面相同的方法，调整脱模推板前后、左右的位置，使芯棒恰好卡入脱模板内，然后用螺钉紧固。

⑨ 当两个模具及脱模装置都定位正确后，便可安装另外两组模芯棒。先安装第二组芯棒，检查一下是否能准确地与模具及脱模装置的位置相吻合，第二组安装、检查完毕，再安装第三组芯棒，同样也须检查。

⑩ 按规定要求接好各模具冷却水管、模温控制管路，接好热流道加热管，装好热电偶，检查水管、油管、电线是否会与模芯棒相碰、干扰，电线连接应确保安全。

⑪ 调节注射装置的前限位开关位置，使喷嘴刚好与热流道板相接触。调整喷嘴中心与热流道中心互相对中，以防漏料。

⑫ 在模具安装完成后，根据产品特点和工艺要求，对各机构的动作行程和工艺参数进行相应的调整。

⑬ 机筒升温，注意机筒升温到规定温度后必须并保温至少 15min，以保证物料充分熔融，才能进行正常开机试运转。

⑭ 开机初试时应先用料筒清洗料（如 PS、PE 等）清洗料筒，然后再用生产料试机。

⑮ 试机时，先进行模外注射（即对空注射），检查料筒的温度情况及物料的塑化状态，若物料塑化均匀，方可进行模内注射。

⑯ 试机时应先半自动操作，后全自动操作。

(2) 试运转过程中应注意事项

① 切勿让金属或其他杂物混入料斗，除加料时外，要盖好料斗盖。

② 喷嘴堵塞时应拆下清理，切勿用增加注射压力的方法来清除堵塞物。

③ 预塑时，若螺杆转动而不能进料，应立即停止预塑动作，查明并排除故障后，再加热预塑。如果由于升温不当，使螺杆加料段的物料结卷而造成以上情况，应将螺杆拆出，清理干净后再装入，并重新将温度调整合理，再进行试机。

④ 试螺杆注射时，注射压力应由低调高，禁止任意调节。

⑤ 机器不生产时，应将总电源切断，操作板上各按钮和主令开关均应放在“断”位置。设备应可靠接地，以免发生触电事故。

⑥ 工作时，电动机温度不得超过 75℃，否则应停机检查。

⑦ 冷却用水，必须用洁净的淡水，如使用河水则须经过滤。

⑧ 制品产生飞边的原因很多，如模具分型面不平、注射压力过大等，应全面检查原因并改正。

⑨ 开机前，检查各零部件是否松动或失灵；开机时不得把手伸入运动部件之间，不得用手清除熔化的物料。

2.2.4　注-吹中空成型过程中，机筒和喷嘴温度应如何控制？生产中应如何来判断温度设定是否合适？

(1) 机筒温度控制　注-吹中空成型时机筒温度通常应根据所加工塑料的特性来确定。对于无定型塑料，机筒第三段温度应高于塑料的黏流温度（T_f）；对于结晶型塑料，应高于塑料材料的熔点（T_m），但都必须低于塑料的分解温度（T_d）。通常，对于 $T_f \sim T_d$ 的范围较窄的塑料，机筒温度应偏低些，比 T_f 稍高即可；而对于 $T_f \sim T_d$ 的范围较宽的塑料，机筒温度可适当高些，即比 T_f 高得多一些。对热敏性塑料，如 PVC、POM 等，受热后易分解，因此机筒温度设定低一些；而 PS 塑料的 $T_f \sim T_d$ 范围较宽，机筒温度应可以相应设定得高些。同一种塑料，由于生产厂家不同、牌号不一样，其流动温度及分解温度有差别。一般，平均分子量高、分子量分布窄的塑料，熔体的黏度都偏高，流动性也较差，加工时，机筒温度应适当提高；反之则降低。塑料添加剂的存在，对成型温度也有影响。若添加剂为玻璃纤维或无机填料，由于熔体流动性变差，因此，要随添加剂用量的增加，相应提高机筒温度；若添加剂为增塑剂或软化剂时，机筒温度可适当低些。

注-吹中空成型过程中机筒温度通常可分为三至五段进行控制，一般大都分为三段控制。进行温度控制时，一般机筒的温度应从料斗到喷嘴前依次由低到高，使塑料材料逐步熔融、塑化。第一段是靠近料斗处的固体输送段，温度要低一些，料斗座还需用冷却水冷却，以防止物料“架桥”并保证较高的固体输送效率；但如果物料中水分含量较高时，可使接近料斗的机筒温度略高，以利于水分的排除。第二段为压缩段，是物料处于压缩状态并逐渐熔融，该段温度控制一般应比所用塑料的熔点或黏流温度高出 20～25℃。第三段为计量段，物料在该段处于全熔融状态，在预塑终止后形成计量室，储存塑化好的物料，该段温度设定一般要比第二段高出 20～25℃，以保证物料处于熔融状态。如 PC 注射中空吹塑成型型坯时，料筒温度的三段控制分别为：一段为 (260±10)℃，二段为 (270±10)℃，三段为 (280±10)℃。

(2) 喷嘴温度的控制　喷嘴具有加速熔体流动、调整熔体温度和使物料均化的作用。在注塑过程中，喷嘴与模具直接接触，由于喷嘴本身热惯性很小，与较低温度的模具接触后，会使喷嘴温度很快下降，导致熔料在喷嘴处冷凝而堵塞喷嘴孔或模具的浇铸系统，而且冷凝料注入模具后也会影响制品的表面质量及性能，所以喷嘴温度需要严格控制。通常，喷嘴温度要略低于或等于料筒的最高温度。这主要是为了防止熔体产生“流涎”现象；另外，由于塑料熔体在通过喷嘴时，产生的摩擦热使熔体的实际温度高于喷嘴温度，若喷嘴温度控制过高，会使塑料发生分解，反而影响制品的质量。但注射过程中喷嘴的温度也不能太低，否则容易因熔料固化而造成喷嘴口堵塞，或冷料进入模腔而影响制品质量。如注射中空吹塑 PE 瓶时，机筒的三段温度分别为：加料段 220℃，熔融段 230℃，均化段 240℃，喷嘴温度则控制为 235℃，喷嘴温度略低于机筒均化段温度。

(3) 温度的判断　注-吹中空成型过程中机筒和喷嘴温度的设定是否合适通常可通过对空注塑来判断。对空注射时，若射出的物料表面光亮且色泽均匀，料条断面细腻而密实、无气孔，则说明所设定的温度较为适宜；若射出的物料较稀，呈水样或者表面粗糙无光泽，断面有气孔，则说明设定的机筒温度或喷嘴温度过高；若射出的物料表面暗淡，无光泽，流动性不好，断面粗糙，则说明所设定的机筒温度或喷嘴温度过低。

2.2.5　注-吹中空成型时注射型坯的模具温度和型坯芯棒的温度应如何控制？

(1) 注射型坯模具温度的控制　注-吹中空成型过程中注射型坯模具温度的控制会直接影响熔料的充模、型坯的冷却速率、成型周期以及型坯的质量。型坯模具温度的高低取决于塑料特性、型坯的结构与尺寸、型坯的成型要求及其他工艺参数（如熔体的温度、注射压力、注射速率等），同时还取决于注-吹中空成型的方法。

① 一步法成型模具温度的控制　注-吹中空成型时，若采用一步法成型，即注射成型型坯后立即进行吹胀成型，则注射成型型坯时应保持一定的型坯温度，使注塑射模内的原料在型坯的不同部位如肩部、身部、底部保持一定的温度，以保证固化的熔料能够在吹塑工位均匀吹胀和充满模腔。若型坯温度控制过高时，型坯容易吹胀成型，成型后的制品外观轮廓清晰，但型坯自身的形状保持能力差，特别是在注射工位向吹塑工位转移时，型坯在转移过程中很容易发生破坏。而若型坯温度控制较低时，型坯不易破裂，但其吹胀成型性能会变差，成型时易产生较大的内应力，若成型后存在有较大的残余应力时，不仅削弱了制品的强度，而且还会导致制品表面出现明显的斑纹。因此在注-吹中空成型过程中，注射型坯模具温度最好接近塑料的熔点或黏流温度，且设定时一般型坯底部的温度较高，颈部应温度较低。如一次注射吹塑PE瓶时，型坯模具温度可控制为：瓶口部分70～100℃；瓶身100～110℃；瓶底部分50～80℃。

② 二步法成型模具温度的控制　注-吹中空二步法成型是在注射成型型坯后不立即进行吹塑成型，而是需放置一段时间再次加热后，再进行吹胀成型。二步法注-空吹塑成型时注射型坯模具的温度对于热塑型塑料来说一般应控制在塑料热变形温度或玻璃化温度以下，以保证制件脱模时有足够的刚度而不致变形。若是无定型塑料或熔体黏度较低的塑料（如PE），成型时在保证充模顺利的情况下，一般应尽量控制较低的模具温度，以缩短制品的冷却时间，提高生产效率。若是熔体黏度较高的塑料（如PC），模具温度应控制得高些，以调整制品的冷却速度，使制品缓慢、均匀冷却，应力得到充分松弛，防止制品因温差过大而产生凹痕、内应力和裂纹等缺陷。但应注意注射型坯模具的温度会影响结晶型塑料的结晶度和晶体的构型，从而影响型坯的性能。当模具温度较高时，熔料冷却速率慢、结晶速率快，结晶度大，型坯的硬度、刚性大，但型坯的收缩率增大，型坯的冷却时间长；模温低，则冷却速度快、结晶速率慢、结晶度低，型坏的韧性提高。但是，低模温下成型的结晶型塑料，当其 T_g 较低时，会出现后期结晶，使型坯产生后收缩和性能变化。常用注射吹塑型坯（需再次加热吹塑型坯）模具温度控制如表2-4所示。

表2-4　常用注射吹塑型坯（需再次加热吹塑型坯）模具温度控制

塑料名称	模具温度/℃	塑料名称	模具温度/℃
LDPE	35～60	PA-6	40～110
HDPE	50～80	PA-66	120
PP	40～90	PA-1010	110
PVC	一般在40以下	PC	90～110

型坯模具温度通常由冷却介质的温度来控制，型坯模具温度的控制依据塑料的品种、容器的形状和大小等方面来确定。通常生产中是由多次试验后再确定。模具温度控制时，一般来说容器颈部和身部的模具温度应控制较高些，而底部温度相对低一点。容器颈部和身部的模具温度控制较高时，成型的型坯不易出现缺口，但应注意也不宜过高，过高时则易出现型坯粘模和芯棒的现象。而底部温度较高时，易使型坯吹胀时出现漏底现象。

（2）芯棒的温度控制　注-吹机成型系统中芯棒的功能是在机械转位过程中保持型坯的形状并由注塑工位向吹胀、脱模工位转向。芯棒内部有两个通道，一个是压缩空气通道，通过芯棒来吹胀容器体；另一个通道是供循环的液体通过以调节芯棒温度。吹塑过程中，芯棒温度应与型坯模温度密切配合，以提高型坯轴向温度的均匀性，保证型坯能以均匀的速率吹胀成型。芯棒温度的控制依据塑料的品种、容器的形状和大小等方面来确定。在每一个循环周期，型坯芯棒都要经过加热和冷却循环，并把这个循环维持在极限，以保证高质量容器的生产。根据型坯的性能要求，在成型时对芯棒的温度分布也有特殊的要求；为实现型坯的各部位同步吹胀，一般要求同一部位的芯棒和模腔温差不能太大。芯棒温度如果设定过低则不易吹胀型坯，而芯棒温度过高时，熔料就会黏结在芯棒周围，无法进行吹塑成型。如某企业采用PC注射吹塑包装瓶时，芯棒的温度控制为140～170℃。

芯棒的温度，可采用热交换介质（油或空气），从芯棒内部进行调节。在进入注射工位前，芯棒也可用调温套从外部进行调温。对于注射吹塑中的粘模现象，也可以通过在模腔或芯棒上喷射脱模剂，或在塑料中加入少量的脱模剂、润滑剂（用量约0.03%～0.10%）加以改善。

2.2.6 注-吹中空成型时型坯吹胀模具温度应如何控制？

注-吹中空成型时型坯吹胀模具温度直接影响型坯的吹胀及制品的质量。吹胀模具温度的高低取决于塑料的品种，当塑料的玻璃化温度较高时，可以采用较高的模具温度；反之，则尽可能降低模温。通常吹胀模具温度保持在20～50℃。生产中通常吹胀模具的温度控制主要通过控制冷却水的温度来实现。吹胀模具温度高时，吹胀比较容易，但制品需较长的冷却时间，因而成型周期会较长，如果冷却不够，还会引起制品脱模变形，收缩增大，表面无光泽。吹胀模具温度低，塑料的延伸性降低，吹胀比较困难，使制品加厚，同时使成型困难，制品的轮廓和花纹等也不清楚，但制品冷却时间短，可缩短成型周期，有利于提高生产效率。注-吹中空成型过程中常用几种塑料材料吹塑模具的温度控制如表2-5所示。

表2-5 常用几种塑料材料吹塑模具的温度控制

材料名称	模具温度/℃	材料名称	模具温度/℃
LDPE	10～40	PP	20～50
HDPE	40～60	PC	60～80
软质PVC	20～50	PET	20～50
硬质PVC	20～60		

2.2.7 注-吹中空成型过程中型坯注射压力和保压压力的大小应如何确定？

(1) 注射压力 注-吹中空成型过程中型坯注射压力的作用是使熔料克服喷嘴、流道和模腔中的流动阻力，以一定的速度和压力进行充模，还能对熔体进行压实、补缩，注射压力的大小会直接影响熔体的流动充模及制品质量。型坯注射成型过程中注射压力过大过小都不利于制品的成型，注射压力的选择应在保证型坯质量的前提下尽量选小值。因此注射压力大小应根据塑料的性质、喷嘴和模具的结构、制品的形状和制品的精度等方面加以选择。

① 一般对于低密度聚乙烯、聚酰胺等流动性好的塑料，加工精度要求不高时，注塑压力可≤70～80MPa；对于改性聚苯乙烯、聚碳酸酯等中等黏度的塑料，制品形状不太复杂，但有一定的精度要求时，注射压力可控制在100～140MPa。

② 注射机的类型 柱塞式注射机由于料筒内有分流梭，注塑时熔体流动的阻力大，应选择高的注射压力；螺杆式的注射机的注射压力则可相对选择小些。另外还要服从注射成型机所能允许的压力。

③ 模具的结构 对于流程长、模腔和流道狭窄，浇口尺寸小、数量多时，熔体流动的阻力大，应选择较高的注射压力。

④ 制品的结构 对于尺寸大、形状复杂、薄壁长流程的制品，应选择较高的注射压力。

⑤ 喷嘴的形式 采用直通式喷嘴时，其流道粗，喷嘴孔大，对熔体的阻力小，注射压力可小些；弹簧锁闭式喷嘴由于熔体流经时，首先必须克服弹簧力的作用，打开针阀，会消耗部分能量，引起熔体的压力下降，因此注射时必须选择较高的注射压力。

⑥ 成型的工艺 在注射过程中，注射压力与物料温度、模具温度是相互制约的，物料温度、模具温度较高时，熔体的流动性好，可选择较低的注射压力；反之，所需注射压力增大。

(2) 保压压力的确定 保压是指在模腔充满后，对模内熔体进行压实、补缩的过程，处于该阶段的注射压力称为保压压力。保压压力的大小会影响制品的收缩率、密度、表面质量、熔接痕强度，以及制品的脱模。型坯注射过程中保压压力的确定与物料的性质、制品的精度要求及模具结构、模具温度、物料温度等有关。通常在注射成型过程中，保压压力的大小一般应稍低于或等于注射压力。保压压力较高时，制品的收缩率减小，表面光洁度、密度增加，熔接痕强度提高，制品尺寸稳定。但脱模时制品中的残余应力较大、易产生溢边。保压时间的选择与熔料温度、模具温度、主流道及浇口尺寸大小有关。保压时间过小，制品密度低，尺寸偏小，易出现缩孔。时间过长，则易使制品内应力大、脱模困难；一般控制在20～120s。

2.2.8 型坯注射过程中为什么要设置射胶余料和螺杆的松退？应怎样设定？

(1) 射胶余料的设置

① 设置目的 型坯注射过程中设置射胶余料的目的：一方面是为了防止注塑时螺杆头部和喷嘴接触发生机械碰撞，以免损坏螺杆头及喷嘴，螺杆头部少量的熔料能起到缓冲垫的作用；另一方面是为了控制注塑量的重复精度，使注塑制品质量稳定。同时还补充模内物料因冷却而产生的收缩。在批量生产时通常以对螺杆头部余量数值的测定来评定注塑机的密封性能及工艺的稳定性，成型过程中打开余量监控功能可方便于控制生产质量。

② 设置方法 螺杆头部的射胶余料一般控制在3～10mm。如果余料量过少，起不到缓冲垫的作用，因此在生产中，设定射胶位置时，射胶终点位置不能设为零。此外在保压过程中由于螺杆头部缺少熔料，不能对模腔进行补缩，使产品的尺寸稳定性差或出现缩痕等。但射胶余料量也不能过多，否则注塑时注塑压力损失大，还易引起物料因停留时间过长而产生过热分解的现象。

(2) 螺杆松退的设置

① 设置目的 螺杆松退是螺杆计量（预塑）到位后，再后退一段距离，使螺杆头前端到喷嘴一段储料容积放大一点，释放储料背压，以防止料筒内熔料通过喷嘴或间隙从计量室向外流出。另外在固定加料的情况下，螺杆松退还可降低喷嘴流道系统的压力，减少内应力，并在开模时容易抽出料杆。

② 设置方法 螺杆松退量的大小应根据塑料的黏度和制品的情况来确定。一般对于有公差要求的制件螺杆松退在1mm以下，小件公差要求3～5mm，大件公差要求5～10mm。对于成型黏度大的物料时，通常可不设螺杆松退量。螺杆松退量过大，使储料容积放得过大，外界气体就会倒吸入熔料中，使成型制品出现气泡和银丝、波纹等，严重影响制品质量。

2.2.9 型坯注射过程中，开合模速度应如何设定？合模时为何要设置低压保护？

(1) 开合模速度的设定 在开模开始或终止时为了不致使开模时制品被拉变形或损坏，或对合模系统造成较大冲击，一般要求动模板慢速运行。而在动模板移动后为了缩短成型周期，则要求动模板快速运行，故开模速度一般应设定为慢-快-慢。合模时应先慢速启动模板，再快速移动，以缩短成型周期，当动模型芯快进入定模型腔时，应慢速移动模板，以防型芯与型腔碰撞，即合模时的速度应设定为慢-快-慢。在注射机中，通常开合模的速度是用液压油流量大小来表征，一般液压油流量越大，开合模速度越大。一般快速合模时压力设定在50bar（$1bar=10^5Pa$）以下，液压油流量为50%左右；高压锁模压力一般设定100～120bar，流量设定在40%以下。如图2-23和图2-24所示为某企业生产某产品时的开合模速度、压力的设定示意图。

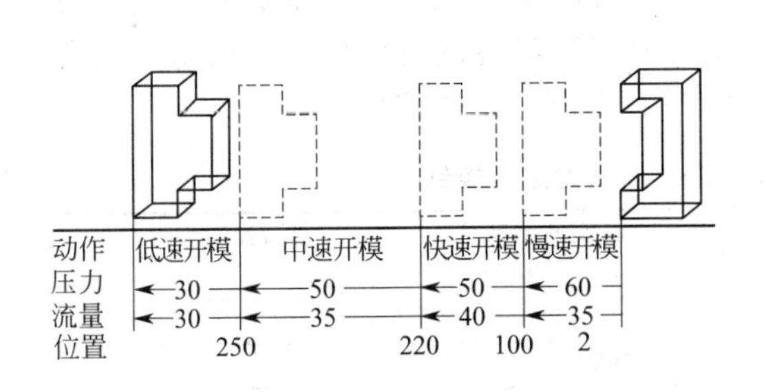

图 2-23　某产品开模速度、压力的设定

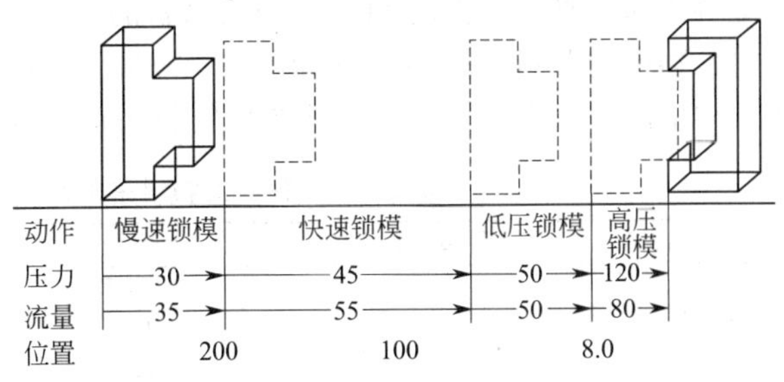

图 2-24　某产品合模速度、压力的设定

(2) 低压锁模保护的设置　合模时设置低压锁模保护是防止合模时模腔中的异物损伤模具，而采取的一种保护性措施。一般在合模时，当模具型芯快要进入模腔之前，应降低合模的压力和合模的速度，直到型芯基本进入模腔后，再升高合模压力，进行高压锁模。注射装置合模系统在低压锁模的行程中，一般都设有红外检测装置来检测模腔的情况，如果模腔中有异物，注射装置则会自动报警，不能进入高压锁模，以防止压伤模具。设定低压位置（或低压时间）时，不能设定太小，否则起不到低压保护的作用。

2.2.10　注-吹中空成型过程中型坯的吹胀速度和吹胀压力应如何控制?

(1) 型坯吹胀速度的控制　注-吹中空成型过程中型坯的吹胀速度是指型坯的吹胀变形速度，但其大小取决于吹气孔的大小，因为芯棒吹气孔直径对注入型坯的气体流量与注入的时间会有直接影响。在定压力与时间的条件下，孔径较大时，可在型坯内注入较多的气体；孔径较小时，通过增加压力即提高空气流速也可在型坯中注入较多的气体。在型坯膨胀阶段，要求吹气以低气流速度注入大流量的气体，以保证型坯能均匀、快速膨胀，这样即有利于获取壁厚均匀、表面光泽好的制品，同时也有利于缩短吹胀变形时间，以提高生产效率。

(2) 型坯吹胀压力的控制　注-吹中空成型过程中型坯的吹胀压力是指吹胀成型时所用的压缩空气的压力。生产中吹气压力一般控制在 0.2～1.0MPa，制品较大时可达 2MPa，如小型的 HDPE 瓶通常取 0.2～0.7MPa。型坯吹塑压力选择要适当，过低不能使型坯紧贴模腔，制品表面无法得到清晰的文字，还会降低型坯的冷却效率；压力过高则会吹破型坯。吹塑压力主要取决于塑料的特性如塑料分子柔性及型坯熔体强度、熔体弹性、型坯温度、模具温度、型坯厚度、吹胀比及制品形状的大小。熔体的黏度较低、冷却速率较小的塑料，可采用较低的吹胀气压。在型坯温度或模具温度较低时要采用较高的吹胀气压，制品体积较大时，型坯吹胀要较长时间，其温度的降低较大，故要求较高的吹胀气压。

2.2.11　采用注射机注射不同颜色或不同品种的型坯时料筒的清洗应注意哪些方面?

采用注射机注射不同颜色或不同品种的型坯时料筒的清洗应注意以下几方面。

① 当料筒中物料处于冷态时绝不可预塑物料，一定要使料筒达到设定温度后才能进行，否则螺杆会被损坏。

② 当向空料筒加料时，螺杆应慢速旋转，一般不超过 30r/min。当确认物料已从注塑喷嘴中被挤出时，再把转速调到正常。

③ 清洗时应针对不同物料情况采用不同的清洗方法，常用的方法主要有直接清洗、间接换料清洗和专用清洗剂清洗等。

当料筒内残存物料的成型温度低于所要加工物料的成型温度时，则可采用直接清洗法。即先将料筒和喷嘴温度升高到所需加工物料的最低加工温度，然后加入所需加工的物料（也可用要加工物料的回料），进行连续的对空注塑，直至料筒内的存留料清洗完毕后，再调整温度进行正常生产，如表2-6所示几种常用物料采用直接法清洗料筒时的温度控制。

表2-6 几种常用物料采用直接法清洗料筒时的温度控制

残料名称	残料塑化温度/℃	成型物料	成型物料成型温度/℃	直接换料温度/℃
LDPE	160～220	HDPE	180～240	180
		PP	210～280	210
PS	140～260	ABS	190～250	190
		PMMA	210～240	210
		PC	250～310	250
PA6	220～250	PA66	260～290	260
PA66	260～290	PET	280～310	280
PC	250～310	PET	280～310	260
ABS	190～250	PPO	260～290	260
PPO	260～290	PPS	290～350	290
		PSF	310～370	310

当所需加工物料的成型温度高，而料筒内的存留为热敏性物料（如聚氯乙烯等）时，为防止塑料分解应采用间接换料清洗法，即采用热稳定性好的聚苯乙烯、低密度聚乙烯塑料作为过渡清洗料。清洗时，先将料筒加热至过渡清洗料的成型温度，加入过渡料，进行过渡换料清洗，待清洗干净后，再提高料筒温度至现要加工物料的成型温度，加入现所需加工的物料置换出过渡清洗料。如表2-7所示几种常用物料间接换料的温度控制。

表2-7 几种常用物料间接换料的温度控制

残料名称	残料塑化温度/℃	过渡物料	机筒温度/℃	成型物料	机筒温度/℃
PVC-U	170～190	HDPE	180	PA66	260
		PS	170	ABS	190
		PS	170	PC	250
		HDPE	180	PET	280
POM	170～190	PS	170	PC	250
		PS	170	PMMA	210
		PS	170	ABS	190
		HDPE	180	PPO	260
		HDPE	180	PET	280

由于直接换料和间接换料清洗料筒要浪费大量的塑料原料，因此，目前已广泛采用料筒清洗剂来清洗料筒。使用料筒清洗剂清洗料筒时必须首先将料筒温度升至比物料正常生产温度高10～20℃后，再注净料筒内的存留料，然后加入清洗剂（用量为50～200g），最后加入所要加工物料，用预塑的方式连续挤一段时间即可。若一次清洗不理想，可重复清洗。

2.2.12 注-吹中空成型时应如何控制制品收缩率?

注-吹中空成型制品的收缩率与塑料材料的性能、成型过程中的工艺控制条件，如注射压力、保压压力、吹胀压力、吹胀速度等多种因素有关。当成型过程中材料确定时，要控制制品的收缩率，必须从工艺控制加以控制。

(1) 注射压力与制品收缩率 注射压力是指注射吹塑机螺杆端面处作用于塑料熔料单位面积上的力，这里指的是注射时的充模压力。随着充模压力的提高，塑料制品的收缩率随之减小，因此采用高压注射时，充模压力增加，塑料原料的分子间受到的压缩程度增大，分子与分子之间的结合更紧密，进而使塑料制品收缩程度相应变小，因而制品收缩率减小。如某企业注射吹塑一塑料瓶时，当充模压力由50 MPa增大到100MPa时，塑料瓶体收缩率由1.66%降低到1.62%。

(2) 保压压力和时间与制品收缩率 注-吹中空成型过程中的保压压力通常是指注射型坯模具内所产生的高压压力，它对塑料熔料的最终压实起着决定性作用，是决定制品收缩率大小的重要因素。一般随着保压压力的增加，制品径向收缩明显降低。保压时间加长，会引起塑料热膨胀系数减小，其热收缩率也随之减小。如吹塑一塑料瓶时，保压压力从30 MPa增大到80MPa时，瓶体径向收缩率由1.70%降低到1.50%。

(3) 注射速度与制品收缩率 注射速度是指充模时的线速度，从料温与传压的角度上来看，提高料流的速率有利于压力的传导，使制品的收缩下降。但注射速度太大，摩擦生热大，同时制品的内应力增大，增加了原料的各向异性。另外注射速度增加，由于塑料的弹性效应显著，收缩率又会增大，因此影响注射速度与收缩率关系的因素较多，它与注吹机流道口注嘴大小、位置及模温和料温有密切关系。如注吹某一塑料瓶时，当注射速度从100mm/s增至200mm/时，瓶体的收缩率由1.60%增至1.68% 。

(4) 机筒温度与制品收缩率 机筒温度在其他工艺条件不变的情况下，料温越高，冷却至室温后的制品收缩就越大。当机筒温度由180℃升至220℃时，收缩率会明显增大。

(5) 芯棒温度与制品收缩率 由于芯棒体直接接触制品，芯棒内部通有可循环的液体或空气，以调节型坯温度，因此，芯棒温度取值越高，脱模时制品的颈口温度相应越大。如吹塑一塑料瓶时，当芯棒温度由80℃升至120℃时，瓶体收缩率由1.60%增至2.00%。

(6) 吹塑模具温度与制品收缩率 吹塑模腔起着冷却瓶体的作用，模具的温度一般设定在30～50℃，若模具温度高，制品的收缩率增大，这是因为由型坯模的熔料固化后向吹塑模转移时，较高的吹塑模温会使塑料结晶固化层的增长速度减慢，在此温度下，与环境温度的差别加大，引起制品热胀冷缩的作用相对增大，因此收缩率相应增大。

(7) 吹胀压力及吹塑速度与制品收缩率 吹胀压力指吹塑成型瓶体所采用的压缩空气的压力。对于薄壁大容积的瓶体或表面带有花纹、商标图案、螺纹的瓶体以及黏度和弹性模量比较大的塑料原料，吹塑压力应选较大值，吹胀速度也因此随之加快，这样既有利于瓶体壁厚均匀，表面光泽好，同时也有利于缩短吹胀时间，使制品的收缩减小。

(8) 制品冷却时间与收缩率 注-吹中空成型过程中，随着制品冷却时间的延长，制品收缩率随之降低。冷却时间主要由塑料熔料的温度、注射速度、型坯模与吹塑模温度等因素决定，它们之间的关系是：熔料温度高，冷却时间长；注射速度慢，冷却时间短；模具温度高，冷却时间长；保压压力高，冷却时间长。总之加长制品冷却时间，有利于制品收缩率的降低。

2.2.13 注-吹中空成型机的维护保养包括哪些内容?

注-吹中空成型机的维护保养包括常规的维护保养和定期维护保养两大方面。具体内容分别如下。

(1) 常规的维护保养

① 润滑系统的维护 每班操作前，机器的运动部位均应加润滑油。润滑油注入油孔，每天润滑一次。

② 油箱内的油量 每日应检查油箱的油位是否在油标尺中线，如果不到应及时补充油量使其达到中线。注意保持油的清洁。在机器正常运转2000h左右，应第一次更换油箱中的液压油，更换时应对油箱仔细清洗，以后每隔6000h左右换一次油。要特别注意补充进去的油必须是同一种型号的油，切勿几种不同型号的油混用。

③ 加热装置的检查 每班交接后首先应检查加热圈工作是否正常，热电偶接触是否良好。

④ 安全装置的检查　每班应检查电气开关、安全门、限位开关等是否正常，正常后方可进行半自动或全自动操作，以确保人身安全。

⑤ 定期检查　根据机器使用频率，确定是每一个月、每三个月还是每半年。

(2) 定期维护保养

① 检查连接螺栓是否松动，若松动及时拧紧，特别是机筒头部的螺栓、合模装置的螺母、电控柜内控制线连接螺栓和螺母等。

② 检查电控箱中通风过滤器，如果粘有污物应及时拆下清洗。

③ 及时擦去各运动部件、轨道表面的已脏的润滑油，并重新加上新的润滑油。

④ 电控系统维护检查，对主电路的导线进行绝缘性能检查，对电动机噪声情况进行检查。

2.2.14 注-吹中空成型机的注射装置喷嘴应如何装拆与保养?

注射装置是注射吹塑成型机的关键装置之一，注射装置性能的好坏会直接影响物料的塑化、混合、输送及注射，从而影响注射型坯的质量。由于注射装置的螺杆、喷嘴、机筒在工作过程中都是尺寸精度要求很高、装配要求也很高的部件，因此对其进行维护保养时必须严格按要求进行。

(1) 喷嘴的拆卸　喷嘴的拆卸是在料筒、喷嘴内壁清洗完后，呈高温进行拆卸。首先拆下料筒外部的防护罩、喷嘴外部的加热器及热电偶，清除外表面的物料和灰尘等污物；再用专用锤敲击使之松动，然后用扳手松动连接螺栓。在连接螺栓松至2/3时，再用专用锤轻轻敲击，注意此时不宜全部松脱，以免料筒内气体喷出而伤人；待内部气体放出后，继续松动螺栓，再将喷嘴卸下。

(2) 喷嘴的安装　喷嘴安装时，首先应将喷嘴彻底清理干净，再在喷嘴螺纹处均匀地涂上一层二硫化钼润滑脂或硅油。再将喷嘴均匀地旋入前料筒头的螺孔中，使接触表面贴紧。最后利用辅助带孔扳手，轻轻将扳手套在开孔夹爪上，紧固喷嘴。对于弹簧锁闭式喷嘴，在喷嘴旋入后，再固定弹簧、弹簧垫片和中间连接件，应注意不要将中间连接件方向搞错，再将针阀旋入阀体内固定，最后可用手旋入喷嘴，当用手旋不动后，再用扳手进行旋紧。

(3) 喷嘴的保养　由于喷嘴是在高温、高压、高速、强摩擦及有较强腐蚀的环境下工作，很容易被磨损、腐蚀等，不仅会使产品质量下降，而且还会使其丧失使用寿命。因此需要经常对其部件进行维护与保养，如果保养得当，不仅有利于塑化质量的保证而且还可延长设备的使用寿命。对喷嘴保养时的内部清理应在拆卸后在高温下趁热进行清理，以便流道中残存物料能在高温下的熔融状态从喷嘴孔取出。为了能清理干净喷嘴，一般可以从喷嘴孔向内部注入脱模剂，即从喷嘴螺纹一侧向物料和内壁壁面间滴渗脱模剂，从而使物料与内壁脱离，由此从喷嘴中取出物料，有物料粘住时可用铜刷或铜片清理。生产过程中应定期检查以下几方面的内容。

① 检查喷嘴前端的半球形部分或口径部分是否出现不良变形，若有变形情况，应采取有效措施进行修护或更换。

② 检查喷嘴螺纹部分的完好情况以及料筒连接头部端面的密封情况，若发现磨损或严重腐蚀，应及时更换。

③ 检查喷嘴流道的完好情况。喷嘴流道可通过观察从喷嘴内卸出的剩余树脂来判断其流道的完好情况。在生产过程中也可通过对空注射所射出料条的表观质量来检查喷嘴的流道情况。

2.2.15 注-吹中空成型机注射装置的前机筒应如何装拆与保养?

(1) 前机筒的拆卸　前机筒与机筒一般采用螺纹旋入式连接或螺栓紧固式连接。螺栓紧固式连接时需要每个螺栓的受力大致相等，以防受力不均导致泄漏。在拆卸时需要逐个拧松螺栓，预防前机筒因熔融物料内压而损坏。

前机筒拆卸步骤是：先松动旋入式螺纹或螺栓，并适当用木锤敲击机筒，以释放出内部气体，减少密封面的表面压力，然后再完全旋下螺栓、拆下前机筒。

（2）前机筒的安装　前机筒安装前，首先应清理干净，特别是螺纹部分。然后再在其螺纹部分涂上一层二硫化钼润滑脂或硅油。再将前机筒上的螺钉孔与机筒端面上的螺孔对齐，止口对正，用铜棒轻敲，使配合平面贴紧。装上前机筒，用手固定螺栓，套上加力杆（长 40cm）锁紧螺栓；锁紧时要避免锁紧过头，否则对螺栓有损坏。螺栓锁紧加力杆的使用长度为 40cm 左右为佳，锁紧转矩大约为 110N·m。需要使用扭力扳手锁紧时，锁紧的顺序应按如图 2-25 所示路径进行。在第一圈锁紧时，应轻轻锁上螺钉，在第二、第三圈时逐渐加力，使前机筒锁紧对正、平整。

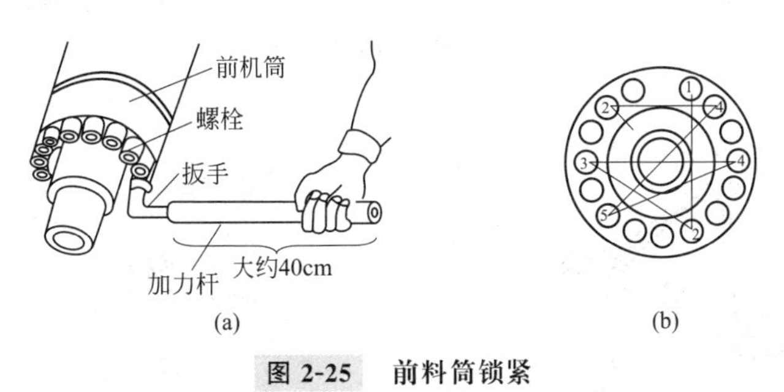

图 2-25　前料筒锁紧

（3）前机筒的保养　前机筒中残余熔料清理应在拆下后立即趁热清理干净，清理时要使用铜刷或铜棒进行清理。对于黏附内壁的物料难以清除时，也可采用少量脱模剂或清洗剂进行清洗。清理时应注意观察清理出来的残余物料表面以及前机筒内表面的状况，如果发现镀层有剥离、磨损、划痕等损伤等，需用细砂布等修磨平滑。

应定期检查螺纹及螺栓是否完好，是否有滑丝现象或弯曲变形等现象，若出现滑丝现象或弯曲变形等现象应及时进行更换。

2.2.16　注-吹中空成型机的注射螺杆应如何装拆与保养？

（1）注射螺杆的拆卸　在拆卸螺杆时首先应先将喷嘴和前料筒拧下，再拆下螺杆头，然后再拖出螺杆。拆卸螺杆头时应先拆下螺杆与驱动油缸之间的联轴器，将螺杆尾部与驱动轴相分离。卸下对开法兰，拨动螺杆前移，然后在驱动轴前面垫加木片，将螺杆向前顶。当螺杆头完全暴露在机筒之外后，趁热松开螺杆头连接螺栓，如图 2-26 所示，要注意通常此处螺纹旋向为左旋。在发生咬紧时，不可硬扳，应施加对称力矩使之转动，或采用专用扳手敲击使之松动后再卸除螺杆头。

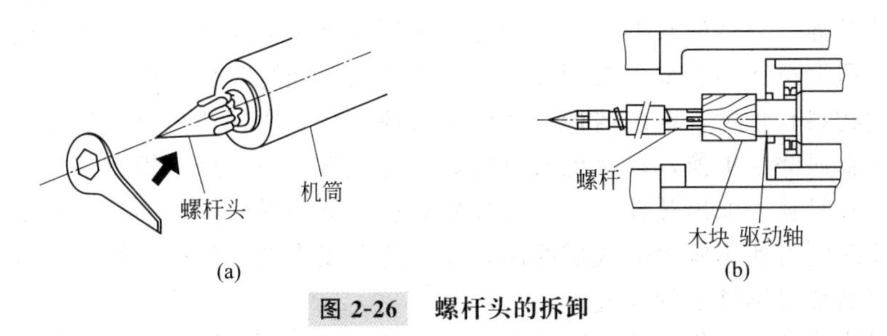

图 2-26　螺杆头的拆卸

螺杆头卸除后，采用专用拆卸螺杆工具从后部顶出或从前端拔出螺杆，如图 2-27 所示。

当螺杆被顶出到料筒前端时，用石棉布等垫片垫在螺杆上，再用钢丝蝇套在螺杆垫片处，如图2-28所示，然后按箭头方向将螺杆拖出。当螺杆拖出至根部时，用另一钢环套住螺杆，将螺杆全部拖出，再趁热清理。

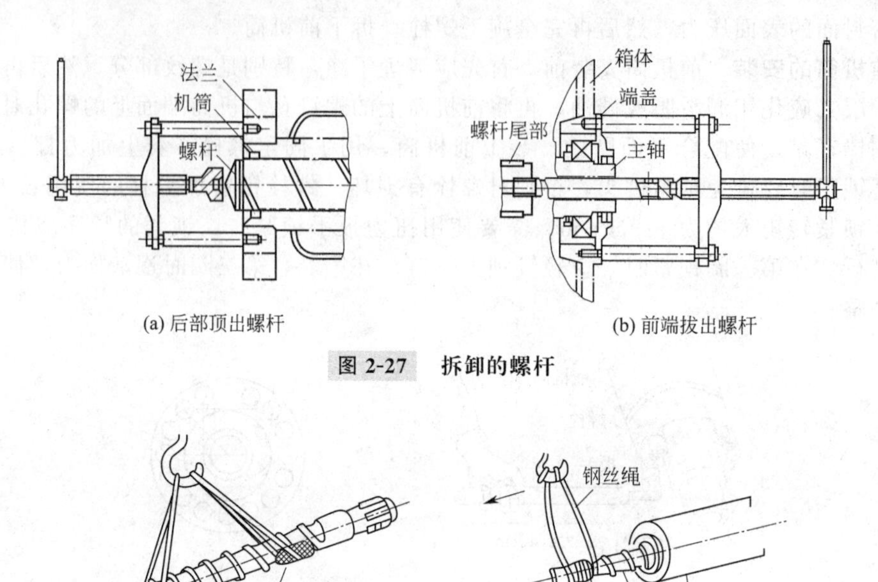

(a) 后部顶出螺杆　　(b) 前端拔出螺杆

图 2-27　拆卸的螺杆

(a)　　(b)

图 2-28　拖出的螺杆

(2) 螺杆的安装　安装螺杆时应先装螺杆头，再将螺杆整体装入料筒内。安装螺杆头时，应先将螺杆平放在等高的两块木块上，在键槽部套上操作手柄；再在螺杆头的螺纹处均匀地涂上一层二硫化钼润滑脂或硅油，将擦干净的止逆环、止逆环座及混炼环（有的螺杆没有），依次套入螺杆头；然后将螺杆头旋入螺杆上，再用螺杆头专用扳手，套住螺杆头，反方向旋紧，最后用木锤轻轻敲击几下扳手的手柄部，进一步紧固。

螺杆安装时，应仔细擦净螺杆，彻底地清理螺杆螺纹部分并加入耐热润滑脂（红丹或二硫化钼）。在手动制式操作下启动油泵，将射台退到最后极限位置，再停止油泵。吊起擦净的螺杆，缓慢地推入机筒中，螺杆头朝外。分开驱动轴上的联轴器，并将螺杆键槽插入注射座的驱动轴内，如果螺杆较难放入驱动轴内，不要强行压入，应转动螺杆或旋转驱动轴，修配键槽，一点点地装进去。再将法兰盘连接在注射座的安装表面，调节成直线，然后先用手紧固螺栓，再用扳手锁紧，可在扳手把上套上加力杆。验证螺杆键槽轴是否完全进入驱动轴内，将联轴器安装到位，并用螺栓锁紧。

(3) 螺杆的保养　当螺杆头拆下后，应趁热用铜刷迅速清除残留的物料，还应卸下止逆环及密封环。如果残余料冷却前来不及清理干净，不可用火烧烤零件，以免破裂损坏，而应采用烘箱使其加热到物料软化后，取出清理。螺杆头清理完后，要仔细检查止逆环和密封环有无划伤，必要时应重新研磨或更换，以保证密封良好。安装螺杆头之前，螺纹部分涂红丹或二硫化钼，仅薄薄一层就足够。取出螺杆后，先把螺杆放在平整的平面上，然后用铜刷清除螺杆上的残余树脂。在清理时可使用脱模剂或矿物油，会使清理工作更加快捷和彻底。当螺杆降至常温后，用非易燃溶剂擦去螺杆上的油迹。

清理螺杆时应注意：当物料已经冷却在螺杆上时，切不可强制剥离，否则可能损伤螺杆表面，只能用木锤或铜棒敲打螺杆。螺槽及止逆环等元件只能用铜刷进行清理。使用溶剂清洗螺杆时，操作人员应该采取必要的防护措施，防止溶剂与皮肤直接接触造成损伤。

螺棱表面的磨损情况，可用千分尺测量外径，分析磨损情况。若螺杆局部磨损严重，可采用堆焊的方法进行修补，对于小伤痕可用细砂布或油石等打磨光滑。

2.2.17　注-吹中空成型机液压系统应如何维护与保养?

注-吹中空成型机的液压系统是注射装置、合模装置、回转工作台等主要部件工作的动力源，它既要满足各循环动作的顺序工作要求，又要达到各动作对成型速度和力的要求，因而它的好坏直接影响机器的质量，最终反映到能否成型出合格的产品，所以对它的维护保养尤为重要。

(1) 系统压力和工作压力的调节与维护　系统压力在机器出厂时通常已调好，故在机器使用过程中，若无特殊需要，一般不宜变动。根据液压阀及液压缸进行配套设计，注射吹塑成型机系统压力为 14MPa（或 16MPa）。在液压系统维护时，应首先对照机器使用说明书，检查系统压力是否正确，不要随意调整安全溢流阀，以免造成液压元件损坏，影响正常的成型工作。

在注射吹塑成型机的工作过程中，各动作所需的液压油的工作压力是不同的。在保证正常工作的情况下，不必将压力调得过高。压力调得过高，不但功率损耗大，而且还会使制品产生飞边和较大的内应力，甚至会引起胀模。

(2) 液压油的维护保养　注射吹塑成型机所用工作油为抗磨液压油（LHM46），50℃时的运动黏度为 28 ～$32mm^2/s$。液压油的维护保养主要在于杜绝污染源，保持油液清洁，控制油箱的油量符合要求，同时还应注意控制油液在工作过程中的温度变化。

① 向油箱注入液压油时，应该严格保持油桶盖、桶塞、油箱注油口及连接系统的清洁，并最好采用压送传输方式。

② 液压油传输完毕后及时盖好注油口；保持工作场地空气干燥，油箱中保持足够的油量，以减少油箱未充满部分的容积；减少油箱中的空气量，减少空气中水分对液压油的污染。因油箱中液压油未充满部分被空气充满，当注塑机工作时，油温会逐渐上升，油箱未充满部分的空气温度也会随着升高，待停机时，液压油冷却到室温后，空气中的水分凝聚到液压油中，这种过程连续反复，就会使液压油中水分不断增加。

③ 经常擦拭液压元件，保持工作环境的洁净。工作环境中的粉尘及空气中的微小颗粒或环境的粉尘，通常会附着在液压元件的外露部分，并且会通过衬垫的间隙进入到液压油中，导致液压油污染。

④ 保持液压油在合理的温度范围内工作。液压油一般的工作温度在 40～55℃的范围内，如果温度大大超出工作温度将会造成液压油局部降解，而生成的分解物对液压油的降解起到加速催化作用，最终将导致液压油的劣化和变质。

⑤ 定期清洁、过滤油液或更换油液。虽然采取一定的措施能减少液压油污染，延长液压油的使用寿命，但是外界环境或液压油本身仍旧会导致或多或少的污染。因此，必需定期把液压油输出油箱，经过过滤、静置、去除杂质后再输入油箱。若发现油质已经严重劣化或变质，则应该更换液压油。

⑥ 检修液压系统并进行拆卸前，应该认真清理液压元件以及维修工具的表面，并保持维修环境的洁净。拆卸下来的液压元件应该放置在干净的容器中，不得随意放置，以免造成污染。检修液压系统的工作若不能及时完成，应该遮蔽油管口等拆卸部分。在安装调试过程中也应该注意液压元件的洁净，避免造成油质污染，降低液压油的使用寿命。

⑦ 在系统的进油口或支路上安装过滤器，以便强制性清除系统液压油中的污染物。

(3) 液压油的密封及密封件的维护　液压密封有两种，即静态密封和动态密封。静态密封用来防止非运动部件间液体泄漏。密封垫就是静态密封的一个例子。密封垫主要用于平板和表面的密封。密封垫材料有合成橡胶、石棉板等，承受的压力很小。另一类静态密封是在径向间隙中、阀座中的固定密封，以O形圈为主，在注射吹塑成型机的合模装置中用得较多。

动态密封用于两个相互运动的零部件中间，若运动是往复的，则密封也是往复型的，如液压缸中活塞的密封。若运动是旋转的，则密封也是旋转型的，例如泵中主轴的密封。

密封件除了在工作中的正常磨损外，还常由于密封面的伤痕而加速磨损失效。不洁的液压油是导致密封损坏的一个原因，因为液压油中的脏物会黏附在活塞上而引起密封损伤。一旦密封失效，油液泄漏就会显著增加，导致系统压力不稳。故当液压系统不稳或波动大时，应检查密封件是否失效或密封面是否有损坏。

(4) 液压泵的维护保养 液压泵是液压系统中的动力机构，它将电动机输入的机械能转变为液体压力能。通过它向液压系统输送具有一定压力和流量的液压油，从而去满足液压执行机构（液压缸或液压马达）驱动负载时所需的能量要求。

吹塑成型机中所用的液压泵，一般都属容积式液压泵。常见的有叶片式、柱塞式和齿轮式这三种类型。生产过程中应保持液压油的清洁，使液压泵有一个良好的工作状态，定期检查液压泵，发现问题应及时处理。

2.2.18 注-吹中空成型机电气控制系统应如何进行日常维护保养?

注-吹中空成型机电气控制系统的日常维护保养方法如下。

① 长期不开机时，应定时接通电气线路，避免电器元件受潮。

② 定期检查电源电压是否与电气设备电压相符。电网电压波动在±10%之内。

③ 每次开机前，应检查各操作开关、行程开关、按钮或触摸屏有无失灵的现象。

④ 注意安全门在工作中能否起到安全保护作用。

⑤ 液压泵检修后，应按下列顺序进行液压泵电动机的试运行：合上控制柜上所有电气开关；按下液压泵电动机的启动按钮。

试运行时，电动机点动，不需全速转动，应检查电动机与液压泵的转动方向是否一致。

⑥ 应时常检查电气控制柜和操作箱上紧急停机按钮的作用。在开机过程中按下按钮，检查设备能否立即停止运转。

⑦ 每次停机后，应将操作选择开关转到手动位置，否则重新开机时，机器很快启动，将会造成意外事故。

2.3 注-吹中空成型机故障疑难处理实例解答

2.3.1 注射吹塑中空成型机注射装置预塑时为何会出现螺杆不退回的现象? 应如何处理?

(1) 产生原因 注射吹塑中空成型机注射装置预塑时出现螺杆不退回的原因主要有以下几方面。

① 料筒各区温度控制不合理，当料筒的实际温度低于设定温度时，螺杆不会后退和旋转。在实际生产过程中，不要过分相信温控显示，显示器失灵或出现问题时，会造成料筒实际温度与显示器显示的温度存在差异。

② 料斗下料口处堵塞，不下料，或料斗无料，螺杆头部没有物料，而不能建立起压力迫

使螺杆后退。

③ 螺杆头部的止逆环通道被堵塞，使物料不能进入螺杆头部与喷嘴之间的空隙，螺杆头部压力低，不能使螺杆产生后退动作。

④ 螺杆与料筒老化，螺杆与料筒间隙过大，螺槽被料裹住，物料没有前移进入螺杆头部。

⑤ 成型物料中回料用量较大，由于回料是经多次反复加工，黏度越来越低，使得物料在料筒中塑化时难以建立起压力。

(2) 处理办法

① 检查料筒各段温度及温度测量装置，设定好各段温度。

② 清理检查下料口及螺杆、螺杆头部和喷嘴，保持螺槽、螺杆头部通道畅通。

③ 成型物料应尽量减少回料的用量。

④ 更换螺杆或料筒。

2.3.2　注射吹塑中空成型机为何在全自动快速注射到底后会产生“腾腾腾”的噪声？应如何处理？

(1) 产生原因　注射吹塑中空成型机全自动快速注射到底时产生“腾腾腾”的噪声的原因主要是注射螺杆在快速前进时遇到了较大的阻力，而产生的一种刮擦声。造成这种阻力的原因主要如下。

① 注射油缸不平行。

② 料筒内排气不良，螺杆头部积存有较多的气体，当快速注塑时，气体的压力迅速升高，而使螺杆前移阻力大。

③ 注射的位置设定过大，射出余料（垫料量）太小，高速注射时造成螺杆头部与喷嘴碰撞。

(2) 处理办法

① 调整注射油缸与活塞、注塑机机台，使其保持平行。

② 增大物料塑化的背压，加强料筒的排气，或适当降低注射速率。

③ 调速注射的位置或射出余料（垫料量）大小，防止高速注射时造成螺杆头部与喷嘴碰撞。

2.3.3　注射型坯时为何按全自动操作键后全自动键上的指示灯不亮，进不了全自动状态？

若操作时按全自动操作键后，全自动键上的指示灯不亮，进不了全自动状态的原因可能是前后安全门没关好或者是没有合模。因为注射型坯时，若要进行入全自动操作状态，首先必须设定好各种功能所需的参数及选择执行的功能形式，再将前、后安全门及其他安全装置完全关闭，手动闭模后，再按下系统动作模式的“全自动”操作键，按键上的灯亮，才能进入全自动的操作。如果安全门没关或模具没合拢，是不能进入全自动状态的，同时在显示屏上会出现警示。

2.3.4　注射型坯过程中为何会出现锁模动作异常？应如何处理？

(1) 产生原因

① 前安全门两只限位开关没有得到确认。

② 顶针没有退回，可能顶针的顶出距离和顶出时间等参数的设定过大，或顶针弯曲变形而影响复位等。

③ 高压锁模位置设定不当。

④ 光学尺松动。

(2) 处理办法

① 首先检查前安全门两只限位开关是否被确认。

② 确认顶针退针动作是否完成。顶针动作没有完成时，不能进行合模动作，此时应检查顶针的顶出距离和顶出时间等参数的设定是否过大，或顶针是否弯曲变形而影响复位等，并重新设定顶出距离和顶出时间等，若顶针弯曲应及时修复或更换。

③ 检查曲肘伸直瞬间是否有弹开现象，如果有弹开，则高压锁模位置设定不当，应重新设定。

④ 若锁模动作无法终止，则需检查光学尺是否松动，若有松动应及时紧固。

2.3.5 注射型坯过程中为何会出现射胶动作异常？ 应如何处理？

(1) 产生原因

① 机筒各段温度太低，或喷嘴堵塞，若机筒各段温度太低，则射胶无法启动。

② 注射时间设置不合理，或注射油路控制阀堵塞。

③ 在自动运行状态中，注塑座前进限位开关位置设定不合适。

④ 螺杆头部的止逆阀有严重磨损。

(2) 处理办法

① 检查机筒各段温度，若温度太低，则射胶无法启动。温度及射出条件都正常而无法射出时，检查喷嘴是否有物料堵塞。

② 电脑面板“射胶”指示灯亮状态下，检查压力、速度功能，自动状态下，射胶时间设置是否足够，油路控制阀是否有堵塞、压力是否正常。

③ 在自动运行状态中，检查注塑座前进限位开关。

④ 若制品有严重缩水、逆胶现象时，可再试一模，在不开模取出制品的情况下，再进行一次注塑，如果此时仍能注塑出物料至模腔中，则表示螺杆头部的止逆阀有严重磨损现象，必须更换止逆阀。

2.3.6 注射成型型坯时为何会出现熔胶动作异常现象？ 应如何处理？

(1) 产生原因

① 料筒各段温度低于设定温度，若料筒某段温度低于设定温度时，熔胶动作将无法进行。

② 下料口堵塞或料斗中无物料，若无物料时，则熔胶动作无法进行，螺杆将不会旋转后退。

③ 熔胶终止信号未启动。

④ 背压调整太高或背压阀堵塞，以致螺杆无法后退，熔料从喷嘴溢流出来。

⑤ 在自动状态下熔胶延迟时间设定太长。

⑥ 冷却时间设定太短，若冷却时间太短，当冷却时间低于熔胶时间时，熔胶动作无法进行。

(2) 处理办法

① 检查料筒各段温度是否低于设定温度，若料筒某段温度低于设定温度时，应等料筒各段温度都达到设定温度后再进行熔胶动作。

② 检查下料口有无堵塞或料斗中有无物料，若无物料或下料口堵塞，则应及时清理或补充物料。

③ 熔胶终止信号未启动，检查熔胶压力、速度功能，油泵方向阀启动电压是否正常，阀芯有封锁堵塞现象，检查光学尺并重新设定基准点。

④ 检查背压是否合适和背压阀是否堵塞，若背压调整太高应及时调整降低背压，若背压阀堵塞应清洗或更换背压阀。

⑤ 检查在自动状态下熔胶延迟时间是否设定太长，若太长应重新设定熔胶时间。

⑥ 检查冷却时间设定是否太短，若冷却时间太短，应将冷却时间延长。

2.3.7 注射型坯过程中为何会出现松退动作异常现象？ 应如何处理？

(1) 产生原因

① 背压调整过高，以致螺杆无法后退。

② 螺杆松退速度、压力、位置等设定过小。

③ 方向阀启动电压异常，或阀芯堵塞。

④ 螺杆与液压马达之间的传动轴边接半圆环松脱。

(2) 处理办法

① 检查背压调整是否过高，若过高应及时调整。

② 在自动状态下检查螺杆松退速度、压力、位置等设定是否合理，若不合理应及时调整。

③ 检查方向阀启动电压是否正常，阀芯有无堵塞现象。

④ 检查螺杆与液压马达之间的传动轴边接半圆环是否松脱，若松脱应及时紧固。

2.3.8 注射型坯过程中为何会出现开模动作异常现象？ 应如何处理？

(1) 产生原因

① 开模压力、速度设定不合理。

② 注射压力太高或模具在开模时产生了真空现象而造成无法开模。

③ 开、合模方向控制阀启动电压异常，阀芯堵塞等。

④ 曲肘松动，开模时模板严重摇晃。

(2) 处理办法

① 检查开模压力、速度设定是否合理，若不合理应及时调整。

② 检查注射压力是否太高，或模具在开模时是否产生了真空现象而造成无法开模。检查时，可先将开模压力、速度调到最大值，再检查模具压板并重新锁紧，在手动状态下合模后，再开模，再将模具的排气修改，并将压力和速度调回生产所需值。

③ 检查开、合模方向控制阀启动电压是否正常，阀芯有无封锁堵塞现象等，若有应及时修复。

④ 若开模时模板严重摇晃，检查曲肘是否松动。

2.3.9 注射型坯过程中为何会出现顶出动作异常？应如何处理？

(1) 产生原因

① 顶针方向阀启动电压异常，阀芯被异物堵塞。

② 顶针设定顶出次数不正确。

③ 顶杆固定螺钉松动，使顶针的顶出力不平衡。

④ 顶针行程调整不适当。

(2) 处理办法

① 顶出动作输出状态下，检查压力、速度功能，顶针方向阀启动电压是否正常，阀芯有

无堵塞现象等，若有进行修复或更换。

② 检查顶针设定顶出次数是否正确，若不正确重新设定。

③ 检查顶出固定螺钉是否松动，若松动进行紧固。

④ 检查顶针行程调整是否适当，若不合适应重新调整。

2.3.10 注射型坯过程中为何会出现动作循环异常现象？应如何处理？

（1）产生原因

① 熔胶时间、注射时间、开模时间等中间循环时间设定不合适。

② 制品未脱落，或制品确认讯号没启动。

③ 电眼调整不恰当，电眼不能正确判断是否有制品通过，下一个动作不能继续进行。

④ 周期时间设定不合理。

（2）处理办法

① 检查熔胶时间、注射时间、开模时间等中间循环时间设定是否合适，若不合适重新设定。

② 检查制品是否未脱落，或制品确认讯号是否启动。

③ 检查电眼调整是否得当，若调整不当应及时调整。

④ 如果注射装置显示周期异常警报时，需重新设定周期时间，先行切入手动状态后再进行周期的设定。

2.3.11 注射型坯过程中为何会出现射嘴孔异物阻塞的报警现象？应如何处理？

（1）产生原因 在自动状态下注射型坯过程中，若射胶动作在所设定的射胶时间范围内，射胶未达到设定位置，即在射胶行程内未能完成射胶动作，即会出现“射嘴孔异物阻塞”的警报。射嘴孔出现异物阻塞的原因可能是：

① 喷嘴流道内有冷料或者是杂质异物等。

② 射胶时间设定不适当。

（2）处理办法

① 首先将注塑座后退，检查模具流道是否有物料阻塞，若有应及时清除模具流道阻塞的物料。

② 检查喷嘴孔是否有冷料和异物，若喷嘴孔有冷料时，应升高喷嘴温度，使冷料熔融。或趁热拆下喷嘴，清除冷料或异物。注意在注射过程中及时清理喷嘴，避免喷嘴前部的金属杂质在注塑压力的作用下，挤入喷嘴孔中，而造成堵塞。喷嘴出现堵塞时，应将喷嘴加热至物料PVC熔融温度，然后趁热拆下喷嘴，并用铜棒或铜刷将物料及金属杂质清理干净。

③ 检查射胶时间设定是否适当，若不适当应重新设置好射胶时间。

2.3.12 注射型坯过程中为何会出现“请按射胶直到警报消除”的警报？应如何处理？

（1）产生原因 注射型坯过程中若显示屏上出现“请按射胶直到警报消除”的警报，通常是由于注射装置在进行射胶动作时忽然间停电引起的，或者注射装置中UPS回路的UPS电池电力不足等。

（2）处理办法

① 若是由于突然停电引起的，可在手动状态下，按射出键，进行射胶，直至射胶终点位置。

② 若不是突然停电引起的，应首先检查或更新 UPS 电池，然后先启动油泵，再按住手动操作区的“射出”键不放，直至射胶终点位置，若中途放掉按键，将仍会响警报。

2.3.13 注射型坯过程中为何会出现“模具内异物清理”的警报？应如何处理？

（1）产生原因 注射型坯过程中若模具合至锁模低压行程时，在“低压警报”时间内未能将模具闭合或由低压行程转为高压，将会出现“模具内异物清理”的警报，此时注射装置会自动进行开模动作直到开模终止。

（2）处理办法

① 首先将操作模式转为手动操作，再按下手动操作区中的“开模”键，开模后，检查模内是否有异物，或嵌件安放是否准确，并清理物料或调整好嵌件。

② 按下“开模”参数设定键，检查开模参数设定是否适当，并在开模参数设定画面下，重新设置开模动作参数。

③ 在时间参数设定画面下，检查“低压警报”设置是否合理，并重新设置“低压警报”时间。

2.3.14 注射型坯过程中为何会出现“顶针后退限位开关异常检查”的警报？应如何处理？

（1）产生原因 注射型坯过程中，锁模时，若顶针后退回位时，确认限位开关未确认，即出现“顶针后退限位开关异常检查”的警报提示。

（2）处理办法 出现顶针后退限位开关异常检查的警报时，应检查顶针后退的行程开关是否有松动或歪斜，使顶针退回时，确认行程开关感应不到顶针的位置，而不能确认顶针是否退回，会导致合模机构不能合模，进行下步动作。如出现顶针歪斜或松动，应校正好顶针位置，并应加以紧固。

2.3.15 注射型坯过程中为何有时会出现模腔中产品时有时无？应如何解决？

（1）产生原因 在注射型坯过程中模腔中产品出现时有时无现象的主要原因是喷嘴温度控制过低，当喷嘴接触模具主流道时，由于长时间与低温模板接触，而对喷嘴产生了冷却作用，导致喷嘴温度下降，使喷嘴孔处熔料极易被冷却凝固，以致喷嘴孔堵塞，熔料无法射出，因而模腔中无产品。当物料积存过多，热量积累会使喷嘴处物料温度有所上升时，或注塑压力增大时，喷嘴孔处的物料会在注塑压力的作用下注入模腔，而使喷嘴口打开，完成物料的注塑，因此注塑成型时即出现模腔中产品时有时无的现象。

（2）处理办法

① 提高喷嘴温度，以防止喷嘴接触模板，被模板冷却而温度过低，使喷嘴孔熔料冷却凝固。

② 提高料筒的温度，以提高物料的温度，使其通过喷嘴时不至冷却固化。

③ 采用后加料的成型方法，即注射时，注塑座通常都需要在完成保压、冷却后，紧接着后退，再进行下一个制品的预塑。这样可以减少喷嘴与低温模板接触时的温度降，从而喷嘴孔处的熔料不会因冷却过大而凝固，堵塞喷嘴孔。

④ 在喷嘴与模具之间垫一个隔热的石棉或普通纸版（纸壳）即可加以改善该状况。

2.3.16 注射型坯过程中应如何设定低压保护和高压锁模最佳位置？如何检查低压保护位置设定是否正确？

（1）低压保护和高压锁模最佳位置的设定 调模过程中，在寻找低压保护的位置时应该设置好低压的锁模压力、速度参数，快速锁模到约一个产品厚度的距离，即为低压保护起始位置，然后转为低压合模。而低压终止位置，也就是高压锁模位置，应该设定在前后模紧密接触处，调整时先调好合模的低压压力和速度，再将低压位置设置为 0，关门手动合模测试得出低压合模完全闭合位置数值，再将这个位置数值加上 0.05～0.3 mm，即为高压锁模的位置。

（2）低压保护位置设定的检查 由于模具材料的热胀冷缩，可能在冷模时调校好低压保护位置，在成型过程中，待模具温度达到成型设定值后热膨胀作用使模具锁模不上，因此调校好低压位置后应检查低压锁模的效果。检查的方法是：低压位置设定完毕后，拿一张 A4 纸用黄油湿润后粘贴在模具的安全分型面上，再合模。若合模后注塑会发出警报则说明低压保护起效果，否则应重新设定低压保护参数。

2.3.17 注射型坯过程中注射螺杆为何会空转不下料？ 应如何处理？

（1）产生原因

① 注射型坯过程中注射螺杆空转不下料主要原因是物料的黏度偏低，或由于加工过程中的降解以及水分含量增大，可能导致其黏度会更低，因而在塑化过程中熔体的压力较低，难以克服螺杆后退的背压迫使螺杆后退，此时螺杆也只会旋转而不会后退，料斗中的物料不能进入料筒中。

② 由于物料中杂质含量较多而造成喷嘴堵塞或止逆环被卡，导致物料不能前移或注塑。而喷嘴堵塞或止逆环被卡时，螺杆只会空转不下料。

③ 生产过程中如果出现了螺杆空转不下料，但螺杆可以注塑到底时，则是由于背压太高或下料口堵塞所引起；当螺杆注塑无法到底时，则是由于喷嘴堵塞或止逆环被卡所致。

（2）处理办法

① 把料筒的后段温度适当降低，以提高物料的输送能力。

② 检查物料是否烘干到位，若烘干不到位应将物料充分烘干。

③ 用料筒清洗剂清洗料筒、螺杆和喷嘴。

④ 将料筒下料口处的温度降低，然后等喷嘴处能往外溢料时，将料位加到最大（接近料筒的最大射出量），提高注塑速度进行一次对空注塑，然后再改回正常料位生产，清除料中的残余杂质。在生产中温度达到开机温度后，进行预塑前喷嘴处必须有溢料才行。

2.3.18 注射吹塑时型坯为何易黏附芯棒？ 应如何处理？

（1）产生原因

① 熔体温度太高，型坯的温度相应高，很易引起型坯黏附芯棒。

② 芯棒温度太高，型坯也很易黏附芯棒。

③ 芯棒的内、外风冷量不足，造成芯棒温度过高而粘模。

④ 注射时间短会造成型坯的黏附。

⑤ 注射压力低也会造成型坯的黏附。

（2）处理办法

① 适当降低熔体温度。熔体温度太高时，型坯的温度相应高，很易引起型坯黏附芯棒。

② 适当降低芯棒温度。

③ 在芯棒表面喷射脱模剂。物料本身的脱模性不好时，很易粘模。

④ 检查型坯模具控温装置，增加芯棒的内、外风冷量。

⑤ 增加注射时间。

⑥ 适当提高注射压力。

2.3.19　注射吹塑时型坯为何难以吹胀成型？ 应如何处理？

（1）产生原因

① 吹胀压力太低。型坯的吹胀是借助压缩空气对型坯施加压力而使闭合在模具内的热型坯吹胀并贴紧模腔壁，冷却后形成具有精确形状的制品。因此吹胀时必须要有足够的空气压力，使型坯去贴紧模腔壁获得一定形状，特别是对于黏度比较大的物料，吹胀压力更应足够大。

② 型坯温度太低。当型坯温度太低时，熔料的黏度大，刚性大，在原有的吹胀压力下难以使其吹胀贴紧模腔内壁获得应有的形状。

③ 芯棒温度太高。当芯棒温度太高时，型坯黏附在芯棒上，吹胀时的阻力大，因而难以使型坯吹胀成型。

④ 供气管线堵塞，造成空气压力低，难以吹胀成型。

⑤ 型坯模具温度太低，使型坯温度低，而造成熔料黏度大，刚性大，难以吹胀成型。

（2）处理办法

① 适当提高吹胀压力，或清理压缩空气通道，使其保持畅通，保持气压的大小及稳定。

② 提高型坯温度，使熔体有合适的黏度，以利于吹胀成型。

③ 降低芯棒温度，使型坯与芯棒之间包覆力适当，同时使型坯有适宜的温度。

④ 提高型坯模具温度，降低型坯熔体的黏度，有利于吹胀成型。

2.3.20　注射吹塑过程中为何型坯出现局部过热？ 应如何处理？

（1）产生原因

① 脱模装置对芯棒的局部冷却不够。

② 模具冷却不均匀，模具局部温度过高。

③ 型坯模具控温装置失灵，而造成模具温度失去控制。

（2）处理办法

① 调整脱模装置对芯棒的局部冷却，或增加芯棒冷却量。

② 降低型坯模具上相应部位的温度。

③ 检查型坯模具控温装置，并进行修复。

2.3.21　注射吹塑颈状容器内颈处畸变是何原因？ 应如何处理？

（1）产生原因

① 吹塑模具的颈环损坏或表面有异物黏附。

② 吹胀压力太低，颈部吹胀成型困难，难以成型。

③ 注射压力太高，型坯产生了较大的应力，而出现变形。

④ 熔料温度或型坯温度太高，流动性太大，颈部难以定型。

⑤ 型坯模温太低，吹胀困难，难以贴附模具获得应有的形状。

（2）处理办法

① 修整吹塑模具的颈部，清除模具异物。

② 提高吹胀压力。

③ 降低高压注射压力。

④ 降低料筒温度或降低机头温度。

⑤ 提高型坯模具温度。

2.3.22 注射吹塑制品为何会出现凹陷？应如何处理？

(1) 产生原因

① 吹胀时间短，型坯吹胀程度没达到要求。

② 吹塑模具温度太高，熔料温度高，难以定型。

③ 芯棒温度过高，使型坯温度太高，吹胀后难以定型。

④ 模具型腔设计不合理，制品强度难以保证。

(2) 处理办法

① 延长吹胀空气的作用时间。

② 加大冷却量，降低芯棒的温度。

③ 检查模具控温装置，降低吹塑模具的温度。

④ 对吹塑模具型腔做凹陷修整。

2.4 注-吹中空成型模具使用疑难处理实例解答

2.4.1 注吹型坯成型模具安装前应做好哪些准备工作？

模具的安装作业是较为危险的作业，为了避免损坏机器或模具，延长模具和机器的使用寿命，减少安全隐患，缩短操作时间，保障安装质量。在模具安装前通常应做好充分的准备工作，其中包括模具的准备、工具的准备和设备的准备。

(1) 模具的准备

① 根据生产需要，确认待安装模具，了解模具的结构。

② 检查上模具是否有进料嘴（主流道衬套）及定位环，检查机器定位环是否磨损变形，并将模具表面擦拭干净。

(2) 工具的准备

准备上模具及所需工具，如水管开闭器、吊环、铜水嘴、防水胶、带气枪、机器顶杆、盛水盒、工具盒、火花油壶、抹布、24# 扳手、26# 扳手、32# 扳手、小活动板、推车、吊装设备等。

(3) 注射参数与功能的设定

① 打开设备电源开关，在手动状态下，按开、闭模参数设定键，显示屏显示开、闭模参数设定画面，然后将机器开模快速及锁模快速降低，一般设定为 10mm/s。将低压位置增大，如设定为 66.6mm。

② 检查机器温度是否关闭。模具安装也可在机筒预热时进行，但此时要注意将机筒温度调整为稍低于成型温度，并要打开料斗座下料口处冷却水阀门，使下料口处始终保持冷却，以防止物料因受热时间过长，而在下料口处出现“架桥”现象。

③ 使用机械手操作时，必须将机械手功能关闭。如海天注塑机在第二组画面选择中，按下 F6，即显示其他资料设定画面，将画面中“机械手”项选择为“不用”。

(4) 注射装置模板的清理

① 启动油泵，按手动操作区中的“开模”键，将移动模板开至最大位置。

② 停油泵，打开安全门。

③ 先用抹布擦去模板上的油脂、异物，再喷上火花油，用铜刷或细油石去锈，再用抹布擦干净。

(5) 顶出杆的检查

① 启动油泵，检查注塑机顶出杆，顶出杆回位后顶针端面不可高出机器模板。

② 顶出杆须固定，避免生产过程中反复顶出后松动。顶出杆可用扳手固定。

③ 如果模具有两支或两支以上顶出杆时，应检查顶杆顶出的有效长度是否一致。

④ 关闭油泵。

2.4.2 注吹型坯成型模具装拆应遵守哪些安全操作条例?

上、下模具作业是较具有危险性的作业，多半需要与其他作业者合作进行，因此操作过程中必须要注意安全问题，安全、规范操作。

① 必须预先做好各种检查准备工作，以防对自己或他人造成伤害。

② 吊装设备如天车、链条以及吊环、扳手等工具，应经常注意保养，使用前必须认真仔细地检查，避免安全事故的发生。

③ 操作人员进行上下模操作时必须戴好手套，穿好工作服，冬装的袖口要扣紧，工作服的拉链应至少拉至上衣的 2/3 以上。

④ 合作作业时，作业人员间必须经常出声联络，以确认安全进行。

⑤ 作业前，应先准备好所需使用的一切规定的工具，放入工具箱管理，以提升效率。

⑥ 模具的装卸操作应在注塑机的正面进行操作。

⑦ 模具吊起时，任何人不得站在模具的正下方，以免发生因模具滑落而造成意外的伤害。

⑧ 停机前应注尽机筒中的熔料，并应取出模腔中的塑件和流道中的残料，不可将物料残留在型腔或浇道中。

⑨ 清理模具时，必须切断电源，模具中的残料要用铜质等软金属工具进行清理。

⑩ 模具吊入和吊出注塑机时，必须用手扶模具，缓慢进行，以免发生撞击，而损坏模具和设备。

⑪ 水嘴、开闭器、压板及压板螺钉等零件卸下后应整齐摆放在规定的位置上，以备下次的需要。

⑫ 装拆模具时，一定要切断注塑机电源，以防止意外的发生。

⑬ 任何事故隐患和已发生的事故，不管事故有多小，都应作记载并报告管理人员。

2.4.3 注射型坯模具整体安装的操作步骤怎样? 安装模具时应注意哪些问题?

(1) 注射型坯模整体安装的操作步骤

① 在模具、工具、注塑机做好了安装前和一切准备工作后，再将模具装上吊环。注意吊环要装在模具正中央，一般装在公模板上，吊环旋入模具至八圈以上，但又不可全部旋入模具，须预留半圈，以防止吊环螺牙或模具内螺纹损坏。

② 将吊装设备移至模具的正上方，并将吊钩钩住模具，吊起模具。

③ 将模具平移至拉杆内，初步确定模具位置。

④ 手动合模，调整注塑机的容模厚度。调模时，先关上安全门，打开注塑机电源开关，启动油泵，在手动状态下，手动合模至移动模板即将与模具贴合时，即停止移动模板前移，然后观察注塑机曲轴伸直状况。当注塑机模板即将与模具贴合而机器曲轴尚未伸直时，须使移动模板后退，使曲轴伸直且注塑机模板与模具模板大致平行。当曲轴伸直而模具与模板间仍有较大间距时，须使模板前移，直至与模具贴合，使曲轴伸直且注塑机模板与模具模板大致平行。注意调模时，模板前移时要缓慢移动，切不可快速一步到位，以免损坏模具和设备。

⑤ 重新定位模具，使模具定位环嵌入前固定模板的定位圈。模具定位时，先关好安全门，

按手动操作键“调模进”，运用细调模将模具锁入前固定模板的定位圈。当模具定位环锁入前固定模板定位圈约三分之一时，停止“调模进”。然后将吊装设备链条适当放松，以避免因吊装设备链条过紧而影响模具平衡。再按“调模进”键，将模具定位环锁入前固定模板定位圈，使注塑机模板与模具完全贴合。再关闭油泵，打开安全门。注意当注塑机定位圈变形或模具定位环变形造成模具不能锁入时，严禁用高压锁入，需确定注塑面定位圈或模具定位环是否损伤，更换新定位环后或取下模具定位环再锁入。

⑥ 安装定模压板螺钉、锁定模压板，固定定模。安装压板螺钉时，应注意避开水嘴位置且须预留量，以防止损坏螺牙或模板内螺纹。压板调节螺钉端高度应稍高于定模固定板端1～2mm，以利于模具受力，调节螺钉至少锁5牙以上，高度不足时需加装垫块。定模板压板不可接触料道板，以防止料道板拉不开，且须安装在模具上方位置，以便操作人员操作。压板螺钉锁压板不可锁太紧，否则会损坏螺牙、螺帽及模板内螺纹，一般当压板螺钉垫块与压板接触后只要单手加力1～2次，再双手加力一次即可。

⑦ 调整锁模力。调整时，先启动油泵，关好安全门，按手动操作键“开模”“合模”，进行开合模动作，观察油压表油压大小。调模时应将注塑机移动模板退后10mm，在开模状态下按“调模进”键或“调模退”键，然后再按“合模”键进行合模，观察锁模力的大小。反复调模操作，直至锁模力达到要求为止。调模时应注意按“调模进”或“调模退”键时，一般每次按3～5下，不能一次调节过多，以免损坏模具。

⑧ 固定动模。装压板螺钉，锁动模压板，固定动模，安装方法及注意事项与定模基本相同。

⑨ 放松吊装设备链条，拆下吊钩、吊环，将吊装设备归位。

⑩ 安装模具上的铜水嘴，连接模具冷却水路。安装铜水嘴前应注意检查水嘴端面是否缺损或变形，将水嘴上残余胶带清除干净。并将铜水嘴螺牙端缠上3～6圈防水胶带。再清理模具水孔中残余防水胶带及杂质等。还应检查快速接头内是否有防水圈。水路连接完成后须开冷却水，检查是否漏水。若漏水需修复。

⑪ 安装开闭器。模具开闭器应对称装配。安装时，先关好安全门，启动油泵，在注塑机手动操作状态下，按手动操作“开模”键，手动开模，关闭油泵，再安装开闭器，固定时不可拧太紧，以能拉开料道板为准度。注意检查开闭器端面不可有毛刺或变形。

⑫ 调整开、合模速度、压力，设定低压位置以及顶出速度、压力、位置。注意锁模力的设定不能太大，一般设定在40～60kg/mm²。低压位置设定必须精确到0.3～0.5mm，设定完成后必须检查设定是否恰当。顶出长度应设定为比成品厚度略长。

⑬ 安装并确认安全开关。关安全门，启动油泵，在手动操作方式下，按手动操作“开模”键，手动开模，关闭油泵，再安装安全开关。按手动“顶针进”操作键，顶针前进。将一直径小于2mm的塑胶棒或小顶针放置于模具顶针垫板与公模固定板之间。在手动操作方式下，按“顶针退”和“顶针进”键，若注塑机仍能重复顶出动作，则表明安全开关设定不当，安全开关触头接触太多，需要重新设定。

⑭ 确认电动式、油压式安全装置、安全门及紧急停止开关的动作。

⑮ 关闭注塑机电源，整理注塑机台面，更换标示牌。

（2）安装模具注意事项

① 吊装设备的链条钩住模具时，链条须与地面垂直。

② 模具刚吊起时，应观察公母模是否会分离，如有分离的趋势，则应放下模具，将模具合紧后，把母模也装上吊环，用铁丝与公模固定使其不能分离后，再吊模具。

③ 模具吊起后，其底部至少要高出注塑机器最高部位10cm左右，将模具平移至拉杆内，然后缓慢下降，初步确定模具安装位置。

④ 模具横移至注塑机拉杆间时，须用手扶住模具，避免模具撞击机械手及其他部件。

⑤ 当模具重心偏向锁模部时，模具定位环应稍高于注塑机定位环，模具重心偏向射出部时，模具定位环应稍低于机器定位圈。

⑥ 模具初步定位时必须用手推模具或链条，严禁用手推滑道。

2.4.4 注射型坯模具的拆卸步骤如何?

(1) 模具拆卸前准备工作

① 首先应做好停机的准备工作，准备停机时，先关闭注塑机料斗的下料口，再将机筒中的物料基本注塑完后，再将操作方式转为手动，按座退键，使注射座后退。

② 在机筒中的物料基本消耗完前大约三分钟要关闭冷却水。

③ 在手动操作状态下，按熔胶、射出键，进行对空注塑，将料管内剩余的物料清理干净。

④ 关闭电热，停止料筒加热。

⑤ 按下开模键，开模。清理干净模具，在模面上喷防锈油。

⑥ 按下合模键，合模，关闭油泵，即可进行模具拆卸工作。

(2) 冷却水管的拆卸

① 模具拆卸前应先将模具的冷却水管拆下。冷却水管拆卸时应注意先在手动状态下开模，再关闭冷却水阀，拆下冷却水管。拆水管时需由下往上拆卸，待水管里面的水流完后再拆上面，流出的水要用盒子收集，以免影响工作环境及设备。

② 确认模具的冷却通路，用气枪吹干模具水路中残存的水渍。用气枪吹干模具水路中残存的水渍时，须用抹布捂住另一端水嘴，以防止水珠飞溅。

③ 拆下水嘴，以免吊模时模具的偏摆碰撞到设备而损坏水嘴。

(3) 模具清理

① 拆模具开闭器，以避免在保养或维修模具时，模板不易分开。

② 清理模具的异物，擦拭干净模具表面，再将模具型芯、模板表面、顶针、料道板、拉料杆等喷上防锈油，以避免模具腐蚀和生锈。

③ 启动油泵，按合模键合拢模具，关闭油泵。模具不可合太紧，以避免模具高压锁紧后，模板打不开。

④ 使用机械手的注塑机须将机械手向后转移 90°。

(4) 模具拆卸操作

① 装吊环　吊环要装在模具正中央，一般装在公模板上，吊环旋入模具至少八圈但不可全部旋入模具，须预留半圈，以防止吊环螺牙或模具内螺纹损坏。

② 用天车或手拉链条勾住吊环　链条拉力要合适，拉力太大时，开模后模具会弹跳起来，而撞击设备。拉力太小时，开模后模具会下沉撞击模板，对模具、设备、吊装设备都会造成不良影响，一般以手压链条不会弯为准。

③ 拆卸模具压板及压板螺钉　压板螺钉须逐一拆下来，以避免下模时模具的偏摆撞坏压板螺钉。拆正面动模压板螺钉时，左手拿住压板，右手拧螺钉；拆反面动模压板螺钉时，右手拿压板，左手拧螺钉，拆定模压板时则正好相反。压板及压板螺钉卸下后应整齐摆放在注塑机的台面上。

④ 启动油泵　在手动状态下，按下“开模”键，开模到底。开模的同时用手扶住模具，避免模具偏摆撞到注塑机拉杆，开模需开到底，以便模具吊起。模板分开时，应观察阴阳模板是否会分离，如可能会出现分离，则需重新合拢模具后将阴模装上吊环，用铁丝将两吊环固定一起使其不可分离后，再开模。

⑤ 关闭油泵　用吊装设备装模具吊离注塑机，放到指定模具之平板车上。将模具送到模具指定放置区域。模具吊离注塑机进行横移时，模具底部至少须高出机器最高部位 10cm，且须用手扶住模具，避免模具撞击机械手等装置。对模具移动线路内的作业人员应以声音唤起对方的注意。

⑥ 整理周边环境。

2.4.5 注塑机的模厚调整应如何操作？ 模厚调整应注意哪些问题？

注塑机的模厚调整一般都有自动调模和手动调模两种方式。

(1) 自动调模操作步骤

① 在模具安装前，先用尺量取成型模具的厚度，此值必须在注塑机的容许范围之内。

② 打开注塑机电源，启动油泵，在手动操作状态下，按下“开模”键，手动开模至停止位置。

③ 按“调模”键，显示屏上则显示调模画面，将模具厚度值输入（此值应略小于实际量测值）。

④ 按下“自动调模”键，成型机将自动调整容模厚度，当完成时，自动停止调模，若欲中途停止动作，必须再次按下“调模”键。

⑤ 安装模具，按模具安装操作步骤进行。

⑥ 调整锁模力。

(2) 手动调模操作步骤

① 选择手动调模时，在模具安装前，先用尺量取成型模具的厚度，此值必须在注塑机的容许范围之内。

② 打开注塑机电源，启动油泵，在手动操作状态下，按下“开模”键，手动开模至停止位置。

③ 先按“调模”键，再按“调模退”键，此时为手动调模后退，模具向后调整，将加宽活动板的容模厚度，锁模力降低。

④ 按“调模”键，再按“调模进”键，此时为手动调模前进，将缩短活动板、前固定板之容模厚度，锁模力增大。

⑤ 安装模具，按模具安装操作步骤进行。

⑥ 调整锁模力。锁模力一般不宜调至过高，调节时，以注塑机曲肘伸直，且油压表显示在 50～70kN 即可。通常锁模力的调整以成型品无毛边的最小压力为佳。

(3) 调模操作注意事项

① 平行度不良的模具，宜修复后再行使用，切勿以提高锁模力勉强使用。

② 当选择调模功能时，机械的部分功能会暂时消失，等动作完成后再取消调模功能选择键便可立即恢复，行程限位器动作时，会切断调模动作。

2.4.6 低、高压锁模及锁模终止调整应如何操作？

(1) 低压锁模调整操作　防止塑料制品或毛边未完全脱离模穴，锁模时再次压回模穴，造成模具受损，故其调整极为重要，通常低压范围行程视成品本身的深度做适当的调整，过长的低压保护范围，将浪费周期时间，过短则容易使模具受损伤。

低压锁模调整时是以成品的厚度的倍数来取设定低压位置，通常低压行程中压力的设定必须小于 40%，非必要时勿调高压力。

(2) 高压锁模调整操作　锁紧模具所需瞬间高压启动的位置如果调整不当容易使模具受

损，其压力设定值大小和调模位置有连带关系，通常由低压锁模位置设定。调整操作步骤如下。

① 在手动操作方式下，按下“闭模”键，合模至模具密合但曲肘不完全伸直的状态。

② 同时按下“开模”和“功能”键，注塑机将自动设定高压启动位置。若未触动高压而曲肘已伸直，则表明调模不当，容模厚度太宽，应往前调。

③ 高压锁模（由小→大）可由压力表上看到那一瞬间的锁模压力。若在最高压力仍然无法伸直曲肘，则表明调模不当，容模厚度不足，须重新往后调。

(3) 锁模终止调整操作　锁模终止将切断锁模动作，在注塑机自动运行操作时，还将启动射座前移动作。锁模终止的位置如果调整不当会造成锁模撞击或曲手反弹现象。通常锁模终止位置由高压锁模位置设定。锁模终止调整步骤如下。

① 当注射时或锁模完后曲肘有弯曲现象，表示锁模终止位置太早，应将高压锁模位置值改小，或速度加快。操作方法参见锁模参数设定操作。

② 锁模终止时产生较大的撞击声，或锁模信号无法终止，造成注塑座所有动作停顿，应将高压锁模位置值改大，或速度降慢。

2.4.7　生产中应如何注意对注射型坯模具的维护保养?

模具在使用和保存过程中，必须做好保养和防护，以防止其出现损坏、锈蚀等现象。生产中对模具的维护保养措施主要如下。

① 配备模具履历卡　生产中应该给每副模具配备履历卡，详细记载其使用、磨损、损坏，以及模具的成型工艺参数等情况，根据模具履历卡上记载的情况，就可以发现零部件、组件是否损坏、磨损程度的大小，以提供发现和解决问题的资料，缩短模具的试模时间，提高生产率。

② 确定模具的现有状态　在注塑机和模具运转正常的情况下，测试模具各种性能并记录其各种参数。检查最后成型塑料制品的尺寸，并判断是否符合塑料制品的质量指标并进行记录。通过记录的数据就可以较为准确地判断模具的现有状态，以判断模具的型腔、型芯、冷却系统以及分型面是否磨损或损坏，也可以根据损坏的状态决定采取何种维修方式。

③ 检测跟踪重要零部件　如模具顶出和导向部件、冷却系统、加热及控制系统等。模具顶出和导向部件确保了模具开启、闭合运动以及塑料的顺利脱模，任何部件因损伤而卡住，都将导致停产。因此，应该经常检查顶出杆、导杆是否发生变形以及表面损伤，一旦发现，要及时更换。完成一个生产周期之后，要对运动、导向部件涂覆防锈油，尤其应重视带有齿轮、齿条模具轴承部位的防护和弹簧模具的弹力强度，以确保其始终处于最佳工作状态。

模具冷却系统的冷却水道随着生产时间的持续会出现水垢、锈蚀等情况，使冷却水道截面变小，甚至出现堵塞现象，而因此大大降低冷却水与模具之间的热交换量，故必须做好冷却水道的除垢清理与维护工作。

对于热流道模具来说，应该重点加强加热及控制系统的保养，以便于防止生产故障的发生。因此，每个生产周期结束后，应该检查模具上的带式加热器、棒式加热器、加热探针以及热电偶等零件，若有损坏应及时更换，并认真填写模具履历表。

④ 重视模具表面的保养　模具的表面粗糙度直接影响制品表面的质量，因此应该认真做好模具表面的保养，其重点在于防止锈蚀。模具完成生产任务后，应该趁热清理型腔，可用铜棒、铜丝以及肥皂水去除残余树脂以及其他沉积物，然后风干，禁止使用铁丝、钢丝等硬物清理，避免划伤型腔表面。对于腐蚀性树脂引起的锈点，应该使用研磨机研磨抛光，并涂抹适量的防锈油，然后将模具放置于干燥、阴凉、无粉尘处存放。

2.4.8 生产中注射型坯模具的定期保养内容有哪些?

生产中模具的定期保养主要包括日常保养、每周保养、每月保养及20万模次保养等。

(1) 模具日常维护保养的内容

① 检查动、定模的表面，观察表面是否存在锈油及异物，若存在应该及时用干净的纱布擦净，并注意防止纱布纤维黏附在模具表面。

② 检查顶出及回位装置动作是否良好，若动作不顺畅则应该修复。

③ 检查排气槽是否通畅，若发现异物应该及时清除，以免因排气不畅而导致制品缺陷。

④ 检查导向柱、推板、导柱等定位装置是否良好，每隔4h应在在斜销或滑块上加适量的润滑油，保持导向定位装置良好的润滑状态。

⑤ 检查浇铸系统以及冷却系统是否有异常现象，做好冷却系统冷却水道的清理工作，保证热传递高效率地进行。

⑥ 检查模具凸、凹模以及其零部件是否有损坏或变形，若损坏则及时修复或更换零部件。

(2) 模具每周的维护保养内容

① 检查动、定模表面是否有损伤，要根据具体情况安排是否维修。

② 检查滑块的清洁与润滑，保障滑块动作顺畅、润滑良好。检查模具的导向机构是否损坏，保证模具的准确合模。

③ 检查顶出机构是否损伤、是否清洁与润滑，要保证顶出机构的动作顺畅、清洁无油污及异物，保持良好的润滑状态。

④ 检查冷却水道是否畅通，根据情况疏通冷却水道，清理水道中的水垢等杂质。检查排气槽是否清洁、无阻塞，保证排气顺畅。

⑤ 检查弹簧是否有断裂及损坏，若有问题应该立即采取措施修复或更换。

⑥ 检查模具上的带式加热器、棒式加热器、加热探针以及热电偶等零件，若有损坏及时更换。检查热流道是否有损坏，若有问题应立即修复。

(3) 模具每月的维护保养内容

① 检查模具的型芯等零部件是否损坏，检查型腔是否存在变形，成型尺寸是否超出零件公差。检查模板与浇口衬套的配合是否良好，检查模具表面是否有生锈及磨损现象，是否需要修复或更换。

② 检查顶出机构和脱模机构的零部件及配合面是否有磨损及变形，是否需要修复及更换。

③ 检查导向机构是否磨损及固定到位，检查滑块动作是否顺畅及其润滑情况。检查各移动件的磨损程度，决定是否需要更换。

④ 检查弹簧是否断裂及损坏，是否需要更换。检查各个固定螺钉是否松动。

⑤ 检查冷却水道是否畅通，做好冷却水道的清理除垢工作。检查排气槽是否清洁、有无阻塞。

⑥ 检查热流道加热导线是否损坏，是否需要更换。

(4) 模具生产20万模次的产品时的维护保养内容

① 每隔20万模次重新考量模具成型尺寸是否超出零件公差，以确定是否需要重新修改模具尺寸。

② 检查顶出机构和导向零部件及配合面是否有磨损及变形，是否需要修复及更换。

③ 检查模板与注口衬套配合是否良好，检查型腔表面是否有生锈及磨损现象，若有则应修复。

④ 检查弹簧是否断裂及损坏，是否需要更换。

⑤ 检查滑块及各移动件运动是否顺畅，润滑是否良好及磨损程度。

⑥ 检查冷却水道及加热装置是否损坏，是否需要更换。

⑦ 检查各固定螺钉是否需要更换。

2.4.9　注射型坯模具在使用过程中应注意哪些问题?

注射型坯模具在使用过程中应注意以下几方面。

① 工作前应检查模具各部位是否有杂质、污物等，模具中附着的物料、杂质和污物等要用棉纱擦洗干净，以防止在模具表面发生锈蚀等。附着较牢的物料应用铜质刮刀铲除，以免损伤模具表面。

② 要合理地选择锁模力，注塑模具的锁模力不能太高，过高的锁模力，既增加动力消耗又容易使模具及传动零件加快损坏，一般以塑件成型时不产生飞边为准。

③ 模具在保养及修理过程中，严禁用金属器具去锤击模具中的任何零件，防止模具受到过大撞击而产生变形，损害或降低塑件质量。

④ 对模具中运动部件保持良好的润滑。

⑤ 模具暂时不用时要卸下模具，涂上防锈油，并用油纸包好，存放在通风干燥处，避免模具受撞击，严禁在模具上放置重物。

2.4.10　注射型坯模具应如何进行维护与管理?

注射型坯模具在使用中，大多受到操作者的重视，但是在存放期间却经常受到忽视。然而，在实际生产中，因模具管理不善而造成生产上损失惨重的事例时有发生，不能不引起重视。注射型坯模具维护与管理措施主要有以下几方面。

① 建立模具档案　在成型车间所使用的模具，必须建立模具档案，详细记录模具名称、进厂日期、生产厂家、地址、联系人、模具特征情况、配件、使用维修情况等。

② 存放前修整　模具要存放时，首先需将模具清理干净，检查合模面、滑动工作面有无拉伤、碰伤现象，当型腔表面有锈蚀或水锈现象时，应进行喷砂处理，然后重新抛光；局部或小面积可以直接抛光。为防止生锈，要涂抹防锈油。

③ 模具的存放管理　模具存放地要求平整、干燥、干净，存放的模具一定要全部合紧模后锁紧，不可留有合模缝隙，防止异物掉入。便于起吊搬运，小型模具可以建立存放架，按次序排列存放，大型模具可以直接摆放在垫方之上。存放应分类划分，同一产品配套的模具应摆放在一起，模具的存放注意立标牌，标名模具名称、外形尺寸、模具质量。

④ 定期对长时间存放的模具进行检查，并对存放环境进行清理。

2.4.11　新注射型坯模具为何打不开?　应如何处理?

(1) 产生原因

① 新模具各部件配合太紧，试模时由于模具温度升高又使其发生膨胀所导致。

② 导柱有烧死或拉毛而卡死。

③ 导柱及导套排气不良。新模有油，配合紧密可以产生抽真空，形成负压。

④ 模板不平和压板某处未打紧，导致开关模时不平稳而被卡住。出现模具打不开时切不可强拉，以免损伤模具。

(2) 处理办法

① 待模具冷却后，进行开模。如仍打不开，卸下模具，检查是否有明显拉伤位，是否装错模具零配件，再排除模腔中气体。

② 检查模具安装是否错位，模板是否平行。

③ 检查模具导柱是否有烧死或拉毛而卡死现象，修复模具导柱。如某企业一新模具试模过程中，在刚开始开模时有很大的响声，模具开到一定程度后就不能再开。把开模压力和流量都调到最大后都有不起作用。经检查是由于模具的导柱配合太紧所致，修改导柱，重新润滑好后，开模转为正常。

④ 做好模具导柱、滑块等部件的润滑。

2.4.12 注射型坯过程中模具排气孔为何容易阻塞？应如何处理？

(1) 产生原因

① 设置在分型面上的排气沟槽过于狭窄。

② 脱模装置中顶杆的退刀间隙较小，排气时容易出现被模腔内的残余物料或脱模剂堵塞。

③ 物料温度或模具温度过高、成型压力高时，物料黏度低，流动快，很容易出现排气孔阻塞。

(2) 处理办法

① 应使用洗剂彻底清理。

② 在分型面上开设排气沟槽，排气槽宽一般为 20mm 左右、深 0.02mm 左右，在离浅槽 2.5mm 处可围绕分型面开一直径 3mm 的半圆形环槽，环槽要与外界相通。

③ 适当增大脱模装置中顶杆的退刀间隙。

④ 降低物料及模具温度，降低成型时的注塑压力和保压压力。

第3章 拉伸吹塑中空成型设备操作与维护疑难处理实例解答

3.1 注射拉伸吹塑中空成型设备操作与维护疑难解答

3.1.1 什么是拉伸吹塑中空成型？拉伸吹塑中空成型方法有哪些？

（1）拉伸吹塑中空成型 拉伸吹塑中空成型是通过挤出或注射成型型坯，然后再对型坯进行调温处理，使其达到适合拉伸的温度，经内部（拉伸芯棒）或外部（拉伸夹具）机械力的作用，进行纵向拉伸，再经压缩空气吹胀进行径向拉伸而制得具有纵向与径向高强度的中空容器的成型方法。由于塑料实现的纵向与径向的拉伸取向，所以该法又称为双轴取向吹塑中空成型。拉伸吹塑中空成型工艺过程主要有以下五步：

① 按生型坯生产工艺要求对塑料原料进行塑化，并通过注射或挤出加工得到型坯。

② 对型坯进行调温处理，使其达到适合拉伸的温度，根据采用的是一步法还是两步法工艺不同，达到拉伸温度的方法不一样，一步法是直接从高于拉伸温度的状态冷却到拉伸温度，两步法则是生产的型坯已经冷却，需要再次加热升温到合适的拉伸温度以便进行拉伸操作。

③ 采用机械方法对已经加热的型坯进行纵向拉伸。

④ 用压缩空气对已经纵向拉伸的型坯进行径向吹胀。

⑤ 将成型的中空制品冷却到室温脱模及对塑件进行后处理。

拉伸吹塑中空成型与普通非拉伸中空吹塑成型相比，拉伸吹塑成型能使其大分子处于取向状态，从而很大程度上提高了中空制品的物理机械性能。经过双向拉伸取向的制品其抗冲击强度、透明性、表面粗糙度、刚性及阻隔性等都能明显提高。同时通过拉伸制品壁厚变薄，可节约原料，降低成本。

（2）拉伸吹塑中空成型方法类型 拉伸吹塑中空成型根据型坯成型方法不同，可分为挤出拉伸中空吹塑与注射拉伸中空吹塑两大类型。前者型坯采用挤出法生产，简称挤-拉-吹工艺，后者型坯采用注射法生产，简称注-拉-吹工艺。根据型坯生产与拉伸吹塑是否连续还可分为一步法工艺与两步法工艺，一步法工艺是型坯生产与拉伸吹塑在一台设备中连续完成，显然一步法使用的是热型坯，所以又称热型坯法。热型坯法的设备可以是挤出机与拉伸吹塑机或注射机与拉伸吹塑机的组合。两步法是先挤出或注射成型型坯，经冷却后即可得到型坯半成品。进行吹塑成型时，再将冷型坯加热至一定温度，然后进行拉伸、吹塑，所以有时又称为冷型坯法。拉伸吹塑中空成型具体分类如图 3-1 所示。

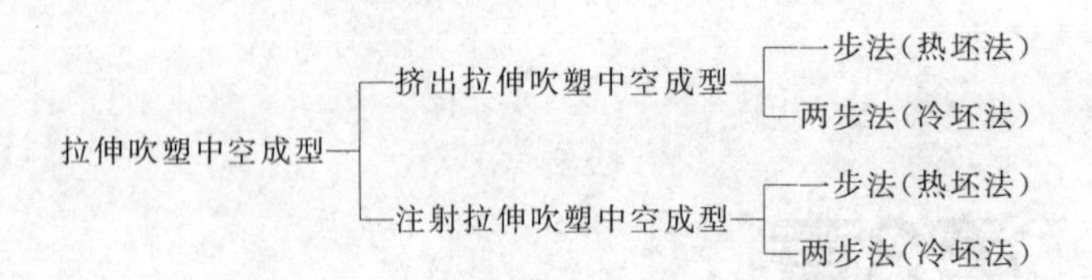

图 3-1 拉伸吹塑中空成型工艺分类

3.1.2 注射拉伸吹塑中空成型过程是怎样的?

注射拉伸吹塑中空成型是将注射成型的有底型坯置于吹塑模内，先用拉伸杆进行纵向拉伸后再通入压缩空气吹胀成型的加工方法。与注射吹塑成型相比，注射拉伸吹塑成型在吹塑成型工位增加了拉伸工序，塑件的透明度、抗冲击强度、表面硬度、刚度和气体阻隔性能都有较大提高。

一步法与两步法注射拉伸吹塑中空成型过程有所不同，一步法又称为热坯法，其成型过程如图 3-2 所示，首先在注射工位注射一个空心有底的型坯，接着将型坯迅速移到拉伸和吹塑工位，进行拉伸和吹塑成型，最后经保压、冷却后开模取出塑件。这种成型方法省去了冷型坯的再加热，节省了能源，同时由于型坯的制取和拉伸吹塑在同一台设备上进行，因而占地面积小，易于连续生产，自动化程度高。

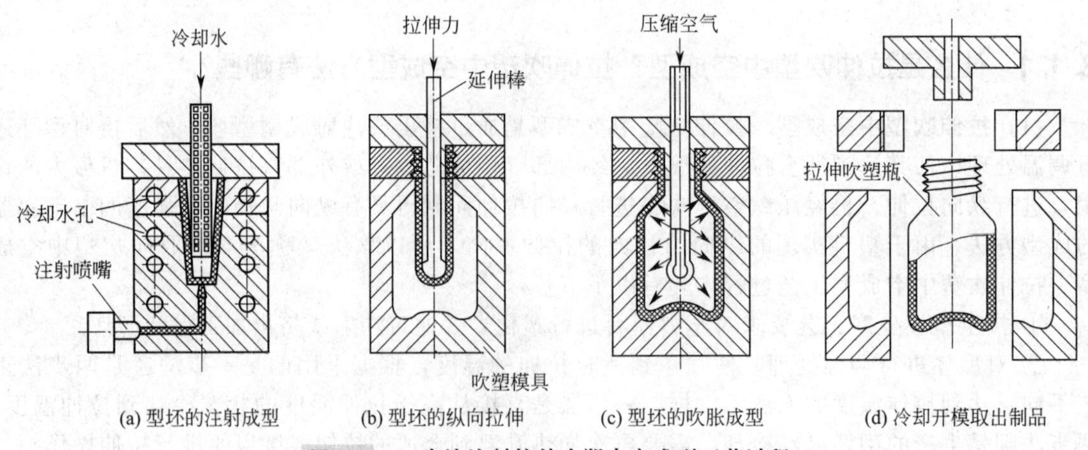

图 3-2 一步法注射拉伸吹塑中空成型工艺过程

两步法又称为冷坯法，其工艺过程如图 3-3 所示。该工艺是将整个生产过程分为两步，先采用注射法生产可用于拉伸吹塑成型的型坯，再将型坯加热到合适的温度后将其置于吹塑模中进行拉伸吹塑的成型方法。成型过程中，型坯的注射和中空塑件的拉伸吹塑成型分别在不同的设备上进行，为了补偿型坯冷却散发的热量，需要进行二次加热。这种方法的主要特点是设备结构相对比较简单。

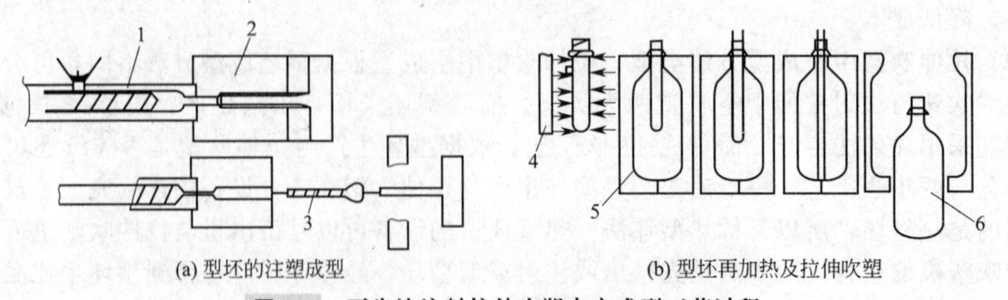

图 3-3 两步法注射拉伸吹塑中空成型工艺过程

1—注射成型；2—型坯模具；3—型坯；4—型坯加热装置；5—拉伸吹塑装置；6—制品

3.1.3 一步法注射拉伸中空吹塑中三工位和四工位成型工序有何不同?

一步法注射拉伸中空吹塑中三工位和四工位的不同主要是三工位注射拉伸中空吹塑成型一般分为注射管坯、型坯拉伸吹胀和冷却脱模等三个工序，如图 3-4 所示为一步法注射拉伸中空吹瓶过程，瓶坯注射成型、瓶坯拉伸吹塑成型及脱模等工序在同一设备上按顺序依次完成。型坯的注射成型是在注射机里将塑料原料熔融，注射成型得到有底的管状型坯；型坯拉伸吹塑是将型坯转到吹塑模具内，采用直接调温法，将型坯各部位的温度调节和控制在适合吹塑的温度范围内，然后进行纵向拉伸与径向吹胀。经拉伸吹胀的制品，冷却定型后转到脱模工位；最后是打开模具颈环，脱模得到制品。

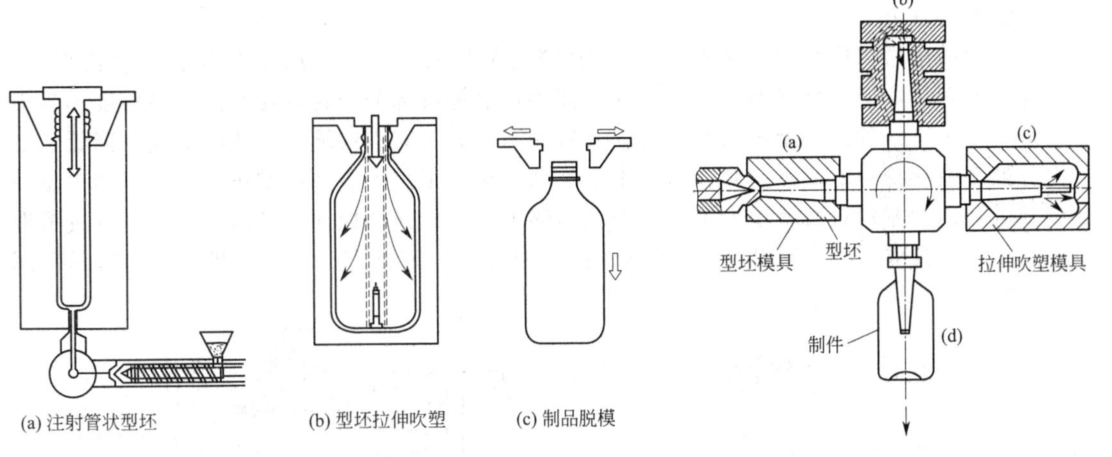

图 3-4 一步法三工位注射拉伸吹塑瓶工序

图 3-5 一步法四工位注射拉伸吹塑工艺过程

(a) 型坯注射成型；(b) 型坯加热调温；(c) 型坯拉伸吹胀；(d) 制件脱模

一步法注射拉伸吹塑中四工位成型一般可分为型坯注射成型、型坯加热调温、型坯拉伸吹胀和制件脱模等四道工序，如图 3-5 所示为一步法四工位注射拉伸吹瓶工序。型坯注射成型是将塑料原料加入注射机料斗，原料在料筒内熔融塑化后经过注射喷嘴注射进入型坯模具，冷却定型得到有底的管状型坯，如图 3-5(a)所示。型坯芯棒抽出后，型坯由颈部模环夹持，转动 90°至加热工位，对型坯进行温度调节与控制，型坯的加热是从内外壁分段进行的，以便型坯在拉伸吹塑时能通过温度局部地调节相关部位的制品壁的厚度，如图 3-5(b)所示。经调温的型坯，转动 90°至吹塑模具内，型坯纵向机械拉伸的同时，型坯被压缩空气吹胀成型，如图 3-5(c)所示。模颈环夹持制品，转动 90°至脱模工位，打开模颈环，取出制品，如图 3-5(d)所示。

3.1.4 一步法注射拉伸吹塑中空成型机由哪几部分组成?

一步法注射拉伸吹塑成型机，实际上是一台具有特殊功用的注射成型机。它主要由注射装置、回转机构以及液压装置、气动装置和电气控制系统等组成。

一步法注射拉伸吹塑成型机以三工位居多，它包括型坯的注射成型，型坯的拉伸吹塑和制品取出等。其工位的转换是通过液压传动装置驱动，带动间隙回转工作圆盘。圆盘上安装了预型坯唇模（预型坯颈部螺纹模具），由唇模支承着预型坯回转运动，转角为 120°，转动机构有液压缸齿轮齿条机构、液压缸曲柄连杆机构或伺服系统机构等。

(1) 型坯的注射装置 注射装置采用双缸结构，注射压力大且均匀；预塑液压马达采用低速大转矩，结构紧凑、调速方便；螺杆，根据塑料性能的不同，其结构各有特点，保证有良好的塑化性能；液压控制采用压力、流量双比例阀，控制精度高，计量精确，制品性能好；操作采用可编程序控制器或计算机操作，便捷准确。

在注射工位，注射装置向模具注入熔融树脂，成型预型坯。注射模具的芯棒及型腔在垂直方向上相对闭合，冷却结束，芯棒向上，型腔向下运动，随后唇模夹持着未完全冷却的预型坯旋转 120°，到达拉伸吹塑工位。

(2) 型坯的拉伸吹塑装置

型坯从预成型工位转位 120°到达拉伸吹塑工位后，吹塑模闭合，拉伸杆下降至预塑型坯内底部，实现快速拉伸，同时经拉伸杆进气吹塑成型。

(3) 脱模装置

拉伸吹塑结束后，成型制品开模后转位 120°至制品取出工位，唇模分开制品脱模取出。从型坯成型至制品取出，唇模始终夹持并保护预型坯的螺纹部分回转，使制品封口精度不受损坏。典型的三工位一步法成型机具有先进的直接调温方式，它不仅缩短了成型周期，降低了能耗，而且最终能够获得低成本、高效益的中空制品。除三工位一步法成型机外，还有四工位一步法成型机。两者差别是后者增加了一个型坯加热工序，以保证拉伸吹塑时有最合适的成型温度。一步法三工位成型机回转结构示意图如图 3-6 所示。一步法四工位成型机回转结构示意图如图 3-7 所示。

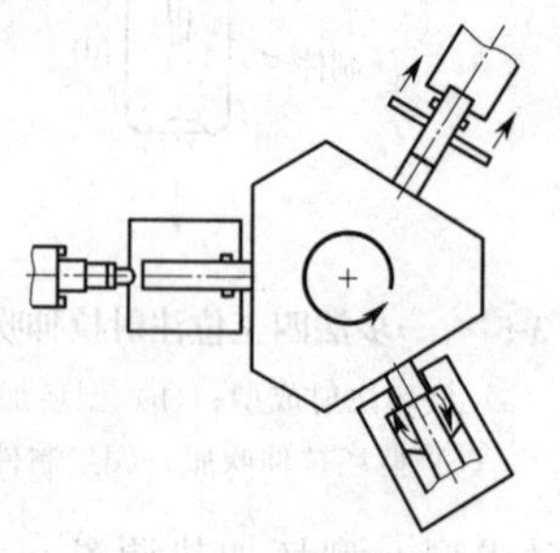

图 3-6 一步法三工位注-拉-吹中空成型机回转结构

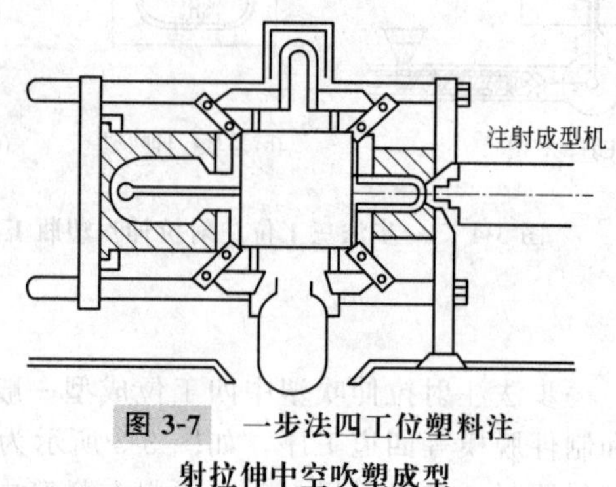

图 3-7 一步法四工位塑料注射拉伸中空吹塑成型

3.1.5 两步法注射拉伸吹塑中空成型生产线由哪几部分组成?

二步法注射拉伸吹塑成型机生产线主要由注射成型机与拉伸吹塑成型机以及相关辅助装置组成，如图 3-8 和图 3-9 所示为注-拉-吹专用注射机和拉伸吹塑成型机。

(1) 注射成型机 用来专门生产型坏的塑料注射成型机，由于 PET 材料在熔融状态下的黏度低，因而其螺杆、喷嘴的结构与普通的注射机稍有不同，另外在合模部件后侧装有机械手，其余与高效率注射成型机相同。所用型坯模具采用热流道结构。

图 3-8 注-拉-吹专用注射机

图 3-9 拉伸吹塑中空成型机

(2) 拉伸吹塑成型机　拉伸吹塑成型机包括一套加热系统和拉伸吹塑部件。加热系统要保证瓶坯加热均匀，满足拉伸吹塑成型温度要求。加热可采用红外线加热、石英管加热器和射频加热法。如图3-10、图3-11为几种两步法注射拉伸吹塑装置结构。红外线加热器价格便宜，但其热量的传播比较缓慢，当热量从制品的外壁传至内壁时，有可能出现内壁达到所要求温度前，外壁已因温度达到最大结晶温度而使型坯出现较大的结晶度，即型坯及制品雾度较大。当采用石英管加热时，其热量一般较容易被PET型坯吸收，能够较快、较均匀地进入内壁。当型坯壁厚>5mm时，要求采用射频加热法。通常型坯沿加热区作旋转或直线运动，为了保证型坯加热均匀，其本身还应做自转运动。型坯按设定要求进入吹胀区，拉伸吹胀完成后取出，最后经传送带进入成品箱。

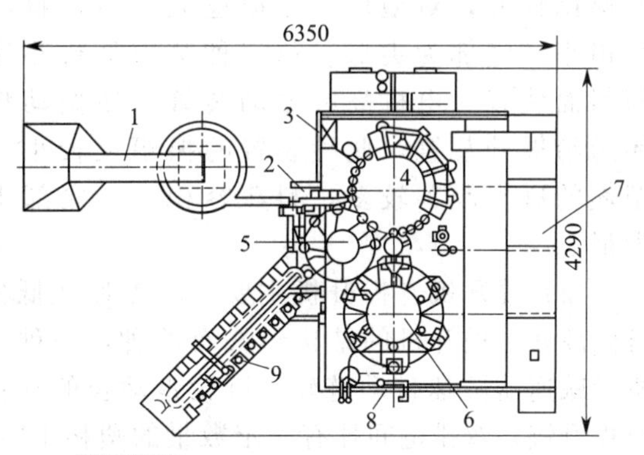

图3-10　回转盘传送预型坯两步法结构

1—预型坯传送；2—供应站；3—控制仪表盘；4—加热回转盘；5—取出回转盘；6—拉伸、吹塑回转盘；7—电气柜；8—压缩空气操纵盘；9—传送带

(3) 辅助装置　辅助装置主要是指模具温度控制机和调湿机等。对普通型坯模具，若冷却水的温度控制在5～10℃范围内，均能得到透明型坯（如碳酸饮料、矿泉水饮料所用瓶坯）。对厚壁型坯（如纯净水瓶所用瓶坯），水温要在2～5℃范围内，所以必须配备提供冷冻水的设备或装置（模具温度控制机）。但也必须注意到，模温过低时，有时会因水珠冷凝在模腔或芯棒上，影响成型性能和型坯性能，为此要降低模具周围的湿度，还应配备调湿机。

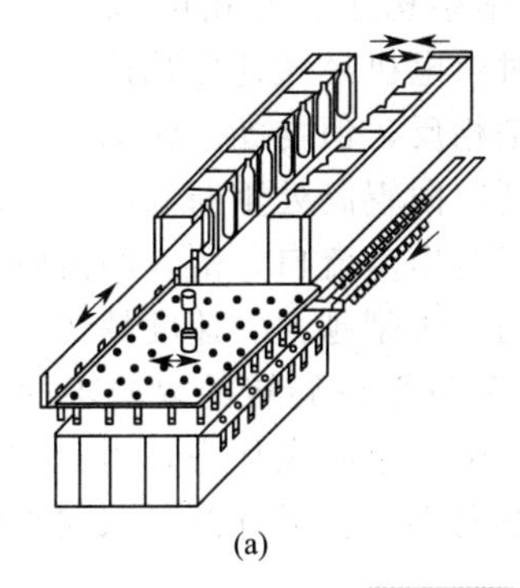

(a)

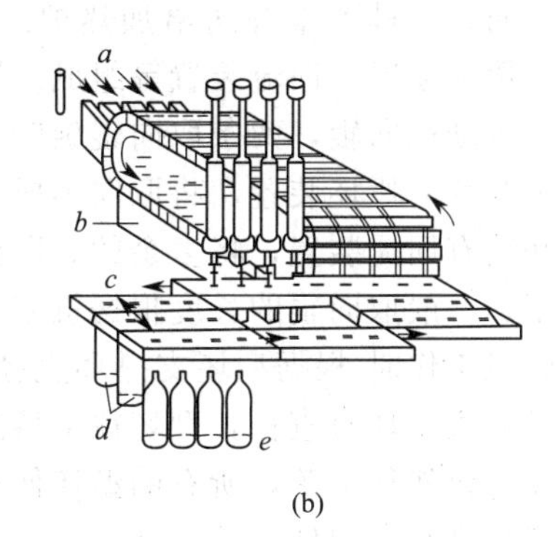

(b)

图3-11　两步法吹塑装置结构示意图

3.1.6　拉伸吹塑中空成型机的结构组成如何？

拉伸吹塑中空成型机的结构主要由大料斗、提升机、取向机、型坯进给装置、型坯加热炉、机械手、吹轮、主传动部分、机架、输出装置、电控系统、吹塑模具、拉伸机构、空气吹塑机构、冷却成型系统等组成，如图3-12所示为拉伸吹塑中空成型机外形。

(1) 大料斗　大料斗主要是用于承装型坯的大容器，并将斗内的型坯送给提升机。采用塑料大料斗，重量轻，减少型坯碰伤程度，但刚性差。料斗内有型坯的进给结构，常用的进给结构有三种形式。第一种是料斗底部有一平面输送带，由电机经减速器减速带动皮带输送辊转动，输送辊再将转动传递给平皮带，落在平皮带上的型坯慢速直线运动进给，料斗内型坯数量的多少对送坯速度影响较大。第二种结构是料斗靠后的斜面装有一凸轮振动装置，定时进行振动，靠振动将型坯送给提升装置，此种装置的振幅比较大，对型坯的碰损也大一些，料斗容积稍小，底部为尖形。第三种结构是料斗靠后的斜面装有一电机高频振动装置，靠振动将型坯送给提升装置，此种装置的振幅比较小，对型坯的碰损改善较多，料斗容积大，底部也为尖形。

图 3-12 拉伸吹塑中空成型机

(2) 提升机 提升机主要是将型坯从低处提升到高处。提升机的结构形式有两种：一种是电机经减速器减速带动链轮，链轮带动长的双排平行提升链，双排链间挂有一定数量的塑料小料斗，小料斗循环转动，将瓶坯从低处提到高处倒入取向辊的高端，该结构瓶坯的提升连续性差，容易卡机，型坯碰伤程度大；另一种是电机经减速器减速带动平面输送皮带辊转动，输送辊再将转动传递给平皮带，平皮带外侧垂直粘有一定数量胶板，呈T形，整条皮带倾斜安装并循环转动，将落在皮带外侧T形直角处上的瓶坯从低处提到高处倒入取向辊的高端，该结构瓶坯的提升连续性好，型坯碰伤程度小，但皮带容易跑偏，如果跑偏未及时调整很容易将整条皮带损坏。

提升机的提升速度一般要求是型坯供给稍大于吹塑速度。提升速度的控制一般是通过取向辊处的光电管控制，当取向辊监视处无坯时，光电管灯亮，信号接通，通过电器控制系统给提升电机通电，电机工作进行瓶坯提升，当取向辊监视处有坯时，光电管灯灭，信号断开，通过电器控制系统给提升电机断电，电机停止工作停止瓶坯的提升。

(3) 取向机 取向机主要是对型坯进行整理，将杂乱无序的型坯整理成型坯口朝上，坯身向下的统一方向，并排列整齐送给加热炉。取向机的基本结构主要是由电机经减速器、皮带轮、取向辊、拨坯装置、回流装置等组成。取向机工作时由电机经减速器减速带动皮带轮，皮带轮再经皮带带动取向辊，两条取向辊旋转方向在内侧是相反，但均朝上转动。在取向辊的末端均装有一多叶片的拨坯装置，将取向不成功的瓶坯拨到取向辊高处重新取向，有的设备还开有溢流口，并装有回流装置，将多余的、取向不好的瓶坯拨出溢流口，落入回流输送带，送回大料斗再使用。一般取向辊的长度根据机型大小长短不同，机型越大、速度越快，取向辊的长度越长。取向机工作时 根据型坯支撑环直径尺寸大小，两条平行旋转的取向辊间隙调整略小于支撑环直径而大于坯身直径，型坯往下落到取向辊处，由于重心在坯身，当支撑环被挡在两条取向辊上坯身仍然往下落，所有的型坯便挂在了两条取向辊上。另外两条取向辊倾斜安装并旋转，使型坯从高端滑向低端。

(4) 型坯进给装置 型坯进给装置是将取向机整理好的型坯依次送入加热炉，控制型坯的进入或停止，监视型坯的供给。结构是在取向辊末端，安装两条平行的导轨，与加热炉的入口端相连。型坯的进给力来自型坯的自重，取向辊末端与加热炉的入口端高度差在1～1.5m。关键是取向辊的接口要保证平滑过渡，型坯流动顺畅。根据机型及安装布局的不同，该段导轨有多种样式，只是形状不同而已。导轨间隙宽度调整小于支撑环外径2～3mm为宜。在垂直于炉子入口处的导轨段上平面安装有上下两个光电管，作用分别是上光电管监视无瓶坯时报警提示，下光电管监视无瓶坯时停机。另在垂直于炉子入口处的导轨段下平面上安装有一可调节的限位杆，可防止长度超长的瓶坯进入加热炉。在垂直于炉子入口处的导轨末段上面安装有一气缸，气缸主轴端装有一尖的锥头，由电磁阀控制，其功能是控制瓶坯的进入或停止。

(5) 加热炉 加热炉对型坯进行加热。它主要是由主轴、芯轴、进坯小星轮、加热装置、冷却导轨、弯曲坯检测装置等部分组成。主轴部分是由来自于主电机方向的同步齿型皮带拖动，安装同步皮带轮的主轴中部装有一大型的送坯盘，上端装有上载、下载瓶坯及拉动芯轴链的机构，该主轴中部还装有一力矩限制器，当炉子部分的传动件卡住或炉子转动力超过力矩限制器的转矩时该力矩限制器将炉子部分的传动与主电机部分脱开，并通过限位开关报警和停机。主轴底部有调节炉子与机械手的同步装置。

芯轴部分的芯轴数量根据机型的大小各不相同。芯轴与芯轴之间采用球连接。球连接的作用是芯轴链要旋转同时在瓶坯上载和下载前要进行 180°的翻转。翻转运动靠翻转轨道和芯轴上的滚子来实现。芯轴底部装有一链轮，在炉子的两直段以及后端转弯半径段安装有一条固定链条，芯轴链轮在链条作用下做自转运动。芯轴的主轴可伸缩，上端装有一卸坯套，当芯轴加热完毕进入下载装置时，下载叉提起链轮端，芯轴主轴上升，芯轴头缩入卸坯套内，瓶坯脱离芯轴。当芯轴进入上载装置时，上载叉压下链轮端，芯轴主轴下降，芯轴头伸出卸坯套进入瓶坯口内，瓶坯装载入芯轴。

进坯小星轮的作用是缓冲瓶坯轨道上瓶坯下落的冲击力，减少卡机。进坯小星轮是通过炉子主轴上的同步齿型皮带传动，高度及位置需与主轴上的大型送坯盘一致，也装有力矩保护装置。当出现卡机时传动件脱离主轴，报警并停机。

炉子末端芯轴链转盘是从动盘，盘上的叉齿叉住芯轴做旋转运动，该盘位置可调，由一张紧汽缸来实现，当芯轴链卡住过载时汽缸会压缩产生一定距离的移动，限位开关会报警并停机，防止将芯轴链拉坏。

加热原理是采用红外线灯管加热，照射移动并自转动的型坯，灯管对面安装有反射板，将部分光能反射回来再加热型坯。型坯靠吸收红外线光能而加热使温度升高。另外炉子安装有通风装置，均匀炉内热量。加热炉最上层灯管处装有一热电偶，用来检测炉内温度。

灯管水平安装，垂直方向 8～9 层灯管，最下 1 层灯管称作 1 区，依次往上称为 2 区、3 区……水平方向上灯管数量与机型有关，数量多少不一，一般 1 个模具 1 只灯管，如 SBO10 有 10 只灯管，SBO20 有 20 只灯管，从型坯进入加热炉端开始，第 1 只灯管称作 1 炉，依次往后称作 2 炉、3 炉……一般灯管装在灯架上，灯架高度可调节，以调整灯管与型坯的相对位置，同时还可调节灯管的垫块及支架，调整灯管和瓶坯的距离。灯管的线接头采用吹风予以保护。

加热灯管功率一般 2～9 区采用功率为 2500W，1 区功率为 3000W。1 区的灯管功率大主要是由于 1 区靠近冷却装置，散失的热量多，型坯易出现加热不充分，因而需加大此区的加热功率。连续生产过程中的总加热功率系数控制，采用自动调节的控制方式进行跟踪调整的情况比较多，保证出坯温度在设定的出坯温度值上下波动，调整频率和幅度可设定。出坯温度由装于型坯卸载处的红外测温仪检测。

冷却导轨采用铝材，中间钻孔通循环冷却水，一般通 6～12℃的冷冻水效果更佳。水温越高，坯口的保护越差；水温越低，型口的保护越好，但冷凝水较多，坯身可能出现水斑，特别在南方地区的夏季，湿度大，冷凝水相当严重。

弯曲坯检测：在型坯上载位置后与翻转轨道之间有一弯曲坯检测装置，它由电机带动减速机减速，在减速机输出端轴上装有一胶轮，当芯轴通过时摩擦芯轴转动，装载在芯轴上的瓶坯也跟着转动，如型坯弯曲则会触动限位开关，主机控制系统会接通弹坯汽缸电磁阀线圈，汽缸动作弹出该弯曲坯，防止弯曲坯进入炉内损坏灯管。

(6) 机械手　机械手是通过机械手座上的法兰装于转动盘上，高度通过法兰间的可剥式垫片调整。机械手座上装有做直线运动的轴承，在轴或导轨上装有速度和位置滚子，机械手在绕主轴旋转的同时一方面做水平方向的伸缩运动，另一方面对旋转的速度进行调整。在轴或导轨前端装有夹头、夹子。主轴的动力源来自主电机方向的同步皮带，同步皮带带动机械手主轴上的同步带齿轮，机械手主轴转动。在主轴下方有力矩保护器，一代机还有调整机械手与主吹轮同步的调节器。

在主轴上方是机械手转动盘，盘与主轴采用锥度圈固定，高度及水平位置可调整，一般不需调整，机械手转动盘上装有多套机械手，机型不同机械手数量不同。转动盘下面有一固定盘，盘上有凸轮轨道，称作速度凸轮，机械手的速度控制滚子在此凸轮上运动，作用是保证机械手夹口在夹坯、送坯到模具、到模具上夹制品、卸制品这四个位置段速度的同步。

(7) 吹轮 吹轮是实现模具工位的旋转连续工作的装置。吹轮底部装有一大的轴承，与主机架装配，承载主吹轮的重量，同时保证转动。轴承上方装有一大型齿轮，与主电机方向的小齿轮啮合传动。吹轮中心底部有两路循环水的旋转接头，接头上方安装的是两路循环水的分水盘，将循环水通向各模具工位。吹轮中部是模架安装工位，模架上方是吹嘴工位，再上方是拉伸工位，相同的工位要保证同轴度的一致。吹轮中心上部的压缩空气旋转接头，接头下方安装压缩空气的管路、阀门、分气管等，将各种不同大小压力的压缩空气通向各模具工位。

模具工位是实现模具的开、合、锁、解锁的装置。模具工位上部由一副可开、合的模架构成，模架的转动轴装于吹轮上，开、合模具由开、合臂控制，开、合臂上装有滚子，滚子在机架上的开、合凸轮上运动，实现臂的转动，臂将转动传给开、合模轴，轴再将转动传给开、合铰链控制模架的开、合。模架上安装模托，模托上再安装吹瓶模具的模身，左右各安装半模。

吹嘴工位的功能是吹嘴能上、下运动，下运动压紧并封住瓶坯口进行预吹、高吹、排气，上运动脱离型坯便于制品从模具中脱离。吹嘴的上下运动一般由吹嘴汽缸控制，预吹、高吹、补偿、排气是由电磁阀控制。

拉伸工位是拉升杆的上下运动，对型坯进行拉伸。拉伸工位在最上面装有一拉伸汽缸，拉伸汽缸的轴端通过球连接与拉伸座相连，拉伸座安装在直线轴承上，拉伸座上有装拉伸杆的夹具。在直线轴承的下方，有汽缸行程限制器并加装减震器碰撞缓冲，拉伸杆的高度也通过调整限制器高度来调节。另外拉伸座上装有滚子，拉伸时滚子在拉伸凸轮上运动，保证拉伸的位置、速度固定，在拉伸回程时如遇卡住或动作缓慢可被拉伸安全凸轮强行抬起来，避免损坏设备。

(8) 主传动部分 主传动部分的功能是将运动传递到各转动件。一般采用交流电机，速度由变频器调节。主电机的转动经变速器减速后经同步皮带分别传到机械手主轴、主吹轮过渡小齿轮轴、刹车盘主轴等各部。所有的传动件均采用齿传轮传动，以保证准确的传动比，即保证各机件的相对位置（同步）不变。

(9) 输出装置 输出装置是将制品从机械手上刮掉，依次拨动制品往机外输送。在机械手靠外位置的机架上装有一星轮盘主轴，由机械手方向的同步皮带传动。轴下部装有力矩过载保护器，当制品输出不顺卡机时与主机运动脱离，避免损坏机件。轴上部安装塑料拨动星轮板，星轮板可在轴上进行垂直高度和水平角度的调整，星轮板有不同的型号，以适合不同大小的制品。输出装置还有输出导轨和栏杆或板，导轨与机械手相交处为弧形，高度调整在制品支撑环下平面 2mm 处，作用是将制品从机械手上刮掉，刮掉的制品支撑环挂在导轨上，被星轮盘拨动往外送。

(10) 随机辅机 随机辅机主要包括水温机、油温机等。水温机的调节温度在 10～90℃范围内，介质为水，循环流动。冷坯机型为模托提供冷却水，水温一般较低，一般在 15～45℃范围内，通常在 20℃左右。热坯机为底模提供热水，温度较高，一般在 80℃左右。冷却水温度可设定并自动调节，升温靠机内的电加热管，降温靠机内的热交换器，热交换冷源介质为外部的冷冻水，另外冷冻水也是模温循环水的补给水源。

油温机为热坯机模身提供高温热油，温度较高，一般控制在 160℃左右。油温机的介质为耐高温特殊油，循环流动，通常调节温度最高可达 180℃。热油温度可设定并自动调节，升温靠机内的电加热管，功率高达 50kW，降温靠机内的热交换器，热交换冷源介质为外部的冷冻水。油温机也可作水温机用，但要防止温度设定大于 100℃，否则水会形成蒸汽，发生安全事故。

3.1.7　选用拉伸吹塑中空成型机时应考虑哪些技术参数?

选用拉伸吹塑中空成型机时应考虑的技术参数主要有加热功率、吹塑锁模力、拉伸速率与行程、吹塑合模行程与最小模厚及模板尺寸等。

(1) 加热功率　加热装置的功率主要消耗于预塑型坯材料的温升以及加热过程的热损失。由于影响热平衡的因素很多，加热过程的热损失，包括与加热装置周围介质（空气）的热交换（辐射、对流）等可省略。按热力学基本理论，加熟装置的功率可按下式计算：

$$N_H = A\frac{nG\Delta TC}{t\eta}$$

式中　N_H——加热装置功率，kW；

G——每件预型坯质量，kg；

n——同时加热的预型坯数量；

ΔT——预型坯加热温升，K；

C——塑料材料比热容，J/(kg·K)；

t——预型坯的加热时间，s；

η——热效率，$\eta = 0.4 \sim 0.5$；

A——单位换算系数，$A = 0.001$。

注射拉伸吹塑常用塑料的比热容如表 3-1 所示。

表 3-1　注射拉伸吹塑常用塑料的比热容

塑料名称	比热容 C/[J/(kg·K)]
PVC(硬质)	(0.25～0.35)×4186.8
PP	(0.46～0.50)×4186.8
PET	(0.28～0.55)×4186.8

(2) 吹塑锁模力　吹塑锁模力表示预型坯在拉伸吹塑成型时模具所需的夹紧力，一般可按下式进行计算：

$$P_C = A\alpha PFn$$

式中　P_C——吹塑锁模力，kN；

P——吹塑压力，Pa；根据预型坯的材料及加热温度决定，通常一步法取 $(1 \sim 1.5) \times 9.8 \times 10^5$ Pa，二步法则取较高值，甚至超过 $3 \times 9.8 \times 10^5$ Pa；

F——吹塑制品的投影面积，m^2；

n——同时拉伸吹塑成型的制品个数；

α——吹塑锁模力余量系数，α 取 1.20～1.30；

A——单位换算系数，$A = 0.001$。

(3) 拉伸速度、拉伸行程　拉伸速度和行程指预型坯的纵向拉伸速度和行程。拉伸速度按下列公式计算：

$$v = S/t$$

式中　v——拉伸速度，m/s；

S——拉伸行程，m，取决于拉伸倍率；根据材料性质、制品形状、用途的不同，拉伸倍率有较大差异，一般纵向拉伸倍率为 1.5∶1，横向拉伸倍率为 2.5∶1；

t——拉伸时间，s，拉伸时间一般时间越短越好，通常为 0.2～1s，但快速拉伸极限以不破坏材料为界限。

(4) 吹塑合模行程、最小模厚、模板尺寸　无论是合模行程还是最小模厚和模板尺寸，均直接关系到机器所能吹塑成型制品的范围。为使成型后制品能在对开模具之间顺利脱出，模板的移动距离要大。

液压式吹塑合模装置的主要技术参数可用下式表示：

$$L_{max}=S_m+H_{min}=(3\sim4)D_{max}$$

$$S_m\geqslant 2D_{max}$$

$$S_m\geqslant\left(\frac{1}{2}\sim\frac{2}{3}\right)L_{max}$$

式中 L_{max}——模板间的最大开距，m；

S_m——吹塑合模行程，m；

H_{min}——最小模具厚度，m；

D_{max}——吹塑制品最大直径，m。

3.1.8 选用注射拉伸吹塑中空成型机应注意哪些问题？

在选用注射拉伸吹塑中空成型机时一般应注意以下几方面的问题。

① 根据市场、厂房、资金等条件，决定选择一步法还是二步法注射拉伸吹塑中空成型机。一般对于产品品种较多，批量又不大的制品，应考虑选用一步法设备。

② 在选用一步法注射拉伸吹塑中空成型机时，应注意注射装置、塑化能力和一次注射量必须平衡；选用二步法设备时，应注意注射成型机加工型坯的能力和吹塑成型机要相匹配。

③ 注射拉伸吹塑中空成型机的注射装置应考虑采用一线式往复螺杆结构，并配有合适的螺杆和喷嘴，以保证均匀的塑化质量，使型坯的尺寸和热变形控制在较窄的范围内。如成型PET 制品时，采用一线式往复螺杆结构可以减少黏度损失。一般成型 PET 的螺杆长径比多采用 18～20，且宜选用带有长度为 $(1\sim2)D_s$ 的混炼头，压缩比通常取 2.3 左右。

④ 为了缩短成型周期，提高生产率，对一步法设备必须考虑所用模具应具有充分、有效的冷却，尤其是在一模多腔的情况下。型坯受模具热流道的影响较大，因此模具设计，包括热流道、阀式浇口等，都必须从保证各个型坯的均一性方面着手。对于二步法注射拉伸吹塑中空成型机，缩短成型周期的主要措施是提高加热效率，缩短加热时间。

⑤ 选择加热方法时，除考虑经济性外，还应尽可能采用速度快、加热均匀的加热方式。要求型坯在厚度方向上加热均匀，且四周加热均一时，可考虑采用波长较长的红外线加热法。对一步法可采用加热芯和加热罐，并必须在靠近型坯内、外表面加热时，保证处于中心的位置。对二步法设备，可考虑采用夹持型坯的芯轴，带着型坯旋转进行加热的方式。型坯的轴向温度分布可预先设定，并能严格控制，轴向温度控制可设 3～8 段，甚至更多。

⑥ 拉伸速度、时间、吹塑能力和吹塑时间对制品的成型性能影响很大，设计选型对拉伸行程、拉伸汽缸进气量以及吹塑气压、吹塑时间能进行控制和调整。

⑦ 在选用一步法注射拉伸吹塑中空成型机时，必须同时考虑物料干燥、冷却水和压缩空气供应等方面的辅助配套设备。选用二步法注射拉伸吹塑中空成型机还要考虑型坯输送、对中及配套设备。

3.1.9 注射拉伸吹塑中空成型机安全保护措施有哪些？

拉伸吹塑中空塑成型机的安全保护措施主要有安全门、模具保护装置、液压系统的安全报警装置，以及操作台附近设有紧急停车红色按钮，供有意外事故紧急停车时使用。

(1) 安全门 操作工在注射成型生产过程中，经常要到两开合模具间取制件、调试模具或清理成型模具内异物，为防止在开合模过程中模具伤害到操作人员，保护操作人员的人身安全，在合模装置上都设有安全门。关上安全门时合模动作方可进行，打开安全门或没完全关紧时，合模动作不能进行，若正在合模过程中也会立即停止。

安全门主要由行程开关限制动作，门关闭，压合合模行程开关，合模油缸才能工作，开始注射动作。打开安全门、合模行程开关复位断电，这时才能接通开模开关，模具才能动作。如果两种开关同时压合或不压合，便会发出故障报警。行程开关应安装在隐蔽处，以避免人为碰撞或误压，造成事故。

(2) 模具保护装置　模具是注射制品的主要成型部件，它的结构形状和制造工艺比较复杂，造价费用高。如果模具出现问题，不仅会影响塑料制品的质量，甚至会使生产无法进行，所以，模具的安全也应重点保护。为了防止模具闭合时有冲撞现象，合模至模具要接触时，行程速度要放慢，同时要低压合模，待两模具接触并碰到微行程开关时才能升高压合模。如在低压合模过程中，两模间有异物，两模具面不能接触，碰不到微行程开关，则不能高压锁模。这样，即可达到保护模具不受损坏的目的。

(3) 液压系统的安全报警装置　液压系统的安全报警装置主要有以下几方面：①润滑油不足报警，以保证各相互运动配合部位有良好润滑；②液压油量不足报警，防止因吸油量不足而影响液压传动工作；③液压油温过高报警，防止液压传动各元件损坏，保证液压传动工作正常运行；④吸油管路部位滤油器供油不足报警，防止因空气混入液压油中而影响液压传动工作。

3.1.10　拉伸吹塑中空成型机的安装及维护应注意哪些问题?

(1) 安装应注意的问题　对于拉伸吹塑中空成型机的安装，要根据公司厂房具体情况及产品要求进行，安装时应注意以下几方面。

① 安装机器的车间必须清洁、通风，应按地基平面图的要求提前准备好，做到地基平整，承载能力符合要求并留有地脚螺栓安装孔。

② 机器安装时应校调水平，以保证机器平稳工作。对二步法设备，应考虑整条流水线，包括制坯、输送、二次加热、拉伸吹塑、贴标、制品收集等配套设备的合理布置。

③ 机器的辅助设备，包括物料干燥装置、空压机以及制冷设备等另室安装。

④ 应配备有足够压力和流量的冷却水接口，用于冷却液压系统的液压油等。用于冷却模具的冷水管道应包覆隔热材料。

(2) 维护应注意的问题　为了确保拉伸吹塑中空成型机能随时投入正常生产及延长其使用寿命，必须对其进行定期维护保养，维护保养应注意以下几方面。

① 保持机器清洁和环境整洁。加工硬质PVC材料后，必须及时清洁机筒和螺杆。停机期间，应对注射和吹塑模具进行防锈处理。

② 机器各运动副要经常加润滑油。经常检查气动三大件（分水滤气器、减压阀、油雾器），及时放水和加润滑油。

③ 经常检查液压系统油箱的液面位置，定期更换液压油。

④ 液压油冷却器应定期用三氯乙烷溶液或四氯化碳溶液进行清洗，以提高其热交换率保障液压油处于正常的温度下进行工作。

3.1.11　两步法注射拉伸吹塑中空成型过程应如何控制?

两步法注射拉伸吹塑中空成型分为型坯的注射成型与型坯的预热、拉伸吹塑成型等工序。为了保证中空制品的质量，每道工序都必须进行严格控制。

(1) 型坯的注射成型　对于吸湿性树脂，成型前必须干燥。如PET树脂有一定的吸水性，且含水树脂在高温加工时极易水解，导致型坯表面出现气泡和内在强度下降，使下一道拉吹工序发生困难。为保证加工全过程顺利进行，树脂加工前必须干燥。除湿干燥机在(150±10)℃下对PET干燥50～90min，树脂含水量可降至0.01%以下，能满足加工工艺要求。已经干燥合格的树脂，有从空气中重新吸湿的倾向，因此，应在注射机上装红外线灯保温或采用具有干燥除湿功能的料斗。

型坯注射成型时机筒温度控制主要取决于塑料的性质，注射压力的控制与制品的形状和精度要求有关。成型周期影响设备效率，一般在15～20s。

(2) 型坯的预热 二步法注-拉-吹中空成型时，型坯在拉伸吹塑之前，需进行预热。型坯的预热一般是在温控箱内进行。预热的温度控制应保证型坯拉伸吹塑时既有一定的结晶速率，又能稳定地拉伸吹塑成型。一般结晶型塑料在其熔点附近或稍低进行拉伸，而无定形塑料控制在高于玻璃化温度10～40℃的范围内（低于黏流温度）拉伸，如PET型坯较合适的预热温度是在100～110℃范围。

若型坯预热温度过高，则结晶速率很快，不利于拉伸和吹胀。若预热温度过低，又会出现冷拉伸现象，造成制品厚度不均，质量不稳定。型坯预热时在尽可能短的时间内将瓶坯均匀地加热到预定温度。一般采用红外线加热效果较好。因红外线加热时，它的辐射穿透性较强，使型坯的内部和外表接近同时升温，因而加热时间短，约18～25 min，且型坯温度均匀，加热能耗也低。

(3) 型坯拉伸吹塑成型 型坯拉伸吹塑时主要应控制拉伸速率、拉伸长度、吹气速率、吹塑空气压力以及型坯的拉伸比等。一般快速拉伸和拉伸比大时，则制品的强度高、气密性好，但操作较难，制品容易拉断或出现裂痕；缓慢拉伸，制品达不到所需拉伸比，产品无法成型或强度质量下降。一般拉伸比为2.0～3.0，吹塑空气压力在0.8MPa左右。吹塑成型的压缩空气必须干燥净化，去除油和水分，以保证瓶子内部清洁干净。拉伸吹塑时吹塑成型用模具不需另行加热。

3.1.12 拉伸吹塑中空成型时型坯的拉伸比应如何控制?

在拉伸吹塑中空成型中，根据拉伸与吹胀前后，从型坯到塑件相应部位尺寸的变化定义拉伸比。型坯与拉伸吹塑件尺寸变化如图3-13所示，图中D_1为型坯直径，D_2为制品直径；L_1为型坯可拉伸部分长度，L_2为型坯拉伸吹胀后的高度。纵向方向尺寸变化之比称为纵向拉伸比λ_1($\lambda_1=L_2/L_1$)，径向方向尺寸变化之比称为径向拉伸比（有时也称吹胀比）λ_2($\lambda_2=D_2/D_1$)。一般关系如下。

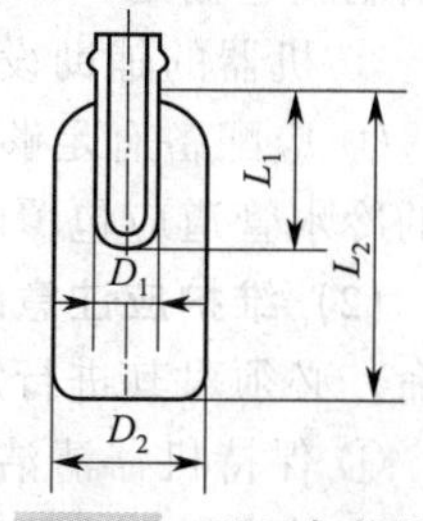

图3-13 型坯与拉伸吹塑件尺寸变化

拉伸吹塑中空成型总的拉伸比是纵向拉伸比与径向拉伸比的乘积。拉伸吹塑制品不同部位的拉伸比不同。一般来说，肩部与底部的拉伸比较小，制品中部拉伸比较大。拉伸吹塑成型过程中应根据拉伸比、制品的高度与径向尺寸，近似地确定相应型坯的尺寸；同时还可根据拉伸比确定成型周期，当拉伸比较大时，同时要求型坯有较大的壁厚，因此成型周期较长。对于制品，一般拉伸比大，拉伸强度和冲击强度高，跌落强度也高，能提高阻止气体渗透的能力。

拉伸吹塑时的拉伸比直接影响中空制品的性能，拉伸比越高，则中空制品的抗拉强度越高，而且气体阻隔性也提高。如PET中空制品的拉伸吹塑成型时，其纵向拉伸比一般在2.5左右，而径向拉伸比在5左右，型坯厚度大时取偏大值。

值得注意的是当型坯厚度大时，型坯预热时间也要求更长，目的是让型坯各部位温度均匀，便于后面的拉伸吹塑工艺操作。当型坯厚度小时取偏小值。若中空制品要求耐堆叠，则可让纵向拉伸比大于径向拉伸比，这样生产的制品纵向机械强度更好，在堆叠过程中不容易损坏。显然，耐内压中空容器生产时采用径向拉伸比大于纵向拉伸比。型坯拉伸吹塑时，应保证有一定的拉伸应变速度，以避免拉伸诱导分子取向的松弛。但是也不能太大，否则会使聚合物结构受到破坏，使拉伸中空吹塑制品出现微小的裂缝等缺陷。

3.2 挤出拉伸吹塑中空成型设备操作与维护疑难解答

3.2.1 挤出拉伸吹塑中空成型过程如何？挤出拉伸吹塑中空成型的一步法与两步法工艺各有何特点？

(1) 成型过程 挤出拉伸吹塑是采用挤出法生产出管状型坯，再进行双向拉伸吹塑成型。挤出拉伸吹塑与注射拉伸吹塑类似，也可分为一步法与两步法拉伸吹塑中空成型工艺。

一步法挤出拉伸吹塑中空成型工艺过程分为管坯的挤出、管坯温度调整、拉伸吹塑、制件脱模取出制品四步。其过程如图 3-14 所示。

① 管坯的挤出 将热塑性塑料加入挤出机料斗中，塑料在挤出机料筒内进行熔融塑化与输送，通过挤出机头得到管坯，当管坯达到预定长度时，塑模具转至机头下方，截取管坯，如图 3-14(a) 所示。

② 管坯温度调整 将挤出的管坯在模具中进行温度调整，使其温度达到适合拉伸的温度，如图 3-14(b) 所示。

③ 拉伸吹塑 将温度调整好的管坯送入拉伸吹塑模具内，进行拉伸与吹胀操作，一般用进气杆对型坯进行纵向拉伸，与此同时，压缩空气进入型坯，进行径向拉伸，即吹胀过程，如图 3-14(c)、图 3-14(d) 所示。

④ 制件脱模取出制品 将拉伸吹塑成型好的中空塑件进行冷却，开模取出塑件，如图 3-14(e) 所示。

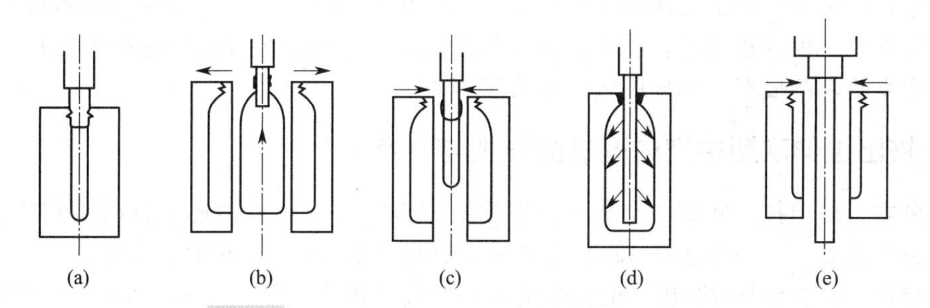

图 3-14 一步法挤出拉伸吹塑中空成型工艺过程

(a) 挤出管坯；(b) 型坯成型模具闭合并调整温度；(c) 型坯转入吹塑模具；
(d) 模具内进行拉伸与吹胀；(e) 冷却并开模取得制品

两步法挤出拉伸吹塑又称冷管拉伸吹塑，两步法挤出拉伸吹塑中空成型工艺过程如图 3-15 所示。它是将热塑性塑料加入挤出机，经熔融塑化后挤出规定直径的管子，将冷却定型的管子按规定长度进行切割。拉伸吹塑时，夹持管子于加热装置中加热，如图 3-15(a) 所示；经加热调温后的管子在管坯内，一端压缩成型口颈螺纹，如图 3-15(b) 所示；另一端被封闭为管坯底部，如图 3-15(c) 所示；然后管坯及吹气杆被转到吹塑模具内；管坯在吹塑模具内，先被吹气杆进行纵向拉伸，如图 3-15(d) 所示，同时注入压缩空气，径向吹胀管坯成容器，如图 3-15(e) 所示；最后冷却定型得到中空塑件，如图 3-15(f) 所示。

两步法拉伸吹塑制品的底部是管子在加热温度下封接，其加热温度低于直接挤出的型坯的熔体温度，所以制品底部的熔接强度较低。

(2) 一步法和两步法的特点

拉伸吹塑中空成型一步法的特点是：生产连续，塑料没有经受二次加热，有利于保持塑料不分解，对加工热敏性塑料如聚氯乙烯有利，能耗相对小，产品表面缺陷较少。设备投资成本

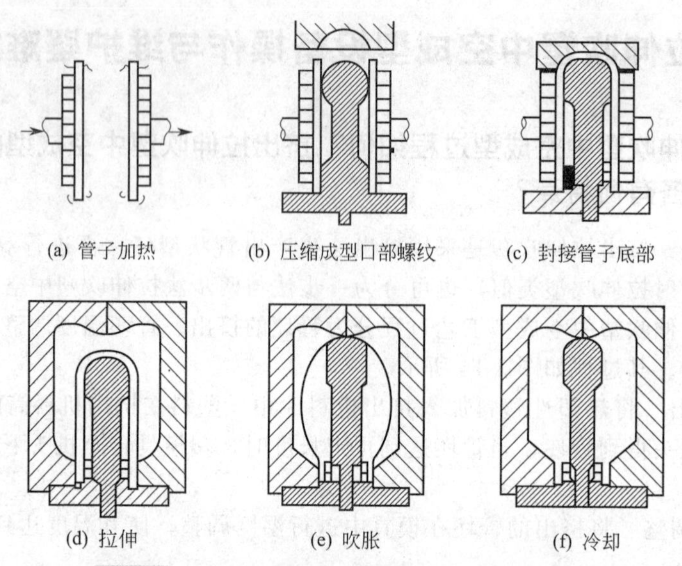

图 3-15 两步法挤出拉伸吹塑中空成型工艺过程

小，占地面积小，自动化程度较高，对生产形状相同而容量不同的中空制品更换模具相对简单。但成型过程中，型坯的成型与吹塑成型工艺必须相互匹配，制品壁相对较厚，对操作工的技术水平要求较高，需要同时懂得成型技术与吹塑技术。主要适宜小批量的生产。

拉伸吹塑中空成型两步法的特点是：产品的壁厚一般较薄，从而降低制品成本，设备操作与维护简单，产量大。由于是两步生产，可分别优化型坯的成型工艺与拉伸吹塑成型工艺，适合大批量的生产。但设备较贵，制品表面容易产生缺陷。由于型坯需要进行再加热，会限制某些形状的中空塑件的成型，如椭圆形的瓶成型困难。

3.2.2 挤出拉伸吹塑中空成型机的分类与特点？

(1) 分类 挤出拉伸吹塑中空成型机根据是一步完成制品成型还是分两步完成制品成型，可将设备分为两类，即一步法挤-拉-吹中空成型机与两步法挤-拉-吹中空成型机。

(2) 特点 一步法挤-拉-吹，是将挤出的型坯置于预吹塑模中进行预吹胀和封端（瓶底），再将预制型坯调温到适于拉伸取向的温度，然后将其置于成型模中进行纵向拉伸、吹胀和冷却定型，如图 3-16 所示为 PVC 的拉伸吹塑中空成型过程。挤出拉伸吹塑设备是由挤出机、型坯口模、预吹塑模、成型模、回火箱和锁模装置等构成的。其特点是由于挤出拉伸吹塑的双轴取向作用，制得瓶子的强度高、光泽好、成本低，但投资较高。一步法挤-拉-吹中空成型机主要用于 PVC 的加工。

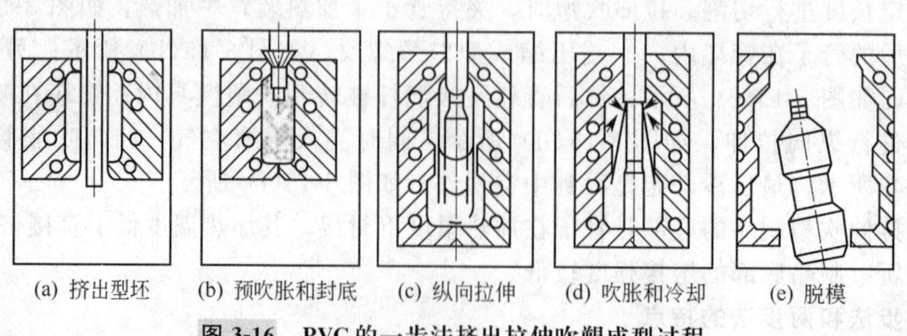

图 3-16 PVC 的一步法挤出拉伸吹塑成型过程

两步法挤-拉-吹是将挤出的型坯冷却结晶，然后将型坯在低于熔点的温度加热，以保持其结晶结构，并进行拉伸和吹塑。其成型过程如图3-17所示。两步法挤-拉-吹中空成型机主要用于PP和PVC的加工。两步法制得的中空容器其特点是改进了低温脆性，提高了强度、透明度和阻隔性等，可用于食品包装。

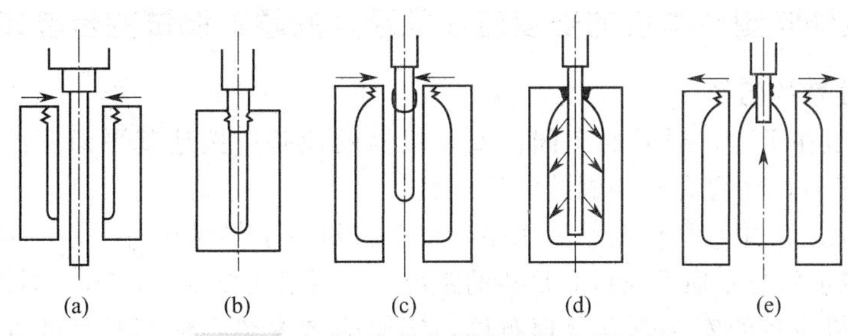

图3-17 两步法挤出拉伸吹塑成型过程

(a) 挤出型坯；(b) 型坯定型；(c) 型坯转至拉伸吹塑模具；(d) 拉伸吹塑；(e) 脱模

3.2.3 挤出拉伸吹塑中空成型的拉伸装置有哪些类型?

在挤出拉伸吹塑中空成型过程中的拉伸装置有两种类型，即拉伸芯棒和拉伸夹具两种。

(1) 拉伸芯棒 拉伸芯棒从型坯上部插入，在液压作用下顶住型坯底部，进行纵向拉伸，然后芯棒上的气孔通入压缩空气吹胀，进行径向拉伸。多数拉伸成型都采用这种拉伸装置。

(2) 拉伸夹具 拉伸夹具从外部夹住管状型坯的两端，在液压作用下进行纵向拉伸，然后再吹胀进行径向拉伸。颈部与底部都有飞边需要修整，飞边经破碎可回收利用。

3.2.4 挤出拉伸吹塑成型机的壁厚控制装置结构组成如何?

挤出拉伸吹塑成型机型坯壁厚控制系统是一个位置控制系统，主要由液压伺服系统、塑料机头的伺服液压缸、电控装置、电液伺服阀、料位传感器（电子尺）以及连接的管道等组成，结构如图3-18所示。通过对机头芯模或口模开口量的控制来控制塑料型坯的厚薄变化，使吹塑制品达到一个较为理想的壁厚控制水平。其中芯棒位置控制精度是决定型坯壁厚控制效果的关键。该系统要求运动平稳，位置精度高、响应快，具有良好的重复精度。壁厚控制系统采用闭环反馈设计，作为信号反馈装置的是料位传感器（电子尺）。操作时在壁厚控制器的面板上设定型坯壁厚轴向变化曲线，控制器根据曲线输出大小变化把相应的电压或者电流信号传至电液伺服阀，由电液伺服驱动执行机构控制模芯的上下移动，从而改变模芯缝隙。电子尺则通过

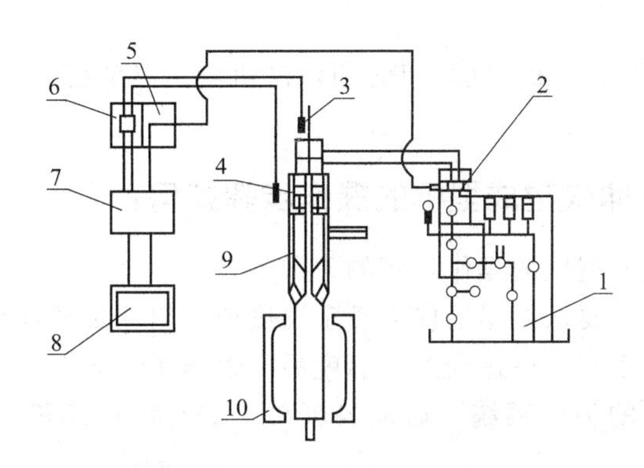

图3-18 型坯轴向壁厚控制系统

1—伺服液压系统；2—电液伺服阀；3—芯模开口位移传感器；4—储料缸料位传感器；5—伺服阀放大器；6—位移传感器变送器；7—PLC数模转换器；8—触摸屏显示器；9—储料机头；10—模具

测量缝隙的大小得出相应的电信号反馈给壁厚控制器，控制器则通过比较给定信号与反馈信号的大小来确定调节方式和调节量的大小，以确保系统按要求工作，这就构成了闭环壁厚控制系统。

3.2.5 挤出拉伸吹塑成型机的安装应注意哪些问题？调试的步骤如何？

(1) 安装应注意的问题

① 机器应安装在干净、通风的车间。安装机器的地基应按地基平面图的要求施工，要求具有足够的承载能力，并留有地脚螺栓的安装孔。

② 机器安装时，应用水平仪调整好水平，以确保机器工作时运行平稳。同时，必须注意到机器与墙壁、机器顶部与屋顶天花板有足够的距离。前者通常要求≥1.5m，后者要求≥2m。

③ 主机和辅机设备的安装应有合理布局，同时应考虑留有成型制品的堆放空间或输送通道。空气压缩机应放在靠近主机并具有较好隔声效果的专用房间。

④ 电、水、气等管线应布置在地下，地面上留有多个电源线、水管、气管接口，冷却水要有一定压力和流量，并考虑循环使用。

⑤ 电气控制柜安装在操作方便的位置。

(2) 调试步骤 挤出拉伸吹塑中空成型机安装完成后，需要进行调试工作。调试的步骤如下。

① 接通电气控制柜上的电源开关，将操作的选择开关调到点动或手动位置。

② 检查机器各部位的连接情况是否正常。

③ 机器润滑部位加好润滑油。

④ 液压系统油箱内加好工作油。

⑤ 将气泵启动，运转至所需压力。

⑥ 检查主机电动机与液压泵电动机的转向是否正确。

⑦ 检查吹气杆的动作是否同步。

⑧ 接通冷却水系统，进行循环冷却。

⑨ 接通加热与温度控制调节系统。

⑩ 机器不工作时，液压系统应在卸压状态下运转。

⑪ 关闭安全门。

⑫ 调整好所有行程开关。

⑬ 如加工的是PVC，在开始加工PVC制品前，应先加入PE料，待塑化正常后再加入PVC料。

⑭ 在生产PVC制品前，停机前加入PE料清洗机筒，以免机筒内的PVC受热时间过长而分解，影响下次开机生产。

3.2.6 一步法挤出拉伸吹塑成型机的操作步骤如何？

一步法挤出拉伸吹塑成型机的操作步骤如下。

(1) 预热升温 按工艺要求在温控仪上设定温度值，启动加热系统进行升温，并检查各段加热器的电流指示值是否正常，待达到加工温度后，恒温1～2h。

(2) 启动挤出吹塑机的辅助系统 启动各辅机，如空气压缩机，并检查各装置运转是否正常。

① 型坯的挤出 在第一工位，由挤出机机头成型的型坯达到预定的长度时，预吹塑模具合模，截取型坯。

② 预吹塑 预吹塑模具截取型坯后，将转至第二工位，预吹胀型坯并成型颈部螺纹。型

坯温度继续降低。

③ 纵向拉伸 型坯预吹胀完成后，模具开启，将预吹胀的型坯移入拉伸和吹塑模具中，随后芯棒上顶实现型坯的轴向拉伸取向。

④ 径向吹塑 轴向对型坯的拉伸完成之后，由芯棒上开设的气针口吹入压缩空气，使型坯径向吹胀至模具内壁形状，同时对制品进行冷却，定型后开启模具，取出制品。

(3) 停机

① 关闭上料系统，并关闭料斗下料挡板。

② 排净机筒内的物料，待物料排空后关机。

③ 关闭各辅机。

④ 关闭各段加热器、冷却水泵、润滑油泵，最后切断控制总电源。

⑤ 关闭各进水管阀门。

3.2.7 两步法挤出拉伸吹塑成型机的操作步骤如何?

两步法挤出拉伸吹塑成型机的操作步骤如下。

① 吹塑型坯的生产 预热升温，按工艺要求在温控仪表上设定温度值，启动加热系统进行升温，并检查各段加热器的电流指示值是否正常，待达到加工温度后，恒温1～2h。

投料生产，牵引机开车，切割机合闸供电。

牵引机的夹紧输送装置缓慢运行，观察电动机工作电流是否正常，运行速度是否平稳。

调整牵引机上夹紧输送装置的运行速度，使其接近于管坯从模具口的挤出速度。

当冷却定型管材进入牵引机后，管材被夹紧运行时，微调变速装置，使牵引速度与管坯挤出速度匹配。

调整牵引管材速度后，检查管材成品质量。如果管材的直径规整，表面光滑、发亮、无横向皱纹，则说明牵引装置的牵引速度和管材的夹紧力都比较合适，可以正常生产。

当管材向前运行至延伸长度端面碰到限位开关时，切割机的夹置就会夹住管材，切割锯片转动，管材切割开始。整个切割装置随管材的运行同步沿轨道向前移动，直至管材被切断后，切割装置返回原位，等待第二次切割工作的开始。

储备存用。

② 管坯加热 按工艺要求对加热装置进行加热，并控制好温度。待温度达到工艺要求后，将预制好的管坯用专用夹持装置送入加热装置。

③ 插入芯棒 管坯加热到所需温度后，从一端置入芯棒。芯棒设有进气孔，并可轴向移动。

④ 焊接管底 加热装置上端模块压下，使管坯底焊接形成瓶子底部。

⑤ 压制瓶颈部 封底后的管坯套在芯棒上转入拉伸吹塑模具，模具迅速闭合压制出瓶颈部螺纹。

⑥拉伸吹胀 芯棒向上伸出，轴向拉伸整个管坯，同时注入压缩空气，径向吹胀管坯，从而实现双向拉伸定向。

⑦ 制品定型 模具通入冷却介质，使被双向拉伸的制品迅速冷却定型，得到所需形状的中空制品。

3.2.8 如何对挤出拉伸吹塑中空成型机进行维护?

挤出拉伸吹塑中空成型机维护时应注意：①要定期对挤出机（主要是螺杆、机筒、机头）进行预防性检修、清理；②对型坯加热及拉伸吹塑模具温度控制装置要经常进行检查；③对芯杆的进气孔要经常检查是否被堵塞，在生产过程中气压是否适当，尤其要注意对压力表的检查和维护；④对拉伸吹塑部件的液压系统和润滑系统要定期检查。

3.2.9 拉伸吹塑型坯所用空压机的工作原理如何？

拉伸吹塑型坯所用空气压缩机简称空压机，根据其结构不同主要有活塞式与螺杆式，不同结构的空压机其工作原理有所不同。

(1) 活塞式无油润滑空气压缩机 活塞式无油润滑空气压缩机由传动系统、压缩系统、冷却系统、润滑系统、调节系统及安全保护系统组成。压缩机及电动机用螺栓紧固在机座上，机座用地脚螺栓固定在基础上。工作时电动机通过联轴器直接驱动曲轴，带动连杆、十字头与活塞杆，使活塞在压缩机的汽缸内做往复运动，完成吸入、压缩、排出等过程。该机为双作用压缩机，即活塞向上向下运动均有空气吸入、压缩和排出。

在拉伸吹塑时的空气压缩机控制系统中，普遍采用后端管道上安装的压力继电器来控制空气压缩机的运行。空压机启动时，加载阀处于不工作状态，加载汽缸不动作，空压机头进气口关闭，电机空载启动。当空气压缩机启动运行后，如果后端设备用气量较大，储气罐和后端管路中压缩气压力未达到压力上限值，则控制器动作，加载阀工作，打开进气口，电机负载运行，不断地向后端管路产生压缩气。如果后端用气设备停止用气，后端管路和储气罐中压缩气压力渐渐升高，当达到压力上限设定值时，压力控制器发出卸载信号，加载阀停止工作，进气口关闭，电机空载运行。

(2) 螺杆式空气压缩机 螺杆式空气压缩机由螺杆机头、电动机、油气分离桶、冷却系统、空气调节系统、润滑系统、安全阀及控制系统等组成。整机装在一个箱体内，自成一体，直接放在平整的水泥地面上即可，无需用地脚螺栓固定在基础上。螺杆机头是一种双轴容积式回转型压缩机头。一对高精密度主（阳）、副（阴）转子水平且平行地装于机壳内部，主（阳）转子有五个齿，而副（阴）转子有六个齿。主转子直径大，副转子直径小。齿形成螺旋状，两者相互啮合。主副转子两端分别由轴承支承定位。工作时电动机通过联轴器（或皮带）直接带动主转子，由于两个转子相互啮合，主转子直接带动副转子一同旋转。冷却液由压缩机机壳下部的喷嘴直接喷入转子啮合部分，并与空气混合，带走因压缩而产生的热量，达到冷却效果。同时形成液膜，防止转子间金属与金属直接接触及封闭转子间和机壳间的间隙。喷入的冷却液亦可减少高速压缩所产生的噪声。

螺杆式空压机的主要部件为螺杆机头、油气分离桶。螺杆机头通过吸气过滤器和进气控制阀吸气，同时油注入空气压缩室，对机头进行冷却、密封以及对螺杆及轴承进行润滑，压缩室产生压缩空气。压缩后生成的油气混合气体排放到油气分离桶内，由于机械离心力和重力的作用，绝大多数的油从油气混合体中分离出来。空气经过由硅酸硼玻璃纤维做成的油气分离筒芯，几乎所有的油雾都被分离出来。从油气分离筒芯分离出来的油通过回油管回到螺杆机头内。在回油管上装有油过滤器，回油经过油过滤器过滤后，洁净的油才流回至螺杆机头内。当油被分离出来后，压缩空气经过最小压力控制阀离开油气筒进入后冷却器。后冷却器把压缩空气冷却后排到储气罐供各用气单位使用。冷凝出来的水集中在储气罐内，通过自动排水器或手动排出。

螺杆式空气压缩机的工作过程分为吸气、密封及输送、压缩、排气四个过程。当螺杆在壳体内转动时，螺杆与壳体的齿沟相互啮合，空气由进气口吸入，同时也吸入机油，由于齿沟啮合面转动将吸入的油气密封并向排气口输送；在输送过程中齿沟啮合间隙逐渐变小，油气受到压缩；当齿沟啮合面旋转至壳体排气口时，较高压力的油气混合气体排出机体。

3.2.10 拉伸吹塑中空成型模具应如何装拆？

拉伸吹塑中空成型模具的拆卸步骤如下。

(1) 拆卸模具前的准备工作 换模具前，应熟悉各部分结构原理，明确需拆卸的模具结构。除特殊需要外，安装和更换模具必须在切断主电源的前提下进行。

(2) 拆卸底模和吹瓶模

① 首先接通操作气路，合上主电源开关，转换到“手动”模式。

当机器处于生产状态时，先按“AUTO”键，使其停止运行，然后按“MANUAL”键。当处于停机状态时，先合上主电源，然后按触摸屏幕上的“手动操作”键换到手动画面。

② 按下列指令打开吹瓶模 按下吹塑模合/开模键，打开吹塑模，按下底模上/下键，使底模处于上的位置；按下拉伸杆上/下键，使拉伸杆处于下的位置。

③ 用排气阀排掉操作气（切断压缩空气气源）。

④ 拆卸底模和吹瓶模 先拆下底模上的水管、气管和底模杆上的底模装配螺钉，再拆卸水管及其接头，并把模具中的水排出，以免干扰操作。再拆下型腔装配螺钉，如图3-19所示。注意保护底模及模具型腔内表面不被损伤。当吹模拆卸后，需暂停较长时间时，务必在其表面涂上防锈剂。

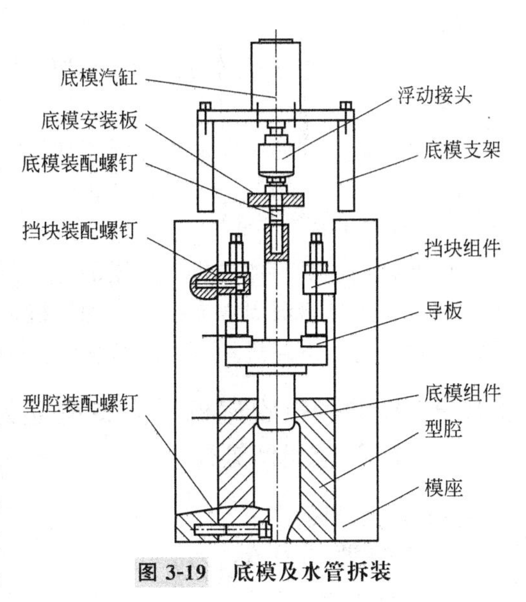

图3-19 底模及水管拆装

(3) 吹瓶模和底模的安装

安装吹瓶模步骤是先将一边模背面的定位销孔与模具垫板上的定位销孔对齐配合，使其背面与模具垫板面相贴。然后，用螺钉锁紧固定再装另外一边模，用螺钉稍微打紧后，将底模打下，排掉低压气，让模具自由合上，合到位后，再充上低压气。将后装的边模固定螺钉锁紧即可。

底模的安装步骤是先按下底模上/下键，使底模处于上的位置；按下拉伸杆上/下键，使拉伸杆处于下的位置。再将底模组件用底模装配螺钉与底模安装板紧固。再进行底模位置的调整。

底模位置的调整方法是：手动操作控制底模“上/下”的电磁阀上的“底模下”手按按钮。使底模下，再按“左合模”电磁阀侧的手按按钮，使左边模具合模。松开浮动接头两端的锁紧螺母，调整浮动接头，使导板和挡块组件中辊子之间的间隙为0.3～0.5mm。

3.3 拉伸中空吹塑成型机故障疑难处理实例解答

3.3.1 拉伸中空吹塑成型时为何型坯预热系统无法上坯？应如何处理？

(1) 产生原因

① 进坯盘内型坯运动的轨迹线与预热系统的传动链内型坯的轨迹垂直投影段的直线段不重合，圆弧段不相切。

② 进坯盘内型坯运动的轨迹线与加温机传动链内型坯的轨迹不同步。

③ 上、下坯机构的上坯位置不正确。

(2) 解决办法

① 调整进坯盘与加温机传动链的相对位置。

② 调整进坯盘圆周方向位置与加温机传动链上坯位置同步。

③ 调整上、下坯机构的上坯位置，使上坯时加温头部件中心对准进坯盘槽中心。

3.3.2 拉伸中空吹塑时型坯在转坯盘内为何会出现卡坯现象？应如何处理？

(1) 产生原因

① 进坯盘内型坯运动的轨迹线与加温机传动链内型坯的轨迹垂直投影段的直线段不重合，圆弧段不相切。

② 进坯盘内型坯运动的轨迹线与加温机传动链内型坯的轨迹不同步。

③ 上、下坯机构的下坯位置不正确。

(2) 处理办法

① 调整进坯盘与加温机传动链的相对位置。

② 调整进坯盘圆周方向位置与加温机传动链上坯位置同步。

③ 调整上、下坯机构的下坯位置，使下坯时加温头部件中心对准进坯盘槽中心。

3.3.3 拉伸中空吹塑机模内有型坯为何吹塑机无封口、锁模、拉伸及吹塑等动作？应如何处理？

(1) 产生原因

① 光传感器有故障，无信号输出。

② PLC 故障。

③ 电磁换向阀故障，被堵塞或卡死等。

(2) 处理办法

① 检查光传感器有无信号输出，若无信号输出，应及时修复或更换光传感器。

② 检查 PLC 是否有故障，若有故障应及时修复 PLC。

③ 检查电磁换向阀是否有换向动作声响异常，若有异常，则应及时修复或更换电磁换向阀。

3.3.4 拉伸中空吹塑机锁模轴上升时为何导向轴无法插入导向套内？应如何处理？

(1) 产生原因

① 开合模导轨工作面磨损。

② 开合模连杆按块角度不正确。

③ 左、右模导向套在合模位置不同心。

④ 撞头弹簧过紧。

(2) 处理办法

① 修复开合模导轨工作面。

② 调整开合模连杆按块角度。

③ 调整左、右模，使左、右模导向套同心。

④ 调整撞头弹簧的松紧度。

3.3.5 拉伸中空吹塑机锁模后为何锁模轴会出现自行下滑现象？应如何处理？

(1) 产生原因

① 撞头弹簧过松。

② 锁紧延伸导轨复位弹簧太松，导向轴未完全进入导向套内。

(2) 处理办法

① 调整撞头弹簧的松紧度。

② 调整或更换延伸导轨复位弹簧。

3.3.6 拉伸中空吹塑时为何切口位置总会发生偏移？应如何处理？

(1) 产生原因

① 拉伸杆顶端与吹塑模之间的间隙太大（1.5mm 以上）。

② 二次吹胀发生太早，空气压力太高。

③ 型坯下部温度过高。

(2) 处理办法

① 调节拉伸杆的可调节螺钉和尼龙限位器。

② 移动向下限位器，调节压力至 1.37～1.47MPa。

③ 降低型坯下部的温度。

3.3.7 拉伸中空吹塑时为何制品的底部会出现不饱满的现象？应如何处理？

(1) 产生原因 拉伸中空吹塑时，若制品底部不饱满，则制品底部花瓣、文字、图案等轮廓会不清晰。当不饱满程度不大时对制品的性能和使用影响不大，但不饱满程度较大时，则会影响制品的稳定性。拉伸中空吹塑过程中造成制品底部不饱满的原因主要有：

① 吹塑压力不够高，吹气不足。

② 吹气时的型坯温度太低。

③ 型坯吹胀速度太慢。

(2) 处理办法

① 检查模具侧面的高压过滤器是否通畅，以免它影响高压气的供给。

② 检查吹气的气流控制元件，确保正确的设定值，且内部畅通无阻塞。

③ 保证吹气能够在最短时间里完成，否则吹瓶时会给物料带来额外的冷却。

④ 确保模具上所有的通风孔（排气孔）无阻塞。

⑤ 适当提高吹气压力。

3.3.8 拉伸中空吹塑塑料瓶时，为何会出现瓶口膨胀和跑气现象？应如何处理？

(1) 产生原因 拉伸中空吹塑塑料瓶时，出现瓶口螺纹区域膨胀扩张和跑气现象的主要原因是吹胀装置周围空间温度偏高，使烘炉的冷却效果降低，导致芯棒、螺纹区域温度上升，吹胀时瓶口物料因为高温也被吹胀，使瓶口变薄甚至吹裂，引起跑气现象的发生。温度越高时会更为严重，瓶口产生膨胀时可听见漏气声。

(2) 处理办法

① 调整冷却板的位置，使之能够对瓶坯的螺纹区加以更强的保护。瓶坯的结构可能会使其调整困难。

② 可采用外冷，以使瓶坯经过烘炉时控制其螺纹区域及芯棒的温度。

③ 改善冷却板的结构设计，提高冷却效果。

3.3.9 拉伸中空吹塑时型坯底为何出现脱落现象？应如何解决？

(1) 产生原因

① 型坯拉伸温度低。

② 型坯底部温度过高。

③ 机械拉伸速度过快。

④ 型坯底部的浇口受伤。

(2) 处理办法

① 提高型坯的拉伸温度。

② 调整型坯各加热段的温度，适当提高底部以外其他部位的温度。

③ 适当降低拉伸棒的拉伸速度。

④ 改善模具或浇口的修剪方法。

3.3.10 拉伸中空吹塑时型坯表面为何会出现条纹？应如何处理？

(1) 产生原因

拉伸中空吹塑时，型坯的表面出现清楚可见的条状纹路。对于注射成型的型坯，可能是模具问题，如型芯或型腔上有损伤，导致型坯上出现条纹；对于挤出管状型坯出现条纹，可能是机头流道有损伤或留存杂质，导致型坯上出现条纹。因此，吹塑过程中应根据不同的情况采取针对性的措施。

(2) 处理办法

① 对模具进行修理，抛光型坯生产模具的型腔与型芯。

② 修理挤出型坯的机头，抛光流道。

③ 清理挤出型坯的流道，将留存在流道内的杂质清理干净。

第4章 其他中空吹塑成型设备疑难处理实例解答

4.1 多层共挤复合吹塑中空成型设备疑难处理实例解答

4.1.1 什么是多层共挤复合吹塑中空成型？多层共挤复合吹塑中空成型有何特点？

(1) 多层共挤复合吹塑中空成型 多层共挤复合中空吹塑成型是多台挤出机向型坯机头供料，从而获得多层的熔融型坯，然后将型坯引入对开的模具，闭合后向型腔内通入压缩空气使其膨胀并附着在模腔壁而成型，最后通过保压、冷却、定型、排气而获得所需的多层共挤制品。由于多层共挤复合吹塑是通过复合模头把几种不同的原料挤出吹制成型，因此中空制品可获得优异的综合性能，不同层的塑料性能之间具有取长补短的效果，达到对水蒸气、二氧化碳、氧气或汽油等的阻隔作用。多层共挤塑料中空制品的原料主要有：HDPE（高密度聚乙烯)、UHMWPE（超高分子量聚乙烯)、PP（聚丙烯)、PA（聚酰胺，俗称尼龙)、EVOH（乙烯-乙烯醇乙烯共聚物)、黏合树脂等。

(2) 多层共挤复合中空吹塑的特点 多层共挤复合中空吹塑可以把多种聚合物的优点综合在一起，提高容器的阻渗透性能，如阻氧、二氧化碳、湿气、香味与溶剂等的渗透性，提高容器的强度、刚度、尺寸稳定性、透明度、柔软性或耐热性，改善容器的表面性能，如光泽、耐刮伤性与印刷性，在满足强度或使用性能的前提下，降低容器的生产成本；可在不透明容器上形成一条纵向透明的视带，以观察容器内液面的高度。但多层复合机头结构复杂，设备投资大，成本高。且多层吹塑共挤复合吹塑中空成型过程中，层与层之间异种树脂的热合性差，易出现分层开裂现象；同时多层机头中料的流量及流速必须严格控制，以满足各层的厚度与均匀性。另外由于是多种树脂及黏合剂的复合，塑料的回收利用较困难。

4.1.2 多层复合吹塑中空成型有哪几种类型？

多层复合吹塑中空成型的关键是控制各层树脂间的熔融粘接，其粘接主要有二：一是混入具有粘接性能的树脂，可使复合层数减少而保持一定的强度；二是添设粘接剂层材料，但设备操作复杂。多层共挤复合吹塑中空成型有多层注坯吹塑、多层挤坯吹塑、多层共挤吹塑，其中以多层共挤吹塑应用较多。

多层注坯吹塑是在阳模上注射第一层后，改变模腔在第一层上再形成第二层，重复操作即可形成多层型坯，然后进行吹胀成型。多层注坯吹塑工艺特点是：无废边；瓶底无切割残痕；

不需要热熔或化学作用即能制成多层容器。但成本较高，适合大批量、广口容器的生产。

多层挤坯吹塑是指不同品种的塑料经多个挤出机塑化后，经特殊机头形成一个坯壁分层而又紧密粘接在一起的型坯，再送入吹塑模内吹胀而制得多层中空制品的技术。这种吹塑技术是在单层挤坯吹塑的基础上发展起来的。

多层共挤吹塑成型的进程与单层挤坯吹塑大致相同，只是成型设备采用多个挤出机分别塑化不同品种的塑料，而所用机头是多层复合挤出结构的管型坯。

4.1.3 多层共挤复合吹塑中空成型机主要由哪些部分所组成？

多层共挤复合吹塑中空成型机主要由多层共挤供坯系统、吹塑系统和控制系统等组成。多层共挤供坯系统包括两部分：一部分是根据制品结构设计的多台挤出机；另一部分是多层共挤内复合机头，它是多层共挤中空成型的关键部件，也是共挤出的核心。吹塑系统包括两个方面：一方面是吹入压缩空气，通过保压、定型、排气而获得所需的制品；另一方面，还要求通过吹塑系统获得一定要求的颈口质量。控制系统主要包括加热与冷却，以及制品壁厚和各层壁厚等的控制。

(1) 挤出机 共挤复合中空吹塑用挤出机与普通挤出机的结构相同，由于不同的原料加工工艺性能（熔融指数、流变特性等）不尽相同，设计时应考虑能够适应多种原料的需要。

(2) 复合吹塑机头 复合吹塑机头的主要功能就是将不同的树脂材料汇集复合。流道设计应减少弯道，避免熔融状态的树脂原料滞留结焦分解；其次要求保证各层分层清晰均匀，不得存在层间漏料串料现象；第三必须考虑到温差很大的不同塑料原料要求，各层能够独立加热和控温，并且各层之间互不影响；第四要求结构尽可能简单，方便拆卸清洗。

(3) 控制系统 控制系统包括各层组分原料用量的控制，制品形状、总厚度以及各分层厚度的控制，还包括设备运行状态的检测和控制。多层共挤设备必须采用强制冷却装置，由于传统的冷却方式存在冷却效果差、冷却速度慢的缺点，影响了生产效率和制品质量，因此不利于提升多层包装材料的档次。

4.1.4 多层共挤复合中空吹塑制品对挤出设备有何要求？

多层挤出吹塑是采用数台单螺杆挤出机来提供不同的聚合物熔体，挤出系统的任务就是要能同时稳定、均匀地向型坯机头提供塑化良好的熔体。而且，这种方法对功能层与粘接层物料的均匀性要求更高，因此对挤出装置的要求相应也比较高。为了使多层挤出吹塑成型的挤出装置具有稳定的塑化性能，一般应有以下要求。

① 结构先进的螺杆及机筒。挤出系统（螺杆与机筒）设计得当，可明显改善挤出稳定性。螺杆设计应充分考虑各种塑料在操作条件下的特性。螺杆长径比是影响挤出稳定性的一个主要参数，最好能取到25以上。为了能具有良好的混炼效果，还可采用新型螺杆结构（如分离型、销钉型及波状螺杆等）来保证各种添加剂能良好地分散混炼，并由此改善熔体温度的均匀性。在机筒进料段应设置开槽衬套，以提高挤出稳定性，以保证制品质量。

② 在挤出机和机头之间设置齿轮泵，以提高挤出的稳定性，即将由挤出机挤出的熔体，在经过齿轮泵增压后再由泵进入机头内。齿轮泵是一种强制排量装置，每转一圈可排出固定体积的熔体，而与挤出的塑料特性无关。

③ 采用计量加料装置控制挤出机加料量，以改善挤出稳定性。由于螺槽处于非完全充满状态，调节螺杆转速便可改变塑料的熔融与混炼性能，以利于控制各层的厚度比。

④ 加工多层回收料用的挤出装置，应考虑回收料的成分及其在加工中的受热历程，要求螺杆能在尽可能低的温升下充分混炼各种树脂。尤其对含有热敏性树脂的料层，如PVDC阻渗层，挤出装置的螺杆结构更是要求选择得当，使其能在较低的温度下保证有良好的混炼能

力。螺杆进料段螺槽可深些，并设置连续过滤装置与齿轮泵，且采用排气式挤出机为最佳。

4.1.5 多层共挤出复合中空吹塑型坯机头有哪些类型？机头结构组成形式有哪些？

(1) 型坯机头类型 共挤出多层吹塑型坯机头的类型常见的有连续式共挤出机头、储料式共挤出机头和多头型坯共挤出机头。

连续式共挤出机头能连续挤出多层型坯；但容易产生型坯下垂现象，较适合型坯量较小、容器体积小的多层容器。若使用熔体强度较高的塑料，也能吹塑大容量的多层容器（最大可达120～220L）。

储料式共挤出机头适用于较大型制品的吹塑。可以在很短的时间挤出大量熔体，有利于减小型坯的自重下垂现象，优化型坯的轴向壁厚分布。

多头型坯共挤出机头可以一次挤出 2～4 只型坯，有利于提高多层容器的产量，适宜于大批量、小容量的多层容器的成型。

(2) 机头结构形式 共挤多层复合机头是共挤复合吹塑中空成型的心脏，在共挤多层复合机头内，由不同挤出装置挤出的熔体依照机头设计的次序和厚度组成具有多层结构的型坯。一般共挤多层复合机头主要由模体和模芯组成。如图 4-1 所示为三层型坯挤出机头典型结构示意图。

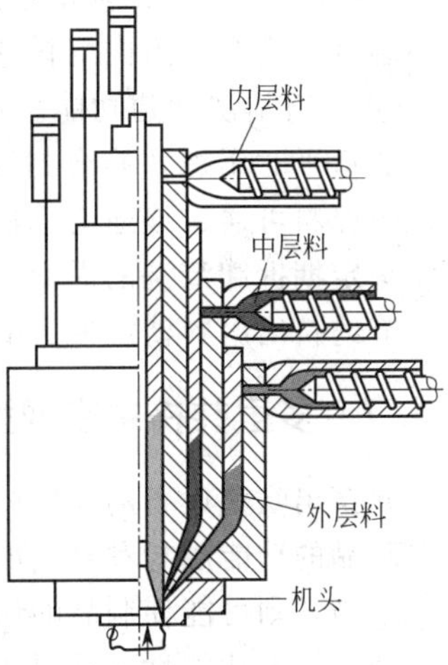

机头模体有管套式和定型组块式两种形式，管套式机头各层结构供料的模芯是平行安装的，并全部在模体内形成多层结构中的各个层次。这类机头结构紧凑，流道长度较短，熔体在机头内的停留时间短，机头的总高度较低。但机头内各流道的熔体流动较难调节，难于把各层熔接线安排在同一位置上；机头温度用安装在模体外侧的加热器控制，不能单独地控制

各流道内的熔体温度。因此，无法对机头内的不同材料提供不同的加热温度，故只有当各层材料（特别是黏结层和阻隔层的材料）的熔融温度相近时才能顺利地共挤出。

内层料
中层料
外层料
机头

图 4-1 多层共挤复合挤出机头结构

定型组块式机头是由各定型组块层叠而成的，层的扩展可用增加组块数形成。在机头内，共挤出是从最内层开始的，位于模芯的最高处，然后从上往下、由内往外顺序地把各层复合在一起。定型组块具有基本一样的外形设计，而每一组块的模芯是特殊设计的，它考虑到从该组块挤出的物料和所需要的层厚度是一致的，定型组块的数目与挤出的层数是一致的。这类机头的优点是结构较简单，易于调节各流道的流动，能按设定的要求安排各层熔接缝的位置；定型组块可单独地直接加热，按组块正在挤出的材料特性进行温度控制。这一点，对共挤出是很重要的。因为，每一个新增加的层面的内侧，是和前一组块已形成层面的熔体相接触流动的。只有单独地控制每一层面熔体的温度，才能使性能相差较大的熔体复合。

共挤出机头的模芯可以变化机头内熔体流动的通道。它使从机头进料孔输入的熔体转变为形成多层型坯所需的环形；它直接影响各层及复合型坯径向壁厚的均匀性，以及熔体各层熔接线的质量。共挤出机头模芯主要有环形模芯、心形模芯、螺旋形模芯等。

4.1.6 双工位五层共挤双模头中空成型机基本结构组成如何？双工位五层共挤双模头有哪些特点？

(1) 基本结构组成 双工位五层共挤双模头中空成型机主要由 5 台自动加料机、5 台单螺杆塑料挤出机、热流道、五层共挤双模头、型坯壁厚自动控制、管坯自动封切、吹塑、双工位

移模、锁模成型、中空成型模具、余坯切除、制品自动输送、制品在线自动测漏、液压、气动、机架及计算机集中控制系统等构成。生产工艺流程：

自动加料→ 塑化挤出→管坯成型、型坯壁厚控制→管坯封切→ 移模合模夹管坯→预吹塑→移模吹塑成型→ 开模→ 制品自动输送→ 余坯切除→ 制品自动测漏→制品收集。

（2）特点

① 五层共挤中空成型设计模头时为了追求高生产率（经济效益），一般都会设计成双模头结构，即互相平行的两个并联的模头。双模头能够同时挤出互相平行的两个型坯。

② 为了保证两条管坯的挤出长度和重量相等，两个模头流道的尺寸一致，且具有很高的对称度。

③ 模头的主流道、支流道、料流分布流道设计根据各种塑料原料的性能都设有一定的压缩比，而且模头内压力分布要合理，流道光滑、无死角，物料在流道内流动通畅，无积料等，能避免熔体受热过度分解产生焦料。

④ 每一个模头必须分为上下两级，模头的加热器能够分段设计，模头能分段加热，大大减小温度对模头流道内熔料的影响。

⑤ 具有清洗通道功能。双工位五层共挤双模头可在模头熔料并合口处增加模头的清洗通道。通道平时用螺塞旋合封闭，当改变制品颜色或更换配方时，只要旋下螺塞，大量的旧颜色、旧原料可通过该通道迅速地挤出模头外，整个清洗的挤出时间通常小于 20min。不仅能延长模头定期拆卸清洗的周期，还能大大方便平时设备变更制品的颜色和配方，减少模头清洗时间，节约挤出熔料清洗模头的原料等。

4.1.7 多层共挤中空成型操作应注意哪些问题？

共挤出吹塑设备的操作中对挤出速度的调节及稳定性有较高的要求，因为共挤出多层吹塑中空制品的功能层与黏合层的厚度很薄，并分别是由相应挤出机的进料速率来保证，如果进料速率不当，则可能使制品的层间因黏合不均而导致脱层。而功能层太薄或缺乏，则使中空制品达不到预期的功能性设计要求，因此共挤多层复合吹塑成型的操作必须严格根据操作程序进行。操作应注意以下几方面。

① 操作前首先应对主机（挤出机）、型坯机头和吹塑辅机进行全面检查，各部分所需的水、电、气接线正确牢固。再次核实各台挤出机及型坯机头的温度的设定值是否符合工艺要求，由于各台挤出机所挤出的物料不同，故各台挤出机料筒的温度设置应满足挤出该种物料的工艺，然后根据功能层与黏合层的要求做适量调节。

② 按工艺要求在温控仪表上设定温度值，启动加热系统进行升温，并检查各段加热器的电流指示值是否正常，待达到加工温度后，恒温 1～2h。成型温度设定时，一般机头的基本温度按基层塑料的要求设定，再根据其他层的挤出情况调整；在要求不同温度的几种熔融体复合处，按基层塑料的要求设定温度，再根据功能层及黏合层的要求调整，当芯层很快被基层包覆时允许芯层采用较高的加热温度；由于熔体温度能影响机内各层汇合线的性能，通常可使芯层挤出的温度较高，以提高和改善各层汇合处的汇合线强度。

③ 对于多台挤出机的共挤出吹塑多层中空容器，还应注意确保各台挤出机的供料品种及顺序位置不能出差错。

④ 正常开机时首先应挤出基层物料，待基层挤出稳定后，再挤出功能层和黏合层物料。通过调节各台挤出机螺杆的转速来调节各层厚度达到预定要求。在开始生产时，应特别注意挤出的多层型坯的温度、下垂情况和挤出的速度，缓慢的挤出速度有利于局部壁厚的控制，但若速度太慢，则会导致型坯因自重下垂而壁厚不均。

⑤ 正常停机时，通常首先应将功能层挤出机的物料挤净，并及时趁热清除机头内的残料，

尤其是停机时间较长更应如此。这是因为大多数功能层聚合物的热稳定性较差，物料反复受热及停留时间较长易导致分解。

4.1.8　多层复合共挤中空吹塑机如何控制型坯的厚度?

多层复合共挤中空吹塑机对型坯的厚度主要采用径向壁厚分布控制系统与轴向壁厚分布控制系统进行控制。目前大多数大型中空成型机都有使用轴向壁厚分布系统。轴向壁厚分布系统只能对轴向的各个截面有不同厚度分布，其控制点数根据使用的软件不同有 64 点、100 点、300 点等，但对于在对称方向有较大拉伸要求的制品却无法控制。径向壁厚分布系统分为两种形式：一种是柔性模环控制，另一种是模芯局部修整。柔性模环控制方式是通过电液伺服控制柔性模环在一或两个对称向上的变形来改变挤出型坯的厚度，因而可提高中空制品的质量，改善曲面部件外部半径的厚薄均匀性，同时它还能在保证质量的情况下，减轻制品重量，但成本较高。模芯局部修整是通过对制品形状的分析以及长期积累的实际经验，从而对模芯的修整位置、修整量和修整形状做出判断进行控制，目前国内多采用模芯局部修整的控制形式。

4.1.9　在多层共挤复合吹塑过程中共挤复合机头应如何调节?

在共挤多层复合吹塑过程中，共挤复合机头的调节方法主要如下。

① 各层厚度的调节　为保证共挤出吹塑制品的性能，必须调节好熔体层的流动与厚度，这有助于保证层厚的均匀性。对于定型组块式机头厚度的调节，一般比较容易，通常可通过径向调节和轴向调节两方面来调节。径向调节时，只要拧动机头外各层流道出口处的圆周上的调节螺栓，从而调节各层流道间隙与熔体流量。轴向调节一般是在芯轴上对应每层流道的出口处，设置一节流环。通过传动机构轴向移动芯轴，就可调节每层流道出口的间隙，控制各流道的流动。

② 型坯机头的温度调节　管套式机头结构紧凑，很难对各层熔体分别进行温度控制；定型组块机头，可单独设置加热器和温控装置，具有较大的调温灵活性。对于定型组块式机头常用的温度控制方法主要是在每个定型组块之间设置隔热套筒或空气隔热间隙；或在每个定型组块的外侧加热器与模体之间设置特殊铜热导体，加强加热器向机头内的热输送；或者在机头内部设置冷冻介质内循环通道，它与模体外侧的加热器结合，使机头内能适应熔体温差大的不同材料。在实际生产操作时，先按基层材料的要求设定机头的加热温度，再根据功能层和黏合层的熔体性质进行适当的温度调节。从机头总体来说，提高机头的加热温度有利于改善型坯各层熔体的熔接缝强度。

③ 机头进料速率的控制　在多层容器内，功能层和黏合层在复合结构中的厚度相对较薄，在成型加工中，若某一层暂时或长久中止进料，也不易在最终产品中检测出来。因此，必须很好地控制机头的进料速率，使黏合层及功能层保持设定的厚度。此外，黏合层及功能层熔体的加热温度过低或过高会造成熔体黏度不均衡，以致熔体产生异常，使相邻熔体界面不稳定，层厚度不均匀，甚至产生层的缺损。复合层的缺损常造成共挤出吹塑成型产生大量的不合格品。黏合层的丧失，会造成多层容器脱层；功能层的丧失，会使多层容器失去设计的功能。在成型过程中，机头的进料速率可通过挤出机加料量与挤出速度印证：在挤出机与机头不连接的情况下，采用相同的工艺条件，变换挤出机挤出速度，测定同一种材料在不同挤出机的挤出量，并做好记录。根据测试数据，可以粗略地推算：在不同速度下各台挤出机的挤出量，在相同速度下各台挤出机的挤出量之比，以此来确定多层容器的复合结构中各层次的壁厚比（层次比）。

4.1.10　多层共挤中空塑料汽车燃油箱中空成型机结构有何特点?

多层塑料汽车燃油箱从外分别是焊接层、回收料层、黏合层、阻隔层、黏合层、内层。成型多层燃油箱的多层共挤中空吹塑机与用于成型单层燃油箱的储料式中空吹塑机的挤出系统和机头有所不同，其特点主要如下。

① 多层塑料燃油箱中各层的厚度比例由挤出系统控制，各挤出机必须要有稳定的挤出性能，所以内层、焊接层、回收料层、黏合层都必须采用IKV结构的塑化挤出结构。

② 回收料层所用的是型坯的料头及废制品的粉碎料，回收料层中有多种原料成分，该层挤出机要有很好的混炼能力，使得EVOH或PA6/66在HDPE中以小于0.02mm的微粒状态均匀分布，达到资源节约。

③ 加料系统应能严格控制加料的均匀性，大都采用失重式加料系统，以实现稳定计量加料。

④ 控制系统配备了电气控制系统，采用高功能PLC控制动作顺序，采用触摸式显示器进行画面显示及参数修改。

⑤ 液压系统采用比例伺服控制技术等。

如我国生产的SCJC500×6六层共挤中空塑料成型机最大可成形500L的六层中空容器及200L多层塑料汽车燃油箱（标准型）。为达到各层的厚度成比例地稳定地挤出，内层、焊接层、回收料层、黏合层都采用“IKV”结构的挤出结构。轴向型坯壁厚控制系统，还在国内首家配备径向壁厚控制系统。

4.2 旋转中空成型设备实例疑难处理解答

4.2.1 旋转中空成型的生产过程怎样？旋转成型工艺方法有哪些？各有何特点？

（1）生产过程 旋转中空成型就是将适量的粉料加入铝或钢的蚌壳式模具的半模中，然后合模，使模具连同物料在两个方向旋转，并将旋转的模具放到一个热空气对流炉中加热。

旋转中空成型的生产过程为：先将旋转成型的模具放置在旋转成型机的转臂上，旋转成型机一般由加热室和转臂组成，有的还带有冷却装置如喷水雾化或冷却风扇。然后，将一定量的物料放入模具内，再从垂直和水平的两个角度边旋转边加热，使物料边旋转边熔融塑化，塑化了的物料将炙热的模具和外层包装均匀紧密地黏合在一起。一定时间后停止加热，但要继续旋转模具，使各部分的物料厚度均保持一致，直至模具冷却至脱模所需的温度时，即可打开模具，将产品从模腔中取出，然后加入新的树脂，进入下个产品的成型。在整个成型过程中，模具转动的速度、加热和冷却的时间统统要经过严格而精确的控制。

（2）旋转中空成型方法及特点 旋转中空成型工艺主要有单旋转法、双旋转法、旋转摇动法三种方法。单旋转法是一根轴带动模具沿一个方向旋转成型的方法。双旋转法是由主轴和芯轴同时相对旋转成型的方法。旋转摇动法是一根轴转动，两侧带有顶出装置，使模具摇动的成型方法。三种旋转中空成型方法的比较如表4-1所示。

表4-1 三种旋转中空成型方法的比较

项目	单旋转法	双旋转法	旋转摇动法
制品种类	开口或闭口	开口或闭口	开口
制品规格	大型	大、中、小型	大型
成型周期	长	中	短
制品壁厚控制	不易控制	易控制	不易控制
模具数量	单个	单个或多个	单个
生产批量	小批量	中、小批量	小批量

4.2.2 旋转中空成型的成型操作步骤如何？应如何控制？

(1) 操作步骤 成型的具体步骤一般可分为加料合模、加热塑化、冷却固化及脱模等四个步骤。

① 加料合模 根据产品的大小，确定物料的用量，然后计量所需物料量，将定量的液体或粉状的物料加入模具内腔。

② 加热塑化 旋转成型机带着模具在纵横两个方向转动的同时对模具进行加热，物料受热逐渐熔融塑化并黏附于模腔的内表面。

③ 冷却固化 随着模具的不断旋转，模具同时转出加热炉进入冷却室，在冷却室中的料冷却成型。

④ 脱模 成旋转型机转到开模位置，模具停止旋转，打开模具，取出制品。

(2) 控制方法

① 树脂的选用 在旋转中空成型中，塑料可采用黏性液体或碾碎的粉料，粉料是通过研磨塑料颗粒并筛选得到的，大小为75～500μm。目前以粉料（尤其是聚乙烯粉料）的旋转中空成型应用最为广泛。工业上经常采用MFR2.8g/10min的LLDPE专用旋转成型牌号来生产，例如：美国Dow Chemical公司的Dowlek2440、Dowlek2476、XD61500.40、XD61500.60、XD6150.01、XD6150.02等LLDPE牌号。也可采用LDPE或HDPE作旋转成型原料的MFR为1～6g/10min，也可采用流动性高的MFR为10～20g/10min的专用牌号。此外，尼龙、PC、纤维素酯等均可用。

② 加热周期 加热周期分以下几步：加热模具，把原料加热到熔融塑化温度，聚结物料到坚实的结构，排除气泡和孔隙等。物料加入模腔后，模具以低速旋转，造成在至少1/3的加热周期时间里，粉料滞留在型腔底部或底部附近。和型腔相接触的粉料通过型腔壁外表面的对流或空气运动最先被加热，然后将能量通过模具传导给内表面。当型腔达到粉料开始粘连的温度时，粉末层性状改变了，做一种叫作阻滞和摩擦的流动。松散的粉料在型腔内四处运动，黏附在型腔表面的粉料开始熔融。粘在一起的粉料微粒聚结并且开始结合成单层的液体塑料。当粉料与其他粉料微粒或型腔表面黏附在一起时，粉料开始聚结。

聚结作用是在大批粉料微粒中集结成单层液体聚合物的过程。对于那些几乎没有熔体弹性的聚合物来说，低剪切黏度的塑料比高剪切黏度的塑料聚结得更快。例如，LLDPE比HDPE聚结快得多。而熔体弹性很高的塑料（如ABS）聚结性很差或者几乎不聚结。在聚结过程中液体层继续增厚，曾经在粉末层中是连续相的空气现在成了分离相，以球形气泡的形式存在。随着塑料层温度的增加，球泡中的空气开始溶解到塑料中并且球泡尺寸变小，如图4-2所示为旋转成型过程中塑料随时间的变化。理想状态下，如果塑料保持高温足够长时间，那么聚结液体中的绝大多数气泡都会消失。当几乎所有的气泡都消失时，这时塑料被认为是完全密实状态。

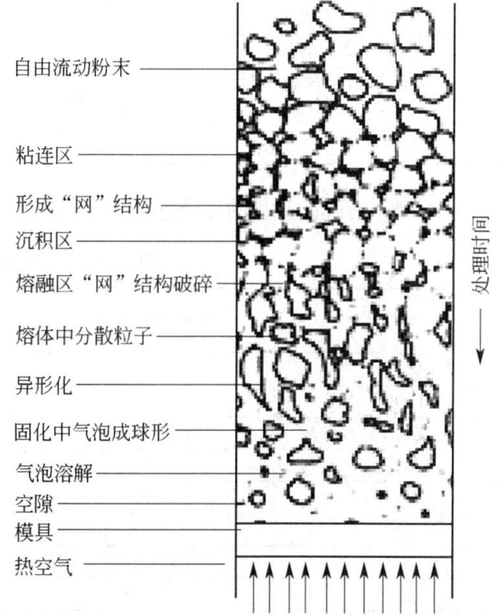

图4-2 旋转成型过程中塑料随时间的变化

加热介质的移动速度提高，可提高加热速

度，降低加热时间；提高模具表面积与塑料体积之比，可缩短加热周期；加热周期太短，塑料塑化熔融不充分，制品强度不足，加热周期太长，易发生分解，强度也降低，一般加热周期为13～14min（热风加热），直接明火加热为9min。LDPE加热温度为288～370℃，HDPE为340℃，加热时间为5～25min。

③ 冷却　在塑料熔融并附着于型腔内壁时，旋转模是一直连续旋转的。当塑料完全熔融聚结并变得密实时，模具从加热炉移出至冷却区。工艺上，当合拢的模具移出加热炉时，模具比制品温度高，而制品又比内型腔中的空气温度高。当模具冷却时正好相反，此时模具比制品温度低，而塑料又比内型腔的空气温度低。在温度逆转的第一阶段，一定要严格控制冷却过程。室温的空气通常作为第一步的冷却介质。当发生温度逆转时，合拢的模具可以冷却得更快，特别是用细细的水雾喷洒在模具表面时尤为如此。对于结晶型聚合物，冷却后它将再结晶。固态比液态聚合物密度高，因此，旋转中空成型的中空制品冷却时会收缩，会脱离型腔表面。所以要严格控制收缩量，否则，制品的某些部位会比其他部位收缩得更多更早，制品就会翘曲或者变形。

因为模具在两个方向旋转，所以很难通过驱动臂将冷却剂送入型腔。因此，所有旋转中空成型的中空制品都是从型腔内表面接触的部分开始冷却的。同样，冷却时间和制品壁厚的平方成正比。

旋转中空成型制品冷却时，冷却不均匀，易发生翘曲，因此一般应先风冷到140℃以下，再水冷至常温。同时还要严格控制冷却速度，冷却速度太快，结晶度低，强度达不到最大；冷却速度太慢，不仅影响产量，结晶晶体变大，也会使制品的冲击强度和耐应力开裂性变坏，一般为9min左右。

④ 模具自转和公转的速度比　模具公转速度比自转速度低，一般模具公转速度与自转速度之比为1∶4左右，它取决于制品的形状和模具的悬挂方式，如表4-2为不同形状制品旋转成型时的旋转速度。

表4-2　不同形状制品旋转成型时的旋转速度

制品	公转转速/(r/min)	自转转速/(r/min)
长方形桶(卧式放置)	8	9
防水装置管道	5	6
球或球形容器	8	9.75
正方形、球或特殊形状制品	8～10	10～13.5
球状中空容器(如轮胎)	6～12	9～18
扁平矩形中空制品	4～9.6	15～36

常用塑料旋转成型的工艺控制如表4-3所示。

表4-3　常用塑料旋转成型的工艺控制

树脂	加热炉温度/℃	加热时间/min	冷却时间/min		
			风冷	水冷	风冷
LDPE	340	6～7	1	3	2
HDPE	340	7～8	4	2	2
交联PE	230～260	12～15	6	4	5
EVA	290	8～10	3	4	3
PVC	290	6～10	3	4	3
ABS	320	10～12	4	4	4
PS	320	10～15	4	4	4
尼龙	260～290	8～10		空冷	
PC	370～400	10		空冷	
POM	260～290	12～15		空冷	

4.2.3 旋转中空成型机的类型有哪些？应如何选用？

(1) 旋转成型机的类型 旋转成型机主要有单轴旋转机、双轴旋转机和摇动旋转机三大类。

① 单轴旋转机是由一根轴带动模具向一个方向旋转成型。此法所用设备的结构简单，但成型周期较长，且制品的壁厚不易控制，适合制作管状制品。

② 双轴旋转成型机是滚塑成型中应用最广的机型。其温度控制容易，制品厚薄较均匀，精度好。双轴旋转成型机有主轴和副轴，双轴间夹角一般为90°。工作时，主轴和副轴同时相对旋转成型，主轴做横向旋转，使模具中物料在横向上黏附均匀；副轴做纵向旋转，使模具内的物料在纵向上黏附均匀。通过主、副双轴的复合运动，使模腔内的物料均匀地黏附在整个模腔内壁上。成型机的两轴各自独立旋转，其转速及主、副轴的速度比关系到制品的成型厚度及其均匀程度。一般轴的最高转速不超过35r/min，两轴速度比的选择范围在(1∶1)～(0∶1)之间。主轴的转速一般不超过15r/min。主轴不仅承担横向旋转力，而且还承担整个模架的重力。模架结构根据制品大小和形状，以取模数量而定，并应考虑容易卸模。

③ 摇动旋转机是由一根单轴转动，但可以通过架子两端的上下移动来获得双轴旋转效果，非常适合做超大型制品，但温度不易控制。成型大型制品时，模具在加热装置和冷却装置之间来回移动是较困难的。所以一般采用在一台架上完成加热和冷却过程。加热常采用煤气火焰加热方式；冷却通常采用空气和喷水冷却并用的方法。回转轴使模具横向旋转，曲轴承担摇动动作。制品越大其旋转速度和摇动频率越慢。其速度之比仍由制品的大小和形状决定。模具固定在带沟槽的环形轨道上，为使模具受热均匀，应尽量固定在环形轨道的中心部位上。

(2) 旋转中空成型机的选用 旋转中空成型机选用主要应从工位数、模具最大质量、模具尺寸、双轴旋转速度、主、副轴结构、加热炉最高加热炉温及冷却装置等方面加以确定。

① 工位数的确定 工位数主要取决于成型制品形状、大小及生产批量。一般，尺寸较小、生产批量较大的制品，适宜选用多工位；反之，选用单工位较合理。对中、小型、有一定生产批量的制品，通常选用三工位为宜，即装料、取模为一个工位，加热冷却各一个工位，而且各工位时间应一致。

② 模具最大质量的确定 模具最大质量主要取决于制品形状、尺寸及其精度和生产批量等因素。

③ 模具尺寸的确定 模具尺寸取决于制品尺寸的大小，并应考虑模具质量的最大允许范围以及各种树脂固化后的收缩率。

④ 双轴旋转速度的确定 双轴旋转速度主要取决于制品的尺寸大小和几何形状。为了适应各种形状制品的生产，一般主轴与副轴的转速比范围为(1∶1)～(1∶5)。产品小，转速范围大；产品大，则转速范围小，一般取1.5～25r/min。

⑤ 主、副轴结构的确定 副轴结构主要取决于模具大小、模具最大质量及旋转速度。副轴的旋转结构与模具的大小、数量及总的重量有关，由于主轴与副轴的旋转方向成直角，因此，多采用锥齿轮结构。

⑥ 加热炉最高加热炉温的确定 一般最高炉温设定以480℃为宜。加热炉的热容量要大。

⑦ 冷却装置的确定 在滚塑成型过程中，风冷和水冷必须同时选用。风冷对制品的性能有利，但冷却时间较长；水冷则相反，故成型过程中两者应兼而有之。风冷一般采用鼓风机，水冷一般采用喷淋或者喷雾。对厚壁制品，必要时可在模内注水冷却。

4.2.4 旋转中空成型模具结构怎样？应如何选用？

（1）旋转中空成型模具结构 旋转中空成型模具通常由上模、下模、凸缘、定位销、锁紧螺钉、开模螺钉、排气孔及脱模用零件几部分组成，结构如图4-3所示。小型旋转成型模具常用铝或铜的瓣合模，大型旋转成型模具多采用薄钢板做成。

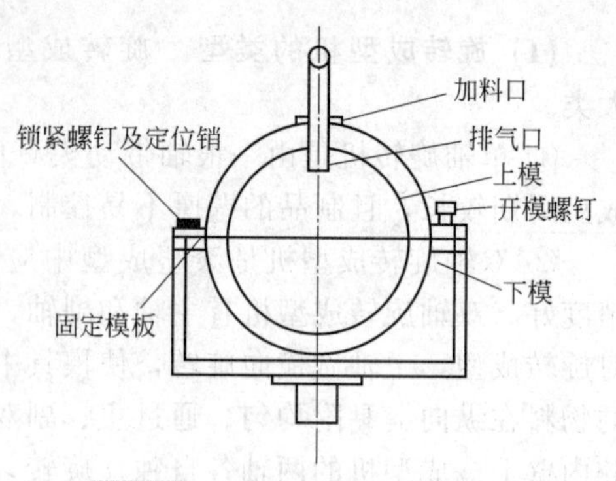

图4-3 旋转中空成型模具结构

上模是指没有固定在旋转架上的模具。下模是指固定在旋转架上的模具。在上、下合模处设凸缘。在上、下模合模处所设定位销。上、下模形体的固定有采用锁紧螺钉，上、下模中有一侧设置开模螺钉，排气孔是为了不使模腔内承受压力而开的孔。在旋转架上为了方便制品取出而设置脱模用零件。

旋转中空成型的模具结构简单、造价低廉。一般要求所用材质耐热不变形，而且还要有良好的导热性，一般小型旋转成型模具常用铝或铜的瓣合模，大型旋转成型模具多采用薄钢板做成。

（2）模具的选用

① 模具分型面结构 旋转成型中的分型面主要起密封和定位作用，特别是成型大制品时，在分型面处易漏料或因错位而造成制品在合模线上突起，甚至产生废品。

② 制品壁厚与沟槽宽度 一般制品厚度应大于沟槽宽度。如果不能满足这个条件，则在沟槽入口处很容易形成物料架桥现象。但沟槽比较大又浅时，不受这一条件限制。

③ 模具壁厚对制品厚度的影响 如果模具壁厚突然变化，当厚度变化大于2∶1时，对制品的厚度有明显的影响。

④ 加强肋的结构形式 凹型肋的结构形式必须满足沟幅大于沟深的条件。

⑤ 棱角和拐角的关系 在旋转成型中尽量避免模腔内存在棱角和拐角，特别是应避免尖角。凹型肋和凸型肋都要设一定的圆角。根据经验，在粉末成型时棱角或者拐角的圆角都要大于R5mm，在液体树脂成型时棱角的圆角要大于R10mm，拐角的圆角大于R50mm。

⑥ 圆形口径和深度的关系 在旋转成型的制品中，可能有管状凸起部分。在同一深度条件下，口径越大，制品的厚度越厚。因为受热状态好凸型圆口状制品的厚度比较容易保证；而凹型圆口状制品的厚度就难保证，因为热风不容易吹进去。

⑦ 模具表面影响 模具表面积越大，物料受热机会越多，成型周期短。为了提高模具表面积，可在模具表面上采用“散热片”式的结构。

⑧ 旋转成型用模具一般不承受压力，也不需要装冷却水通道。

4.2.5 旋转中空成型PVC糊塑料中空制品时应如何操作与控制？

（1）操作步骤 旋转中空成型PVC糊塑料中空制品时可将定量PVC树脂及助剂加入模腔，闭合模具，并将模具固定在能绕着两根正交的（或几根互相垂直的）轴进行旋转的成型机上。模具旋转的同时，用热空气或红外线等对它加热。模内半液态的物料依靠自重而总是停留在模具的底部。当模腔表面旋转而触及这些物料时，就能从中带走一层，直至所有液态料用尽。模内的糊状塑料一边随模具旋转，一边在受热状态下均匀分布在型腔表面，逐渐由凝胶而达到完全熔化状态。再经冷却固化，即可开模取出制品。

（2）控制方法 模具的旋转速度，主轴为5～20r/min，副轴的转速为主轴的1～1/5，并且是可以调整的。模具加热时间为5～20min，温度为290℃左右。

4.3 气辅注射中空吹塑成型疑难处理实例解答

4.3.1 气辅注射成型时熔体的温度应如何控制？气辅注射成型过程中模具的温度为什么一定要保持平衡？

（1）气辅注射成型时熔体的温度控制　气辅注射成型时应采用较高的熔体温度，如 HIPS 的气辅注射成型时物料可设置在 235～245℃，主要原因如下。

① 提高熔体温度可以降低熔体的黏度，保证快速充模。

② 降低充气时的充填阻力。

③ 熔料的温度高有利于减小制品的内应力，以保证制品的质量。

（2）气辅模具的温度保持平衡的目的　气辅注射成型过程中模具的温度的均匀性对于制品的成型质量有很大的影响，成型时模具温度保持平衡的目的主要如下。

① 防止制品充填不平衡　因为如果模温不平衡，则会使模温低的部位，充填阻力大，会导致充填不足，而且由于气体充入模腔时，会由于充填阻力大，使气道难以形成，而导致制品产生缩痕。

② 克服制品吹裂和缩痕矛盾　因为如果模温不平衡时，当减小氮气的保压时间，则模温高的部位易出现缩痕；而增加保压时间时，模温低的部位又易出现吹裂等现象。

成型过程中要保证模温平衡，必须保证冷却水道通畅，冷却水质优良，定期更换冷却水和清洗模具冷却水道等。

4.3.2 气辅注射成型时注射压力和注射速度应如何控制？气辅注射成型过程中氮气的保压斜率应如何控制？

气辅注射成型一般宜采用高速低压注塑，因高速注射时可以产生大量的剪切热，可提高熔体温度，降低熔体黏度，从而增加熔体的流动性，有利于充气时降低气体的流动阻力。但注射速度通常要以不发生物料的烧焦和模腔的排气不良为原则。气辅注射成型时的注射压力一般较低，这主要是由于气辅注射成型物料温度较高，熔体黏度低，流动性好，而且开设的气道也可起到引流的作用，故可采用较低的注射压力。注射压力低可降低制品的内应力。

有些气辅设备设有氮气充填斜率时间，设置的目的是通过设置斜率时间来控制氮气充填速度。气辅注射成型过程中通常氮气的保压斜率应尽可能设置较小一些，因为保压斜率小，可以使氮气卸压缓慢，以利于进入熔料中的气体及时排出，否则保压斜率大，卸压速度快，制品中的气体不能及时排出，使制品产生鼓泡；同时制品还没有完全冷却就会出现卸压，从面易导致制品产生缩痕。在实际生产中，为防止制品缩痕的产生，一般不设置氮气充填斜率时间。

4.3.3 气辅注射成型时喷嘴和模具的进气方式各有何特点？

气体辅助注射成型的氮气可经注射机的喷嘴进入，也可经由模具气道进入，两者各有特点。从喷嘴进气通常通过修改现有旧模具即可使用；流道形成中空状，减少塑料的使用；制品没有气针所留下之气口痕迹，但所有气体通道必须相通连接，气体通道必须对称且平衡，且不能于热浇道系统上使用，需采用专用喷嘴，费用较高。

从模具进气可多处进气，气体通道不需完全相通连接；气体与塑料可同时射入；还可用于热流道模具；也可使用于非对称制品模腔的成型。但须重新开发设计模具，制品上会留下气针的气口痕迹。

4.3.4 壳体类制品的气辅注射成型工艺应如何控制？

壳体类制品主要是指电视机外壳、空调器外壳和冰箱外壳等制品，气体辅助注射成型时，大部分选用高冲击PS或ABS为原料。气辅注射成型时的工艺主要应从以下几方面加以控制。

（1）模具气道结构 气道横截面一般为半圆形，其直径的设计要求尽量小且保持一致，一般为壁厚的2～3倍，因为过大或过小会对气道末端的穿透不利；气道拐弯处应有较大的圆弧过渡；在加强筋、自攻螺钉柱、加强柱等结构的根部可布置气道，以利用结构件作为分气道补缩。

进气方式可采用气针或喷嘴进气，现大量采用间隙式气针进气。间隙式气针的配合间隙一般应小于0.02mm，以防止熔料进入气针间隙；气针外周与模具的密封必须良好，要求使用耐高温的密封圈；气针的结构形式要求能防止在冷却过程中氮气从气针与制品之间的间隙逸出；气针位置离浇口不能太近。因为在充填时浇口附近料温最高，黏度较低，易使熔料进入气针间隙，造成制品缩痕、吹裂等缺陷。

流道、浇口设计时，由于气辅成型取消了注射补偿相，故应设置较少的流道和浇口数量。为保证较快的充填速度，应将流道和浇口适当扩大。潜伏式浇口直径一般为1.5mm左右。过大的浇口尺寸，会增加浇口凝固时间，影响生产效率，而且还可能引起氮气经浇口和流道后窜入料筒的危险。在进行冷却设计时，由于气辅成型对冷却效果要求更高，所以必须保证模具冷却平衡及冷却良好。因在模具的镶件上开设冷却水路较难，故镶件可采用铍铜等导热性好的材料制作。

（2）制品设计 对于空调、电视机外壳等塑料件采用气辅成型后，制品壁厚可减少2～3mm，同时可设置粗厚的加强筋和设置较长的自攻螺钉柱。在设计加强筋、螺钉柱、加强柱等内部结构时，连接处应采用较大的圆弧过渡，以利于氮气的填充。

对于电视机外壳塑料件，其喇叭窗网采用了微孔成型技术。微孔部分的厚度应设计为1.5～2.0mm，同时应在通孔背面设置加强筋，孔的脱模斜度应为5°～10°或更大，以保证制品顺利地填充和脱模。

（3）成型工艺参数的控制

① 物料温度 气辅成型应采用较高的物料温度。一方面，提高料温可以保证快速充模，降低模内熔料的黏度，降低加气时的充填阻力；另一方面，提高料温有利于减小制品的内应力，保证制品质量。如采用HIPS塑料，机筒最高温度可设置在245～255℃。

② 模具温度 模具温度应按加工的材料要求设定。太高的模温不利于生产效率的提高，而太低的模温又无法保证制品的顺利充模。另外，不适当的模温会引起气辅成型制品表面出现缩痕等缺陷。

模温应保证分布平衡。模温不平衡可能引起以下问题：制品填充阻力大的区域会出现填充不足；模温低的部位在加气时充填阻力大，气道难形成，制品易出现收缩痕；难以同时克服制品吹裂和缩痕，因为减少氮气保压时间，模温高的部位易出现缩痕；增加氮气保压时间，模温低的部位易出现吹裂。要保证模温平衡，必须保证冷却水路通畅、冷却水质优良。在夏季，循环冷却水极易变脏，水中含有大量砂土和铁锈等絮状物，引起模具冷却水路堵塞，造成模具热交换变差，应定期更换冷却水和清洗模具水路。

③ 锁模力 气辅成型由于大大降低了注射压力，故需要的锁模力也降低了。但太低的锁模力会使制品出现毛刺，产生的毛刺不但会影响装配，而且高压氮气在充填时可能会从毛刺逸出，引起制品缩痕。

④ 预充填量 气辅成型的预充填量应保证90％～95％或更高。预充填量太大，制品中空体积变小，影响气道的形成，制品易出现缩痕；预充填量太小，制品中空体积变大，可能造成吹穿、“指纹”效应和自攻螺钉柱吹空等缺陷。

⑤ 注射速度和注射压力 气辅成型一般采用高速注射。高速注射可以产生大量剪切热，

以利于加气时降低气体充填阻力，但高速注射应以不发生制品烧焦和排气不良为原则。气辅成型可以采用较低的注射压力实现高速注射，因为一方面熔体黏度低，充填阻力小；另一方面开设的气道可起到引流的作用。

⑥ 保压压力和保压时间　通过设置适当的保压压力和保压时间，可以避免因注射机未安装截流阀或截流阀关闭不严而造成的机筒串气；同时还能避免因模具浇口较大，其冷却凝固时间太长而造成的机筒串气；防止浇口或主流道吹空，脱模时强度不够造成的断裂。

保压压力的设置原则是保证注入模具的熔料不回流所需的最小压力，保压时间的设置原则是保证浇口凝固所需的最小时间。

⑦ 冷却时间　对于气辅成型，冷却时间的长短应能保证主流道顺利脱出，同时保证高压氮气卸压完成。通常，壳类制品要求的冷却时间比主流道要求的短。

⑧ 注气延迟时间　注气延迟时间是气辅控制设备开始计时至开始注入高压氮气的时间间隔。气辅控制设备开始计时的时刻根据气辅设备不同而略有不同，有的是从合模增压后开始计时；有的是通过设置注气开始位置，即在注料过程中螺杆到达设定位置后开始计时。一般应保证注料完成至注气之间有1～3s的间歇。

⑨ 氮气充填压力、充填斜率时间及充填时间　氮气充填压力一般设置为1～2段。氮气充填压力存在下限，如果设置低于下限，制品气道无法顺利完成。充填压力的设置有两种方式。两段控制是先中压（20～25MPa）后高压（25～31MPa）充填可以有效控制气道的形成，防止制品鼓包，但可能因气道穿透不够，制品易出现缩痕。一段控制是直接设置高压（25～31MPa）充填可以保证气道快速形成，防止充填压力不足出现缩痕，但制品易出现鼓包。

有的气辅设备设有氮气充填斜率时间，通过设置斜率时间可以控制氮气充填速度。在实际生产中，为防止制品缩痕的产生，一般不设置氮气充填斜率时间。氮气充填时间设置应适当，一般为6～12s。充填时间太短会引起制品缩痕、鼓包等缺陷，充填时间太长会造成制品吹裂等缺陷。

⑩ 氮气保压压力、保压斜率及保压时间可设置为一段或多段　保压压力较高有利于保证制品紧贴模具冷却，防止缩痕的产生，但保压压力过高会引起制品吹裂等缺陷。氮气保压斜率时间可设置较长，使卸压速度变慢，以保证进入熔料的气体及时排出，防止制品鼓包、缩痕等缺陷。氮气保压时间设置过短，制品未完全冷却即卸压，会出现缩痕；氮气保压时间设置过长，制品冷却后受压，会出现吹裂。

4.3.5 塑料气辅多层共挤吹塑精密成型工艺如何？

多层共挤吹塑成型制品的壁厚是由吹胀成型前初始型坯的形状和尺寸控制，而初始型坯的形状和尺寸受控于型坯芯、壳层熔体离模膨胀和垂伸效应，它们会导致多层共挤吹塑成型制品的壁厚出现波动，而无法精密控制多层共挤吹塑成型制品的壁厚。目前实现传统多层共挤吹塑成型工艺的精密成型的技术关键是通过高精密的过程参数在线检测装置和闭环控制系统，严格控制成型的过程参数恒定，消除型坯离模膨胀波动，实现塑料的精密成型。

塑料气辅多层共挤吹塑的型坯成型过程中口模出口处芯壳层熔体的二次流动是产生型坯成型离模膨胀的直接关键因素，型坯成型过程中芯壳层熔体的二次流动是在芯、壳层熔体第二法向应力差驱动作用下形成的。要消除多层共挤吹塑型坯成型离模膨胀就要消除型坯成型过程中芯壳层熔体的二次流动，也就是要使型坯成型过程中，芯壳层熔体的第二法向应力差趋于零。塑料气辅多层共挤吹塑精密成型工艺是通过气辅控制系统和气辅型坯共挤机头，在熔体与模壁之间形成稳定的气垫膜层，通过气垫膜层的滑移作用可使其流动速度均匀分布的柱塞流动，消除型坯离模膨胀，实现尺寸精密控制。由于气体无黏度，因而气垫膜层就会使熔体与模壁之间形成无黏着完全滑移条件，克服了传统挤出成型中由于熔体的黏着性，在流动过程中易黏附口模壁面，无滑移，导致在口模壁面处速度为零，而中心处流速最大的速度分布不均匀的现象，从而消除了口模出口处芯壳层熔体的二次流动而引起的离模膨胀，实现成型过程中各参数稳定控制，达到精密控制制品尺寸的目的。

4.4 三维中空吹塑成型疑难处理实例解答

4.4.1 什么是三维中空吹塑成型？有何特点和适用性？

(1) 三维中空吹塑成型

三维中空吹塑成型又称3D吹塑成型或多维挤出吹塑MES，由于利用三维吹塑在加工过程中产生的废边大为减少，甚至没有废边产生，所以也称为少废料或无飞边吹塑。三维(3D)挤吹中空吹塑成型的方法有多种，根据所提供的工艺和设备的不同，可分为可移动模头模具成型方法、负压成型方法、机械手柔性吹塑方法等。

比较常用的一种成型方法是可移动模头模具成型，它是先挤出塑料型坯，再将型坯预吹胀并贴紧在一边模具壁上，挤出机头或模具按成型编制的程序进行两轴或三轴的转动，当类似肠形的型坯充满模腔时，另一边模具闭合并包紧型坯，使之与后续的型坯分离，这时整个型坯被吹胀并贴紧在模腔的壁上成型。用这种方式生产类似汽车上的空气导管或输油管，不但飞边少，而且制品上无合模线并可顺序挤出，使很多复杂形状的制件很容易地用三维吹塑成型法来加工成型。负压成型方法主要是采用了可以顺序开合模，负压成型工艺。它是将模具的上下端做成可以单独开合模的滑动块，生产时先合模，管状型坯受到负压空气的吸引在模具内部沿着内腔的曲线移动，型坯到位后，模具上下的滑块闭合并且吹塑成型；这种成型方法比较适合管道外形比较规则的制品成型。机械手柔性吹塑方法主要是采用机器人或是机械手夹持塑料型坯并且附在模具中，吹气使之成型，也可以实现三维吹塑成型。

(2) 三维中空吹塑成型的特点

① 由于三维吹塑的投影面积远小于常规吹塑的平折宽度，因此合模力远小于常规吹塑工艺所需要的合模力。

② 切除边料的工作量大大减少。

③ 不必对成型物品的外径重新修整。

④ 成型物品的品质有所提高，因为有壁厚分配设计，不减少合模强度。

⑤ 由于边角料的减少，挤出时间减少，使热敏性材料的降解概率降低。

⑥ 由于废边大量减少，可以采用更小的挤出机生产。若用常规的吹塑生产工艺生产弯曲类管件，由于型坯的平折宽度远远大于制品的投影宽度，因此会产生大量的废边（有些高达50%以上），且夹坯缝较长，不仅影响外观，而且影响制品的强度。

(3) 适用性 三维中空吹塑成型适合于制造复杂的塑料管道零件，制成的零件不会有易导致破坏的分型线，且无飞边，还可提高中空吹塑部件的壁厚均匀性。三维吹塑成型技术可促进零件的整合，无需装配零件，从而可降低成本。目前，该技术正在沿着制造具有顺序（硬→软）结构和夹层结构的零部件的方向发展。采用三维吹塑可制造汽车弯曲长导管和管道，如增压柴油机的导气管、特种冷却介质导管、燃料补充管，以及注油管、无缝门把手等零部件。

4.4.2 三维可移动模头（型坯）模具中空吹塑成型有哪些类型？其成型过程如何？

(1) 类型 可移动模头（型坯）模具三维中空吹塑成型根据获得多维形状的型坯的方式不同，可以分为可动模头式结构和可动模头模具式结构两种。

(2) 成型过程

① 可动模头式 前者通过移动模头（或直接移动从模头下方出来的型坯）的方位使已预吹胀的型坯按模具型腔的形状放置并延续到型腔末端。在这过程中模具是不动的，当型坯完全填好型腔后，下半模在水平方向移动，与上半模闭合，然后完成吹气过程。取出制品完成一次循环过程，如图4-4所示。

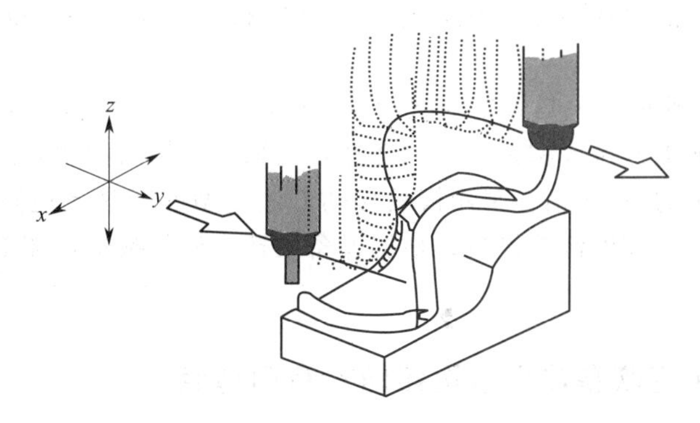

图4-4 三维中空吹塑成型可动模头式结构

② 可动模头模具式 可动模头模具式中空吹塑成型具有移动模具的机构，通过模具在 x 和 y 方向移动，把机头里的物料放在模具的型腔中，然后移动下半模到上半模正上方，合模吹气完成制品的生产。有些为了实现更简便快速的填模过程，则有使挤出的型坯同时绕模腔变化的机构，如图4-5所示，通过模具表面的沟槽摆动107，拉动软套109运动，形成复杂的多维型坯填满型腔。是利用一个安装成45°或从45°调到90°的平面板装置，或右旋板使模具在机头下方沿 x 和 y 方向移动，将型坯直接安放在型腔里。型坯头处被预夹紧，并且当型坯挤出时模具在机头下移动。这就使得多数型坯料都含在模具内，仅在制品的尾部有飞边。而对汽车导管来说，此飞边区域常为边角料，因塑料管两头部分将被修饰掉，使制品的两头为开口状态。底部或右板在 x 和 y 面上移动，以使型坯能按照型腔的形状进入模具的型腔。底板对准中心和顶部，或者左板接近底板，然后气针插入进行吹气成型，一个吹塑成型循环即可开始。上板打开，下板在 y 方向对着操作者做梭式移动，然后由人工或机械手取出，下板升到最高点而使循环再次开始。采用电气自动控制移动装置，模具能在倾斜模板上沿两维方向随意摆动。

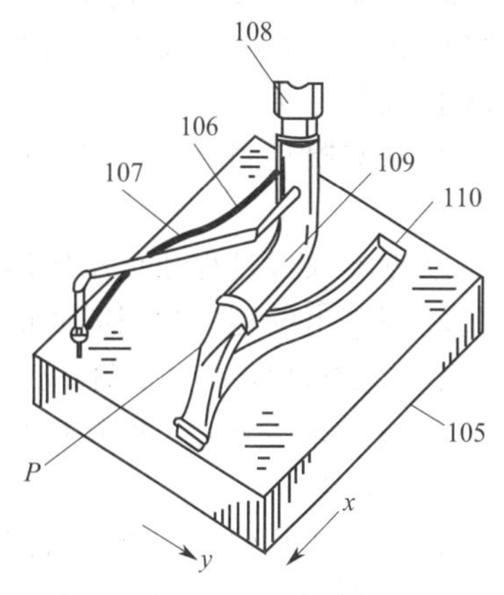

图4-5 可动模头模具式中空吹塑成型结构

4.4.3 三维可动模头模具式中空吹塑成型有何特点和应用?

(1) 特点 可动模头模具式中空吹塑成型特点如下。

① 能连续生产、顺序挤出制品，利用一台挤出机生产制品上一个弧形，然后用另一台挤出机生产制品上的第二个弧形。可用几种不同的热塑性弹性聚烯烃材料结合起来生产制品，让制品的两端柔软。硬材料可提供强度，中软材料可防震及装配方便。为增加产品的使用价值而把许多件组装的产品合并成制品，消除了蛇形管端面的缩进和连接部件。

② 能得到均匀的壁厚 因为型坯在模具内是连续的有夹坯缝，这就减少了模塑残余应力，增加了制品形体的完整性。制品可以有较好的外观。如果制品上需要支架或镶嵌件，可采用注

塑成型嵌件在吹塑循环期间进行埋件成型。因为大多数制品是用平板在倾斜位置中生产，所以嵌件在成型循环中能容易地留在模具中。同样，因为模具底板是对着操作者移动的，也方便操作人员在模具中插入镶嵌件。通过程序化地移动型腔也可以在可动模头模具式成型制品上形成压塑法兰，局部型坯在两个之间被夹紧而形成法兰。其他应用包括农业用管道、汽车用燃气管、家具扶手。家具扶手体现了可动模头模具式加工过程的变化，为了达到手感好和结构合理的要求，复杂形状的制品可用内层坚硬，外层柔软的材料成型，还可以吹塑成型双重壁塑料制品。

(2) 应用 采用可动模头模具式中空吹塑成型的制品主要用于汽车上的管道零件，这些管件用可动模头模具式加工方法成型是较好的选择，当采用常规的吹塑方法成型这类管件时，产生的飞边可达制品质量的 2～3 倍。采用模具移动方法成型的产品飞边减少较多，可减少下一步的工作量，从而节省了辅助修饰设备。根据设备中挤出机的数量，加工时可同时使用两种或三种不同的塑料材料。

4.4.4 三维负压中空吹塑成型过程如何？有何特点？

(1) 成型过程 三维负压中空吹塑成型又称为吸入式吹塑成型方法，采用三维负压中空吹塑成型时，塑料型坯被吸附在闭合的吹塑模具内，同时需要型坯的顶出和在模具内部形成负压；吹塑模具由主要部件和水平滑动的弧形型芯块组成。它是型坯直接从型坯模头的口模中传送（在大多数情况下是储料缸式模头）进入闭合的吹塑模具内，然后通过吹塑模具中的“真空”气流引导通过，这种气流也防止了型坯同模具的过早接触。当型坯底部露出吹塑模具，型坯就被上下两个夹紧组件切断，接着吹涨和冷却过程开始启动。一般可分为以下几个步骤。

① 吹塑模具闭合 吸空装置（负压装置）是底部的弧形零件，一旦模具闭合就准备开始工作。

② 型坯顶出过程和负压作用要同时发生；采用压缩空气预吹塑型坯。

③ 当挤出的型坯达到需要的长度时，顶出和抽真空过程自动停止，同时，滑动弧形块闭合；用吹气杆或吹针吹胀制品。

④ 当冷却结束时，模具打开取出制品。

(2) 特点

① 吸入式吹塑只需要相对简单和低价的吹塑模具。设备和模具的投资相对较少，可缩短生产运行周期。

② 生产工艺简单，操作方便。

③ 当模具在循环期间闭合时，无挤压力产生。

④ 模具中的气流防止了型坯和模具表面的过早接触，成型的制品表面质量好。

⑤ 适用于加工如尼龙类等熔体黏度较低的塑料品种，也适用于连续顺序共挤。

4.4.5 三维机器人柔性中空吹塑成型过程如何？柔性三维中空吹塑成型机的结构组成如何？

(1) 成型过程 三维机器人柔性吹塑成型方法是随着机器人在工业生产中普遍应用后发展起来的一项新型吹塑工艺，由于机器人超强的柔性单元，通过程序的编制，可以轻松地完成型坯的安放，且可以完全不移动沉重的模具和模头。三维机器人柔性吹塑成型过程是：当型坯从模头挤出时，由机械手夹持单元预封型坯，并进行预吹防止物料黏结，型坯在自重及挤出压力下伸长，当达到一定的长度时，机器人夹持住型坯，由模头模口切断型坯，机器人则夹着一定长度的型坯按预先编写的程序轨迹把型坯放到下方的模具中，完成后机器人复位，下模具半体在滚珠丝杆的作用下向合模部位移动，下半模到位后，在合模机构的作用下合模，吹针进行吹胀，开模取出制品，下半模移动到模头下方位置，等待下一工序的到来，完成一次循环。

如生产 PE 汽车风管的过程为：原料→配料→加热挤压→机器人下封口→型胚壁厚控制→射料定长挤出→机器人夹持型坯→切断型坯→机器人下放型坯至下半模→移模→合模→吹气保压→冷却后开模→制品取出。

(2) 结构组成　三维机器人柔性吹塑机结构主要由挤出系统、型坯模头、机器人部件、移模部件和开合模机构等组成。为了提高吹塑设备的使用率，提高生产效率，可通过在模板挤出机挤出方向垂直的方位安装两个合模机构，成为双工位机型，如图 4-6 所示为三维机器人柔性双工位吹塑机结构。在型坯直径完全一致的情况下，在两个工位上可生产 2 种完全不同的制件。由于其紧凑的结构只需要一个机械手进行集中取出制件。这样可以提高设备的生产使用范围。

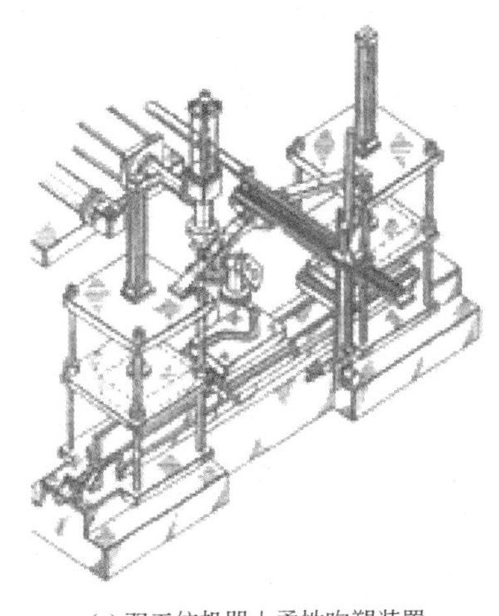

(a) 双工位机器人柔性吹塑装置

(b) 机器人柔性吹塑成型设备

图 4-6　三维机器人柔性双工位吹塑机结构

① 挤出系统　挤出系统根据物料的特性及加工工艺，合理地选择适合生产的螺杆机筒结构，例如，当生产 PE 物料，且为粒料时，可选用 IKV 螺杆结构，以获得稳定而均匀的熔体型坯质量。而生产 PA 物料时，则需选用突变型结构螺杆结构。挤出机规格根据制品生产产量要求配置，JWZ-BM3D-800 配 65 主机，产量为 75kg/h。

② 型坯模头　为了获得均匀稳定的型坯物料，该机采用“先进先出”原则的螺旋机头进行生产，为了制品壁厚均匀，消除型坯因自重引起拉伸而影响壁厚，型坯的壁厚应根据制品的形状进行优化，通过壁厚的优化，提高制品的质量。壁厚控制系统是对模芯缝隙的开合度进行控制的系统，即位置伺服系统。在生产过程中，为了保证制品的质量，要求被控量能够准确地跟踪设置值，同时还要求响应过程尽可能快速。要达到上述两种要求的控制效果壁厚控制系统采用闭环反馈设计，其组成部分包括壁厚控制器、电液伺服阀、动作执行机构和作为信号反馈装置的电子尺。操作人员在壁厚控制器的面板上设定型坯壁厚轴向变化曲线，控制器根据曲线输出大小变化的电压或者电流信号至电液伺服阀，由电液伺服阀驱动执行机构控制模芯的上下移动，从而造成模芯缝隙的变化。电子尺通过测量缝隙的大小得出相应的电压信号反馈给壁厚控制器。这就构成了闭环的壁厚控制系统，口模采用收敛式结构。

③ 机器人部件　机器人部件执行预封及夹住切好定长的型坯的安放工作，其要求具有

良好的柔性，可以方便地根据型腔的变化编写程序，完成相应的动作，其具有6轴运动副，可以到达允许活动区域范围内任何角落。为方便封口和夹持型坯，设计一个夹手与机械手臂相连。

④ 移模部件　移模部件起着移动模具的作用（在放料位置到合模部件之间移动），其要求移动平稳，噪声小，在此采用伺服电机配滚珠丝杆结构来完成相关动作。

⑤ 开合模机构　开合模的作用是驱动成型模具的开闭，保证承受、锁紧压缩空气吹胀管坯为制品形状的吹胀力，采用垂直方位压机结构形式，利用大小油缸液压方式进行锁模，采用比例阀控制技术，具有锁模力大、开合模速度快、运行平稳、节能环保等优点。

第5章 注塑成型辅助设备操作与疑难处理实例解答

5.1 原料预处理设备操作与疑难处理实例解答

5.1.1 原料的筛析设备有哪些类型？各有何特点和适用性？

原料常用的筛析设备主要有转动筛、振动筛和平动筛三种类型。

(1) 转动筛 常见的转动筛主要有圆筒筛，它主要由筛网和筛骨架组成。筛网通常为铜丝网、合金丝网或其他金属丝网等。工作时将需筛析的物料放置于回转的筛网上，通过驱动装置带动圆筒形筛网转动而实现物料的筛析。这种筛体的结构简单，且为敞开式，有利于筛网的维修或更换，但筛选效率低。筛网的使用面积只占筛网总面积的1/8～1/6，由于筛体为敞开式，筛选时易产生粉尘飞扬，卫生条件差。转动筛析通常主要适合于筛选密度较大的粉状填料，如碳酸钙、滑石粉、陶土等。

(2) 振动筛 振动筛是一种通过平放或略倾斜的筛体，通过振动进行筛析的设备。振动筛析通常适用于筛析粒状树脂和密度较大的填料。若将筛体制成密闭式也能用于粉状物料的筛选。振动筛析特点如下。

① 筛选效率高，并且筛孔不易堵塞。

② 省电，电磁振动筛的磁铁只在吸合时消耗电能，而断开时不消耗电能。

③ 筛体结构简单且为敞开式，有利于筛网的维修或更换。

④ 由于筛体是敞开式，筛析时易产生粉尘飞扬，卫生条件差。同时往复变速运动产生的振动使运动部件撞击而产生较大的噪声。

(3) 平动筛 平动筛是利用偏心轮装置带动筛体发生平面圆周变速运动。平动筛的特点如下。

① 工作时整个筛网基本都能得到利用，筛选效率比圆筒筛高而比振动筛低，但筛孔易堵塞。

② 筛体通常为密闭式的，故筛选时不易产生粉尘飞扬，卫生条件好。

③ 筛体发生平面圆周变速运动而产生的振动小，噪声小。

④ 筛体的密闭使筛网的维修或更换不方便。

平动筛析适用范围广，通常适用于粉状和粒状树脂、密度较大的填料以及其他粉状助剂的筛选。

5.1.2 振动筛有哪些类型？结构组成如何？

(1) 振动筛类型 振动筛根据筛体振动方式的不同通常可分为机械式和电磁式两种类型。

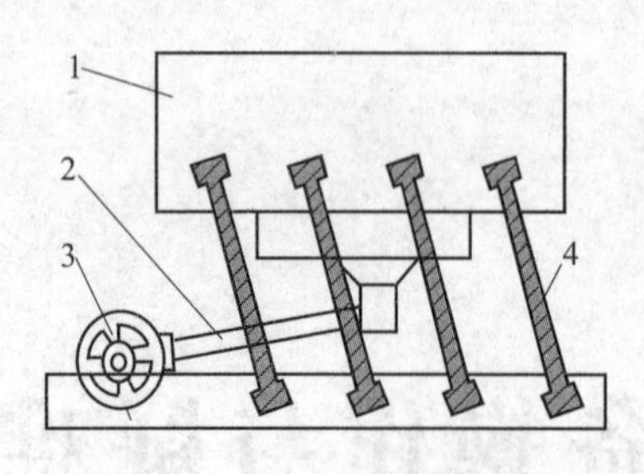

图 5-1 机械式振动筛结构

1—筛体；2—连接杆；3—偏心轮；4—弹簧杆

（2）振动筛结构

机械振动筛的结构如图 5-1 所示，它是由筛体、弹簧杆、连接杆、偏心轮（或凸轮）等组成。它是利用偏心轮（或凸轮）装置，使筛体沿单一方向发生往复变速运动而产生振动，从而达到筛选的目的。

电磁振动筛主要由筛体、电磁铁线圈、电磁铁、弹簧板与机座等组成，结构如图 5-2 所示。它是利用电磁振荡原理，由电磁铁线圈与电磁铁等组成电磁激振系统，工作时因电磁铁的快速吸合与断开使筛体沿单一方向发生往复变速运动而产生振动，达到筛选的目的。

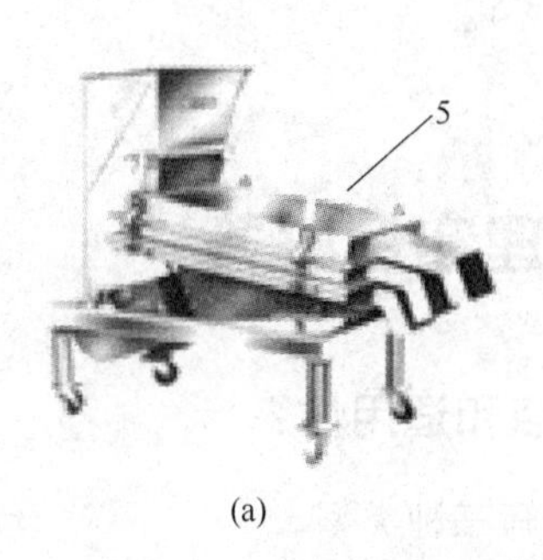

(a)

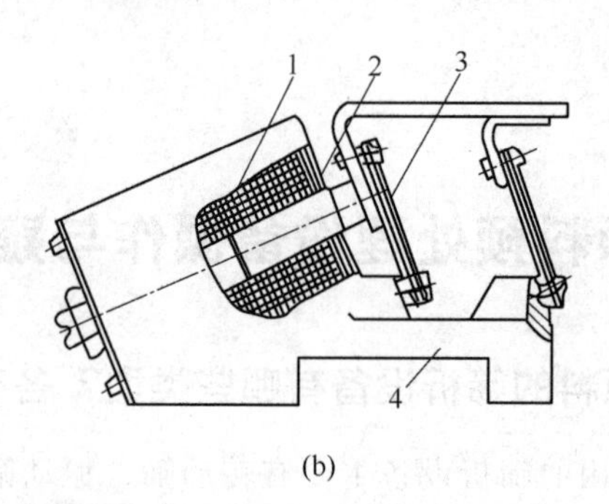

(b)

图 5-2 电磁式振动筛

1—电磁铁线圈；2—电磁铁；3—弹簧板；4—机座；5—筛体

5.1.3 平动筛有哪些类型？结构组成如何？

（1）平动筛类型 平动筛根据筛体的数目通常分为单筛体式和双筛体式两种类型，其结构如图 5-3、图 5-4 所示。

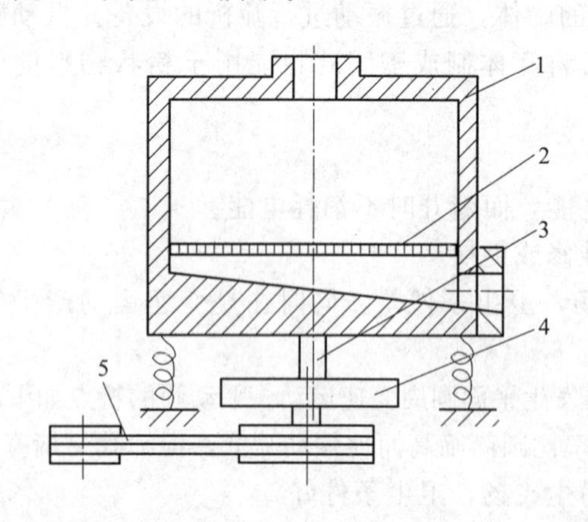

图 5-3 单筛体式平动筛结构

1—筛体；2—筛网；3—偏心轴；4—偏心轮；5—传动装置

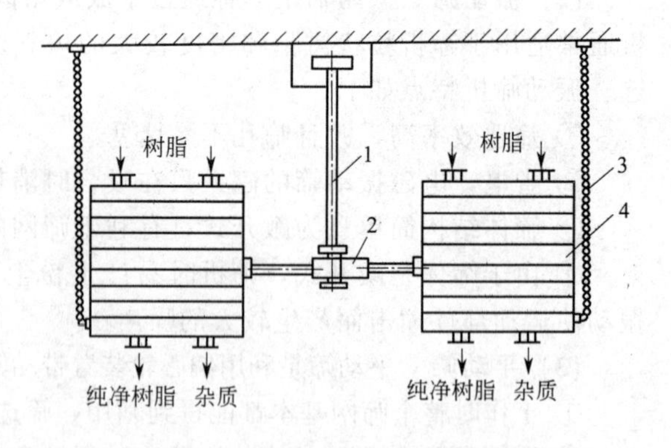

图 5-4 双筛体式平动筛结构

1—偏心轴；2—偏心轮；3—钢丝绳；4—筛体

（2）平动筛结构 平动筛主要由筛体、偏心轮、偏心轴等组成，工作时利用偏心轮装置带动筛体发生平面圆周变速运动。双筛体式有两个筛体，其四角用钢丝绳悬吊在上面的支撑部件上，而中间的偏心轴主要作传动之用，为了平动筛的运动平稳，偏心轮在设计时通常采用平衡块（铅块）来实现其质量平衡。偏心轴转动时，筛体做平面圆周变速运动而达到筛选的目的。

5.1.4 中空吹塑成型物料常用干燥装置有哪些类型？各有何特点？

(1) 干燥装置类型 中空吹塑成型时，物料常用干燥装置的类型主要有鼓风干燥箱、真空干燥装置、除湿干燥装置及远红外预热干燥装置等。

(2) 各类特点

① 鼓风干燥箱 鼓风干燥箱主要用于小批量生产或塑料成型加工实验，是将塑料原料放入烘箱格盘中，开启鼓风烘箱，加热空气，用热空气与格盘中原料进行热交换，以此将原料中的水分带走，从而起到干燥的作用。与鼓风烘箱干燥原理相同的是热风干燥料斗干燥，结构如图5-5所示。这种干燥方法在塑料生产过程中有应用，鼓风机从外部吸入空气，经一个加热器加热后从料桶底部进入料桶，经过待干燥的塑料原料，成为湿热空气，从料桶上方排出。这种干燥方法因只是简单的吸收外部空气进行加热后作为干燥空气，故如果外部空气湿度过高，则无法达到原料干燥的要求。

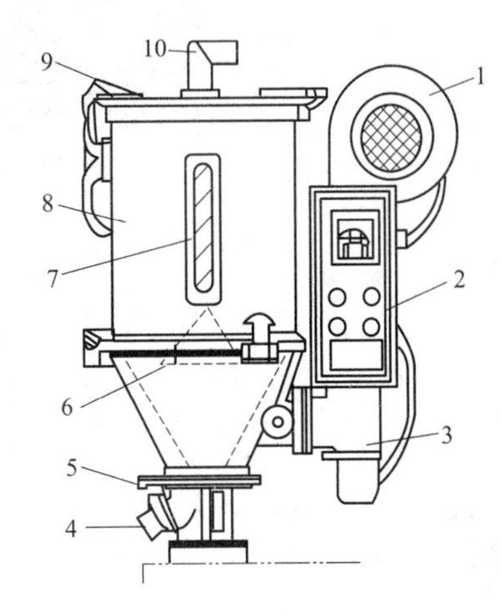

图5-5 热风干燥料斗

1—鼓风机；2—温控箱；3—电热器；4—排料口；5—开合门；6—物料分散器；7—视窗；8—料斗；9—料斗盖；10—排气口

② 真空干燥装置 真空干燥是将需干燥的物料置于减压的环境中进行干燥处理，这种方法有利于附着在物料表面水分的挥发以达到干燥目的。真空干燥装置与热风干燥装置相比，具有干燥温度低、干燥速率大、节能、设备密闭防污染等特点。如达到同样的干燥效果，真空干燥的速度平均要快6倍。真空干燥机可以在满足挤出机或注射机用量的前提下，干燥的批量小，实现连续干燥可以保证原料的干燥效果，并且可以减小原料对水分再吸收的可能性。另外，真空干燥时由于物料内空气被抽出，而减少干燥环境中的含氧量，可避免物料干燥时的高温氧化现象，主要用于在加热时易氧化变色的氧敏性物料，或有燃烧危险的物料以及含有溶剂或有毒气体的物料等，如PET、PA。由于真空干燥设备能用较低的温度得到较高的干燥速率，能在低温下干燥热敏性物料，适用于干燥。但真空干燥设备投资大，能耗高。

③ 除湿干燥装置 采用除湿干燥装置干燥物料时，塑料粒子静止堆积在料筒中，由分子筛除湿加热后的热空气由下往上对流通过塑料粒子层，吸湿后的分子筛通过加热再生可重复使用。

除湿空气干燥机的工艺流程大致如图5-6所示。需要干燥的塑料粒子静止堆积在机筒中，除湿加热后的干热空气经风嘴由下往上吹，吹过塑粒层，带走从塑料粒子中汽化的水分，再从料筒顶部逸出，由鼓风机吹进分子筛吸湿罐，经除湿加热后从新循环进入机筒中。待分子筛吸湿罐中的水分达到饱和时，两只切换阀门便会自动切换到分子筛吸湿罐，而吸湿罐则进行加热再生，以重复使用。除湿空气干燥机的干燥过程主要依靠塑料粒子表面的水气分压与热空气中水气分压之差Δp来推动，所以热空气越干，Δp越大，干燥效率就越高。而热空气的干湿程度是用露点来衡量的，露点是指在冷却过程中，空气中的水分开始凝露时的温度值。空气露点越低，空气越干。一般说来，空气的极限露点温度为－15～－18℃。除湿空气干燥机中热空气流的露点温度通常控制在低于－30℃。

④ 远红外预热干燥装置 远红外预热干燥是通过辐射传热，因此可以使物料在一定深度的内部和外表面同时加热，不仅缩短了预热干燥时间、节约能源，而且也可避免物料受热不均而产生质变的现象，提高预热干燥的质量，其预热干燥温度可达130℃左右。另一方面由于热源不直接接触物料，因此易实现连续预热干燥。

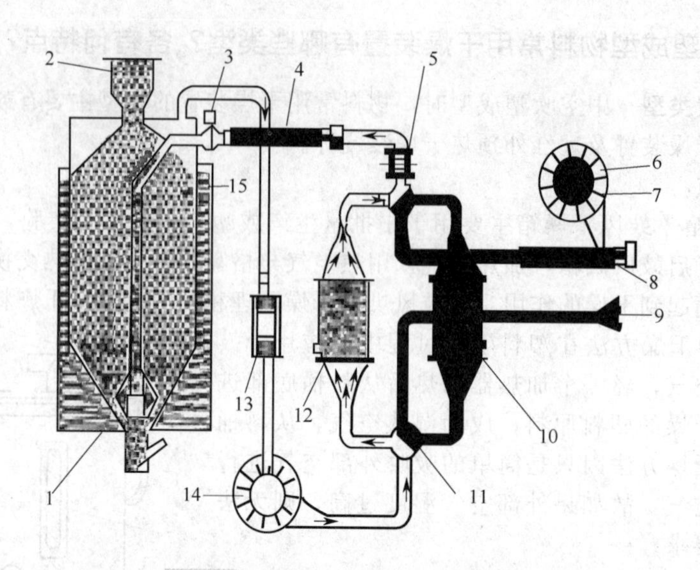

图 5-6 塑料粒子除湿干燥装置原理

1—风嘴；2—塑料原料；3—关闭阀；4—加热器；5,11—方向阀；6,14—鼓风机；7,13—微型过滤器；8—再生加热器；9—出风管；10,12—分子筛吸湿罐；15—温度传感器

远红外预热干燥设备规模小、简单、制造简便、成本低，主要适用于大批量物料的预热干燥。

5.1.5 真空干燥装置有哪些类型？真空干燥机结构如何？

(1) 真空干燥装置类型 真空干燥又称负压干燥，是让塑料原料处于负压状态下进行加热干燥，通过抽真空产生负压，使挥发组分的沸点降低，从而使水分迅速变成水蒸气，从固体原料中分离出来快速脱离。真空干燥装置主要有静置真空干燥箱、回转真空干燥器、真空干燥料斗和单螺旋混合真空干燥机等。真空干燥装置按操作方式分又可分为间歇式和连续式两种。

(2) 真空干燥装置结构 真空干燥机是将冷凝器、真空泵与传导式干燥机配套形成真空干燥装置，它属于传导式干燥。真空干燥设备结构主要由智能型程序液晶温度控制器、惰性气体进气阀（选配）、压力表、下箱柜体等组成。真空干燥箱大都采用电热式云母加热器加热，外壳由钢板冲压折制、焊接成型，外壳表面采用高强度的静电喷塑涂装处理，漆膜光滑牢固。工作室采用碳钢板或不锈钢板折制焊接而成，工作室与外壳之间填充保温棉，工作室的内部有多层放置干燥物料的隔板。门封条采用硅橡胶条密封，箱门上设有可供观察用的视镜。电热真空干燥箱的抽空与充气均由电磁阀控制，电器箱在箱体的左侧或下部，电器箱的前面板上装有真空表、温控仪表及控制开关等。真空干燥箱工作时能保持一定的真空度和温度，在设备工作过程中如果工作室内的温度超过设定温度值时，超温保护电路动作，切断加热回路。

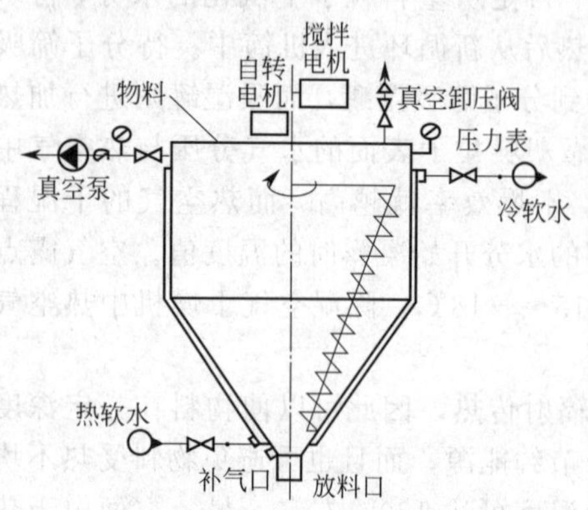

图 5-7 单螺旋混合真空干燥机

单螺旋混合真空干燥机结构如图 5-7 所示。干燥物料时，首先将物料加入到干燥机中，物料占干燥机容量的 80％为宜；启动真空泵，将干燥机内压力降至真空状态（30kPa 左右）；抽真空时，用一台小型除湿

干燥机不断地给干燥机补充少量干燥空气，形成负压和干燥的环境，以促进物料内部的水分逸出；启动自转电机和搅拌电机，开启夹套上的阀门，热软水从进水口进入夹套，对物料进行加热。

5.1.6 远红外干燥装置结构组成怎样？干燥原理如何？

(1) 结构组成 远红外预热干燥装置主要由远红外线辐射元件、传送装置和附件（保温层、反射罩等）组成。远红外线辐射元件主要由基体、远红外线辐射涂层、热源组成。基体一般可由金属、陶瓷或石英等材料制成。远红外线辐射涂层主要是 Fe_2O_3、MnO_2、SiO_2 等化合物；热源可以是电加热、煤气加热、蒸汽加热等。

(2) 干燥原理 采用远红外线预热干燥时，一般首先由加热器对基体进行加热，然后由基体将热能传递给辐射远红外线的涂层，再由涂层将热能转变成辐射能，使之辐射出远红外线。由于预热干燥的物料有对远红外线吸收率高的特点，能吸收远红外线预热干燥装置发射的特定波长的远红外线，使其分子产生激烈的共振，从而使物料内部迅速地升高温度，达到预热干燥的目的。

5.1.7 注塑机上料装置有哪些类型？各有何特点和适用性？

(1) 上料装置类型 注塑机为避免人工上料，降低劳动强度，保证生产正常、稳定进行，一般都配有自动上料装置。目前注塑机的自动上料装置有多种类型，常用的主要有弹簧上料、鼓风上料和真空上料等几种装置。不同类型的上料装置有不同的特点和适应性，在生产中应根据物料的性质、设备和场地的情况以及生产情况等，合理选择上料装置的类型。

(2) 各类型的特点与适用性 弹簧上料是用钢丝制成螺旋管置于橡胶管中，用电机驱动钢丝高速旋转产生轴向力和离心力，物料在这些力的作用下被提升，当塑料达到送料口时，由于离心力的作用而进入料斗。其主要由弹簧、软管、电机、联轴器、料箱等组成。弹簧上料装置结构简单、体积小、重量轻、成本低、效率高、使用方便可靠，既可固定安装又可吊挂。但这种上料装置输送距离小，只能作为单机台短距离的上料，且对于粉料和粒料都适用。

鼓风上料是利用风力将塑料吹入输送管道，再经设在料斗上的旋风分离器后进入料斗内。鼓风上料装置主要由鼓风机、旋风分离器、料斗、储料斗等组成。这种上料装置主要适用于输送粒料，也可用于输送粉料（如 PVC 树脂），但此时要注意输送管道的密封，否则不仅易造成粉尘飞扬而导致环境污染，而且使输送效率降低。

真空上料装置有半自动和全自动两种。半自动装置上料时需人工控制上料与停止。而全自动上料装置可以根据料斗中的物料量来自动控制上料与停止。全自动真空上料装置主要由真空泵、过滤器、大小料斗、重锤、密封锥体和微动开关等组成，如图 5-8 所示。工作时，真空泵接通过滤器而使小料斗形成真空，这时物料会通过进料管而进入小料斗中，当小料斗中的物料储存至一定数量时，真空泵即停止进料，这时密封锥体打开，塑料进到大料斗中，当进完料后，由于重锤的作用，使密封锥体向上抬而将小料斗封闭，同时触动微动开关，使真空泵又开始工作，如此循环。全自动真空上料装置可以根据料斗中物料的情况及时加料，补充用量，使料斗中物料高度保持一定，从而能保证加料的稳定性，从而能保持制品质量的稳定性。另外真空泵可以及时抽走物料中的水分和挥发分，以保持物料的干燥，提高

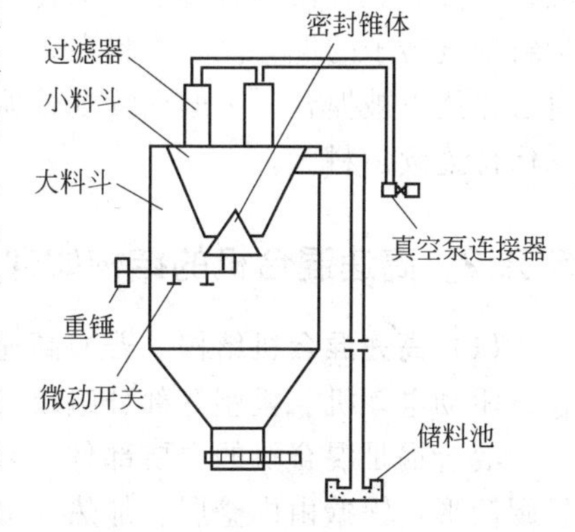

图 5-8 全自动真空上料装置

制品的质量。因此成型吸性较大时，以及成型普通物料中，需提高制品质量和生产的稳定性时，可选用全自动真空上料。

5.2 原料混合分散设备操作与疑难处理实例解答

5.2.1 物料的混合分散设备类型主要有哪些？各有何特点？

(1) 物料的混合分散设备主要类型 物料的混合分散设备类型较多，常用的主要有捏合机、Branetali 混合机、高速分散机、高速混合机、连续混合器等。

(2) 各类混合分散设备特点 捏合机主要用于高黏度物质的混合分散。如粉状颜料、色母料等。物料在可塑状态下，在捏合机的工作间隙中承受强烈的剪切挤压、使颜料凝聚体破碎、细化、混合分散。捏合机能形成较强烈的纵混和横混，从而表现出强烈的分散能力和研磨能力。

Branetali 混合机主要用于各种黏度乳液的混合和分散，混合机中一般都有温控装置，生产过程中温度容易控制。还有一对同轴不同转速，且轴心位于混合室中心的框形板，工作时得用框形板与混合室内壁对物料产生的摩擦、剪切、挤压等作用，使物料间相互碰撞、交叉混合，以使其均匀分布。混合机的工作容量范围较宽，可以是总容量的 25%～80%，混合室拆装方便，换料换色容易。但框形板对物料在重力方向的作用较弱，故对超高黏度的乳液混合分散效果不佳。

高速混合机是广泛使用的混合分散设备，主要用于干掺和粉体树脂的混合与分散，如色母料生产中的初混合，颜料与分散剂及树脂的混合或粉状 PVC 树脂与其他助剂的混合等。高速混合机工作时，其混合锅中的搅拌桨叶在驱动电动机的作用下高速旋转，搅拌桨叶的表面和侧面分别对物料产生摩擦和推力，迫使物料沿桨叶切向运动。同时，物料由于离心力的作用而被抛向锅壁，物料受锅壁阻挡，只能从混合锅底部沿锅壁上升，当升到一定的高度后，由于重力的作用又回到中心部位，接着又被搅拌桨叶抛起上升。这种上升运动和切向运动的结合，使物料实际上处于连续的螺旋状上、下运动状态。由于桨叶运动速度很高，物料间及物料与所接触的各部件相互碰撞、摩擦频率很高，使得团块物料破碎。加上折流板的进一步搅拌，使物料形成无规则的漩涡状流动状态而导致快速的重复折叠和剪切撕裂作用，达到均匀混合的目的。因此其混合效果好，生产效率高。

连续混合器是一种转子式混合器，它主要用于聚烯烃色母料、聚苯乙烯类色母料的配料的混合分散。混合器中有转子，该转子相当于螺杆送料器。当物料加入到转子的加料段时，能把物料推到转子的混合段。物料在转子和筒壁之间因强烈剪切力作用而混合分散，并在转子间的研磨作用下被捏合。一般连续混合器是多种组分的物料连续地或分批计量加入到某种物料中，并保持连续出料。

5.2.2 高速混合机的结构如何？应如何选用？

(1) 高速混合机结构 普通高速混合机主要由混合锅、回转盖、折流板、搅拌桨、排料装置、驱动电动机、机座等部分组成。如图 5-9 所示。

混合锅是混合机的主要部件，是物料受到强烈搅拌的场所，其结构如图 5-10 所示。外形呈圆筒形，锅壁由内壁层、加热或冷却的夹套层、绝热及外套层三层构成。内壁通常是由锅炉钢板焊接而成，有很高的耐磨性。为避免物料的黏附，混合锅内壁表面粗糙度 $Ra \leqslant 1.25\mu m$。

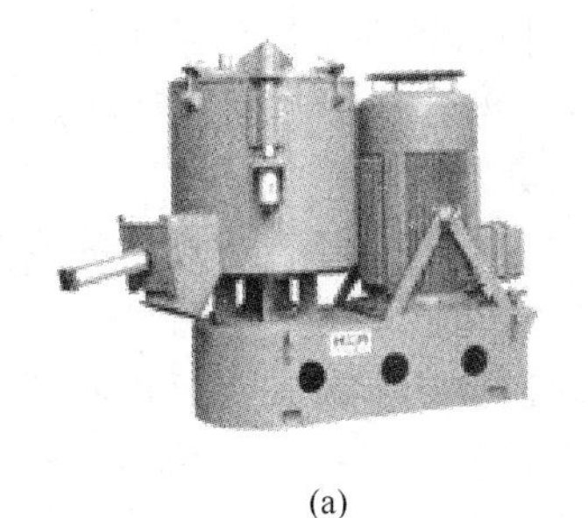
(a)

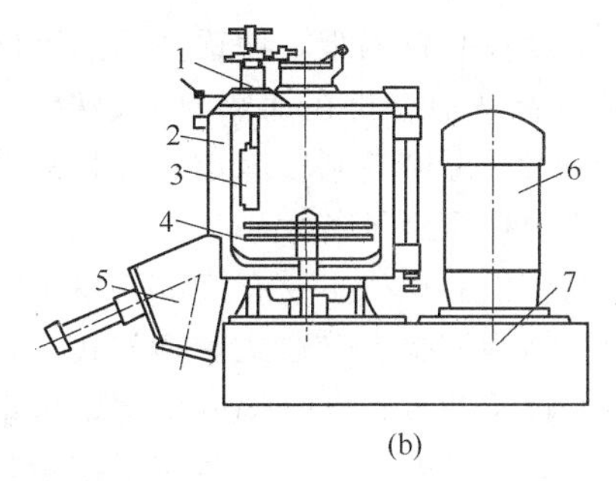

(b)

图 5-9　高速混合机

1—回转盖；2—混合锅；3—折流板；4—搅拌桨叶；5—排料装置；6—电动机；7—机座

夹套层一般用钢板焊接，用于通入加热或冷却介质以保证物料在锅内混合所需的温度。夹套外部是保温绝热层，与管板制成的最外层组成隔热层，防止热量散失。

混合锅上部是回转盖，回转盖通常为铝质材料制成。其作用是安装折流板，封闭锅体以防止杂质的混入、粉状物料的飞扬和避免有害气体逸出等。为便于投料，回转盖上设有 2～4 个主、辅投料口，在多组分物料的混合时，各种物料可分别同时从几个投料口投入而不需要打开回转盖。

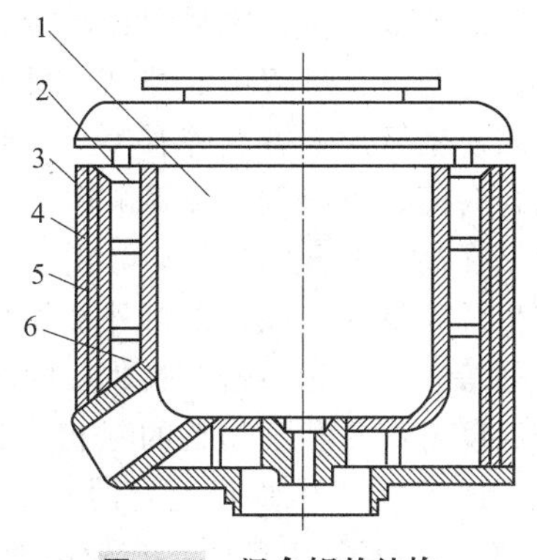

图 5-10　混合锅的结构

1—混合锅；2—混合锅内壁；3—外层；4—保温绝热层；5—夹套层壁；6—加热夹套

折流板的作用是使做圆周运动的物料受到阻挡，产生漩涡状流态化运动，促进物料混合均匀。折流板一般是用钢板做成，且表面光滑，断面呈流线形，内部为空腔结构，空腔内装有热电偶，以控制料温。折流板上端悬挂在锅盖上，下端伸入混合锅内靠近锅壁处，且可根据混合锅中投入物料的多少上下移动，通常安装高度应位于物料高度的 2/3 处。

搅拌装置它是混合机的重要工作部件，其作用是在电动机的驱动作用下高速转动，对物料进行搅拌、剪切，使物料分散。搅拌装置一般由搅拌桨叶和主轴驱动部分组成，通常设在混合锅底部。

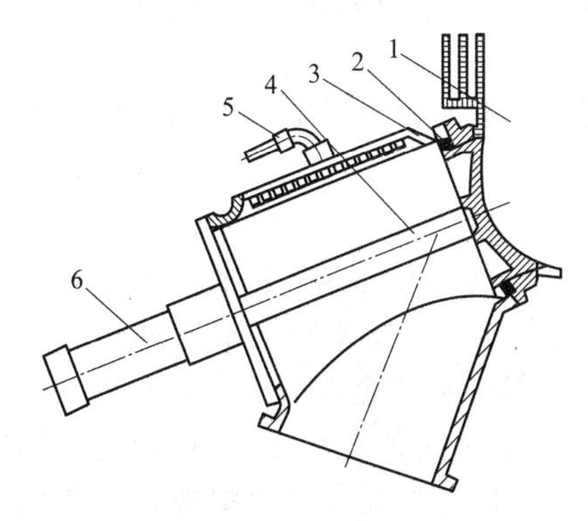

图 5-11　排料装置的结构

1—混合锅；2—排料阀门；3—密封圈；4—活塞杆；5—软管接嘴；6—汽缸

排料装置在混合锅底部前侧设有排料装置，其结构如图 5-11 所示。排料阀门与汽缸内的活塞通过活塞杆相连，当压缩空气驱动活塞在缸内移动时，可带动排料阀门迅速地实现排料口的开启和关闭。排料阀门外缘一般都装有橡胶密封圈，排料阀门关闭时，阀门与混合锅成为一体，形成密而不漏的锅体。当物料混合完毕，经驱动排料阀门与混合锅体脱开而实现排料。安装在排料口盖板上的弯头式软管接嘴连接压缩空气管，可在排料后，通入压缩空气，用以清除附着在排料阀门上的混合物料。

(2) 高速混合机的选用　高速混合机有蒸汽加热、电加热及油加热三种加热的方式，应根据以下生产条件情况加以选择。

① 蒸汽加热的高速混合机，加热时升、降温速度快，易进行温度控制，但当蒸汽压力不稳定时，锅壁温度也不稳定，易使物料在锅壁处结焦，对混合质量有一定影响。此外，还需增设蒸汽发生的设备。

② 电加热的高速混合机操作方便，卫生条件好，无需增添其他设备，但升、降温速度慢，

热容量较大，温度控制较困难，使锅壁温度不够均匀，物料易产生局部结焦。

③ 油加热的高速混合机在加热时，锅壁温度均匀，物料不易产生局部结焦，但升、降温速度慢，热容量大，温度控制较困难，并且易造成油污染。

生产中还应根据压延设备大小、生产速度及产量的大小等选择合适规格的混合机，压延生产中常用高速混合机的规格主要有 200L、300L、500L、800L 等。

搅拌桨叶的结构形式有普通式和高位式。普通式的搅拌桨叶装在混合锅底部，传动轴为短轴；高位式的搅拌桨叶装在混合锅的中部，传动轴相应长些。搅拌桨叶结构、安装对物料的搅拌混合效果有较大的影响，在选用时应根据物料的特性来选择搅拌桨叶的结构形式和组合安装的形式，尽量减少搅拌死角，提高搅拌的效果。搅拌桨叶高位安装高速混合时，物料在桨叶上下都形成了连续交叉流动，因而混合速度快，效果好，且物料装填量较多。

5.2.3 物料采用高速设备进行混合时应如何控制?

高速混合时，物料混合质量通常与设备结构因素如搅拌桨的形状、搅拌桨的安装位置等有关，也与混合过程中的控制、操作因素如桨叶转速、物料的温度、混合时间、投料量、物料的加入次数及加入方式等有关。因此在物料混合时，应控制的主要工艺因素是混合温度、转速、混合时间、投料量、加料顺序等。

在高速混合的过程中，由于物料之间以及物料与搅拌桨、锅壁、折流板间较强的剪切摩擦产生的摩擦热，以及来自外部加热夹套的热量使物料的温度迅速升高，促使一些助剂熔融（润滑剂等）及互相渗透、吸收，同时还对物料产生一定的预塑化作用，有利于后序加工。一般混合温度升高有利于物料的互相渗透和吸收，但温度太高会使树脂熔融塑化，不利于组分的分散。PVC 加工中物料混合时，一般应控制加热蒸汽压力为 0.3～0.6MPa，出料温度在 90～100℃。在实际生产中，在较高的搅拌桨转速下，当物料的摩擦热可以达到较好的混合效果时，如硬质的 PVC 物料，混合过程中可不要外加热。

高速混合时，搅拌桨叶的转速越快，越有利于物料的分散，物料混合越均匀。如某企业压延成型 PVC 片材时，物料高速混合时转速控制在 500r/min。

混合时间。混合时间长有利于提高物料的分散均匀性，提高混合效果。但混合时间过长，会使物料出现过热，不利于后道工序的温度控制，同时也会增加能量的消耗。一般 PVC 物料的混合时间控制在 5～8min 为佳。

高速混合时一般投料量不能太大，过多的物料不利于混合时物料的对流，使物料不能很好地分散，因而影响混合效果。一般投料量应在高速混合机容量的 2/3 以下。但也不能太少，物料面应在搅拌桨叶之上。

在高速混合时还应注意物料的加入顺序，一般应不阻碍物料的互相渗透、吸收。如果在加软质颜料到高速混合机中之前，先将混合温度升到 80℃，或将其加入冷却后的混合机中，就能得到优良的分散性。硬质颜料，例如氧化物颜料，在混合容器中会使金属磨损。含有重金属的颜料，不仅会发生颜色的改变（尤其是白色色调变灰），而且降低老化性能，因为重金属，尤其是铁，通常生成金属氯化物导致 PVC 发生催化降解，因此通常在混合过程中应在后阶段添加颜料，以避免 PVC 发生催化降解。

5.2.4 高速混合机应如何进行安装调试？操作过程中应注意哪些问题？

(1) 安装与调试

① 在安装高速混合机前，应仔细阅读使用说明书。混合机应安装于牢固的地坪上，以混合锅投料口为基准，用水平仪校平后，将机座与地坪上的地脚螺栓紧固。

② 安装时下浆叶与混合室内壁不允许有刮碰，排料阀门启闭应灵活可靠。

③ 基本安装完毕，点动电动机，检查搅拌桨旋向是否正确。整机运转时应平稳，无异常声响，各紧固部位应无松动。

④ 待一切正常后进行空运转试验，混合机的空运转时间不得少于2h，其手动工作制和自动工作制应分别试验，并按JB/T 7669规定进行检验。

⑤ 空运转试验合格后，应进行不少于2h的负荷试验，并按JB/T 7669规定进行检验。

⑥ 负荷试验时的投料量由工作容量的40%起，逐渐增加至工作容量。

⑦ 整机负荷运转时，主轴轴承最高温度不得超过80℃，噪声不应超过85dB（A）。

⑧ 加热、冷却测温装置应灵敏可靠，测温装置显示温度值与物料温度实测值误差不大于±3℃。

（2）操作中应注意的问题

① 开机前需认真检查混合机各部位是否正常。首先应检查各润滑部位的润滑状况，及时对各润滑点补充润滑油。检查混合锅内是否有异物，搅拌桨叶是否被异物卡住。如需更换产品的品种或颜色时，必须将混合锅及排料装置内的物料清洗干净。检查三角皮带的松紧程度及磨损情况，应使其处于最佳工作状态。还应检查排料阀门的开启与关闭动作是否灵活，密封是否严密。检查各开关、按钮是否灵敏，采用蒸汽和油加热的应检查是否有泄漏。

② 检查设备一切正常后，方可开机。开机时首先调整折流板至合适的高度位置，然后打开加热装置，使混合锅升温至所需的工艺温度。

③ 投料时严格按工艺要求的投料顺序及配料比例分别加入混合锅中，投料时应避免物料集中在混合锅的同一侧，以免搅拌桨叶受力不平衡。物料尽量在较短的时间内加入到混合锅内，锁紧回转锅盖及各加料口。

④ 启动搅拌桨叶时应先低速启动，无异常声响后，再缓慢升至所需的转速。在高速混合机工作过程中严禁打开回转锅盖，以免物料飞扬。如出现异常声响应及时停机检查。

⑤ 在物料混合过程中要严格控制物料的温度，以避免物料出现过热的现象。

⑥ 物料混合好后，打开气动排料阀门排出物料，停机时应使用压缩空气对混合锅内壁、排料阀门进行清扫。再关闭各开关及阀门。

5.2.5　物料研磨的作用是什么？研磨设备的类型有哪些？各有何结构特点？

（1）研磨的作用　研磨是用外力对物料进行碾压、研细的加工过程。配制色母料时或成型多组分着色塑料制品（如PVC有色薄膜等）时，物料混合之前常常需把分散性差、用量少的助剂（如着色剂、粉状稳定剂等）先进行研磨细化后，再与树脂及其他助剂混合，以提高其分散性和混合效率，保证制品的性能要求。经过研磨的物料，不仅能把颗粒细化，而且能降低颗粒的凝聚作用，使其更均匀地分散到塑料中。

（2）研磨设备类型　研磨的设备有多种类型，常见的主要有三辊研磨机、球磨机、砂磨机、胶体磨等几种类型。

（3）各研磨设备的特点　三辊研磨机是生产中常用的研磨设备，主要用于浆状物料的研磨。采用三辊研磨时物料的细化分散效果好，能加工黏稠及极稠的色浆料，可连续化生产，可加入较高体积分数的颜料，换料、换色时清洗方便。但设备操作、维修保养技术要求较高，生产效率低，一般主要用于小批量的生产。

球磨机主要用于颜料与填料的细化处理，适于液体着色剂或配制成色浆料的研磨。球磨机研磨时无需预混合，可直接把颜料、溶剂及部分基料投入设备中进行研磨。其操作简单，维修量少。由于是密闭式操作，因此适合挥发或含毒物的浆料的加工，但操作周期长，噪声大，换色较困难，不能细化较黏稠的物料。

砂磨机主要用于液体着色剂及涂料的研磨，其生产效率高，可连续高速化操作，设备操作、维修保养简便，且价格便宜、投资少，应用广泛，但对于密度大、难分散的颜料，如炭黑、铁蓝等。灵活性较差，更换原料和颜色较困难。

胶体磨是一种无介质的研磨设备，主要由转子、定子等组成，转子的高速旋转对色浆料产生剪切、混合作用，使颜料料子得以细化分散。转子和定子的间距可以调节，以调节颜料的细化程度。胶体磨使用方便，可连续化操作，生产效率高，但浆料黏度过高时，会使转子减速或停转，转了与定子间距最小为50μm，大型胶体磨通常在100～200μm 间距下运行，因而不宜于分散细度要求较高的色浆。

5.2.6 浆料配制及研磨应如何操作?

生产中粉状颜料、稳定剂等助剂如直接加入到树脂中混合时会因密度大或粒径大小不均匀等而造成分散不均，以导致产品质量不良。因此为了使这些助剂能分散均匀，一般成型前先配制成浆料然后经研磨处理后，再与树脂及其他组分进行混合。

(1) 浆料的配制 配制稳定剂浆料时，一般可以预先将配方中的一部分液体助剂，如增塑剂、液体稳定剂等，加入到搅拌容器内进行搅拌，同时慢慢加入稳定剂和其余增塑剂等。此时要注意不断调节增塑剂和稳定剂的比例以利于搅拌。如果稳定剂吸收增塑剂较多可以多加一些增塑剂，但不能加得太快、太多，因为这会使密度大的固体物质沉积到容器下面，密度小的则浮在液体上面，难以搅拌均匀。待全部物料加入并搅拌均匀后，用三辊研磨机进行研磨。

颜料配成浆料的方法与稳定剂浆料的配制基本相同，可以先把一定量的增塑剂等液体助剂加入到容器内，然后再加入一定量颜料，加颜料时先加密度小的，再加密度大的，待各种颜料加入后，再加入其余的增塑剂等液体助剂。然后用长柄的铁铲轻轻地搅拌一下，把浮在增塑剂上面的颜料搅拌下去，以免搅拌时颜料飞扬造成颜料损失而使制品着色不准。色浆中的增塑剂等液体助剂的比例不能过大，以保证研磨的细度。配制浆料时，一般颜料与增塑剂的用量比例为1∶(3～4)。

(2) 浆料的研磨 三辊研磨时主要是要把研磨辊筒的间隙调节得当。通常要求前一辊隙应比后一辊隙稍微宽一些，使物料颗逐渐研细。但辊隙也不能太宽，否则研磨的浆料都要落到底盘里。通过观察两边研磨出来的浆料，逐步把两边辊隙调整得更均匀，这样才能达到研磨的效果。研磨时还应控制好辊筒的转速，辊筒的速度比一般为1∶3∶9比较合适。

要使色料分散均匀，应进行多次研磨，一般每研磨一次应把浆料翻动一下。操作得当，研磨3次，各种颜料基本上可以达到4～5级（约30～40μm），分散也十分均匀。但对于颗粒又粗又硬的颜料如高色素炭黑，需多加研磨。研磨的浆料的细度可用细度板进行检查，直到达到要求才能停止研磨。

5.2.7 三辊研磨机的结构组成如何？三辊研磨机应如何选用?

(1) 三辊研磨机的结构组成 三辊研磨机主要由辊筒、挡料装置、调距装置、出料装置、传动装置和机架组成，如图5-12所示。

三辊研磨机的辊筒是对物料产生剪切挤压的场所，一般由三个等径辊筒平行排列组成，辊筒直径的大小决定研磨机规格的大小。

挡料装置位于慢、中速辊之间，挡板的位置可通过螺钉进行调节，其作用是防止加料时物料进入辊筒两端的轴承中。

调距装置的作用是调节辊间距离及压紧力，改变对物料的剪切和挤压作用以达到研磨的

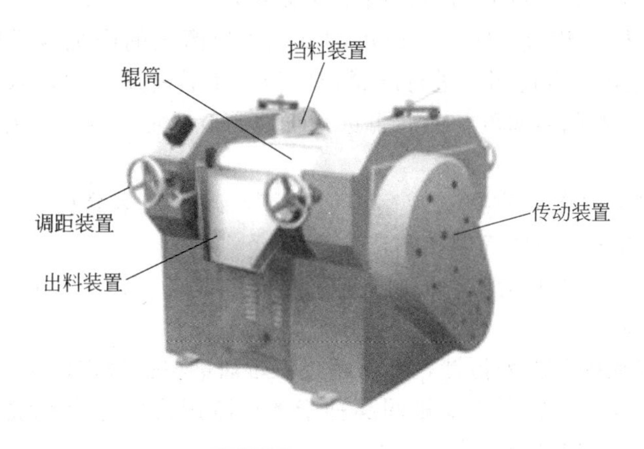

图 5-12　三辊研磨机

要求。

出料装置（刮刀片）一般多用钢板制成，其作用是将辊筒表面上的浆料刮下。为了有利于快速辊表面上的浆料刮下，应贴在快速辊的表面上，其刀口位置应设在高于辊筒轴线 3mm 处。

传动装置主要由电动机、减速箱、联轴器、速比齿轮组成，其作用是为各辊筒提供所需的转矩和转速。电动机通过三角皮带传动，经减速箱后，直接由联轴器传入中速辊，再通过速比齿轮来带动快、慢速两辊做同向旋转。

（2）三辊研磨机的选用　三辊研磨机工作时，三个辊筒在传动装置的驱动下，分别以大小不同的速度彼此相向旋转，如图 5-13 所示，通常三个辊筒的速度比为 1∶3∶9。由于相邻两辊间有一个速度差和辊隙间压力的存在，使加入到相向旋转慢速与中速辊之间的物料大部分被带入辊隙中，而被辊筒挤压、剪切，并包在转速较快的中速辊上，再被带入中速与高速辊辊隙，再次被挤压和剪切后，又包在快速辊上，最后由刮刀片刮下。为了达到均匀研细，物料通常需要研磨 2～3 遍，研磨的细度可由细度板测定，通常浆料的研磨细度都应达到 50μm。

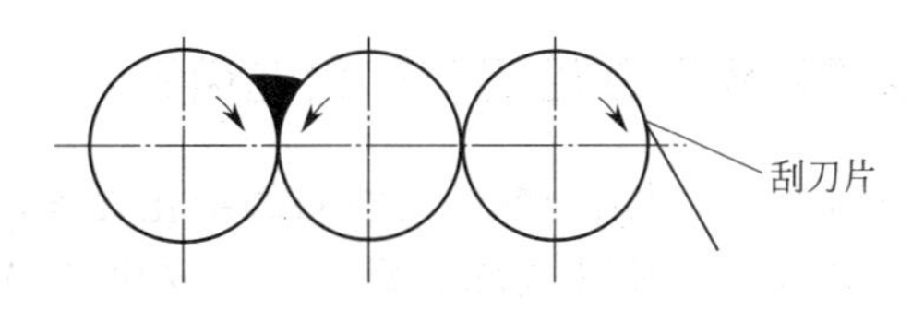

图 5-13　三辊研磨机的旋转状况

三辊研磨时的研磨质量和效率通常与辊筒的直径、工作长度、辊筒的转速及速度比的大小等有关，因此在选用三辊研磨机时，通常以辊筒的直径、工作长度、辊筒的转速及速度比的大小等参数来加以选择。

5.2.8　三辊研磨机的操作步骤如何？操作过程中应注意哪些问题？

（1）三辊研磨机的操作

① 上岗前必须按规定穿戴好劳动保护用品，检查辊面是否清洁，辊间有无异物。检查下料刮刀是否锋利，检查各润滑部分是否足够润滑。

② 开机前，首先将辊筒依次松开，再将料刀松开，挡尖轻微松开。同时必须清理干净接

浆罐，并放置在接料位置上。打开阀门，调节冷却水量。

③ 启动三辊研磨机，开始运转后，即可调节三辊研磨机的中辊和后辊之间的间隙，一般间隙调节为0.3mm左右。再适当地进行压紧挡料板，然后就适当地加入一定量的浆料。在加料的过程中，观察物料着色的深度，然后再进一步地调节后辊，待所有的物料着色均匀后，锁紧固定螺母。

④ 调节慢辊和快辊向中间靠拢，观察辊面平行，调节好滚筒松紧。调节压紧下料刮刀，压力大小，以刮刀刀刃全部与辊面贴实不弯曲为限。

⑤ 调节挡尖松紧，以不漏为限。同时还应检查出料均匀程度及浆料的细度。如果不合格，应继续进行前后辊的调整。

⑥ 操作过程中应观察电流表指针，不得超过三辊研磨机的额定电流。

⑦ 停机时，待浆料流完后，用少量同品种脂类或溶剂快速将辊筒洗干净。松开辊筒，松开挡尖、松开下料刮刀，按电钮停车。

⑧ 关闭冷却水阀门。清洗挡尖、刮刀、接料盘，将机械全部擦拭干净，清理设备现场周围。长期停车，将辊筒涂上一层40#机油，以防辊筒生锈。

(2) 操作注意事项

① 操作前首先检查电源线管，开关按钮是否正常，降温循环水是否有，如一切正常方可开机。

② 不开冷却水严禁开车。注意辊筒两端轴承温度，一般不超过100℃。

③ 两辊中间严禁进入异物（如金属块等），如不慎进入异物，则紧急停车取出，否则会挤坏辊面或使其他机件损坏。

④ 应随时注意调节前后辊，由于辊筒的线膨胀，一不小心，工作时容易胀死，甚至刹住电机产生意外。

⑤ 挡料铜挡板（挡尖）不能压得太紧，随时加入润滑油（能溶入浆料的），否则会很快磨损。

⑥ 当辊筒中部浆料薄，两端厚，可能辊筒中凸，需调大冷却水量。当辊筒两端浆料薄，中间浆料厚，需调小冷却水量。

⑦ 操作中应注意是否有异常，若有异常应即刻停机。

5.2.9 球磨机的结构组成如何？球磨机应如何选用？

(1) 球磨机结构组成 球磨机主要用于颜料与填料的细化处理，适于浆料的研磨。球磨机有多种结构类型，如图5-14所示是一种卧式球磨机。其主要由磨筒、电机、减速机、传动皮带、机架等组成。磨筒内都装有许多大小不同的钢球或瓷球、钢化玻璃球等，球体的容积一般约占圆筒容积的30%～35%。转动时，球体对加入的物料产生碰撞冲击及滑动摩擦，使物料粒子破碎，达到研细的目的。经研磨后的浆料通过球磨机的过滤网过滤，再排出。球磨机中过滤器的过滤网一般有三层，目数一般为80～100目，应保证浆料的研磨细度在50μm以下。

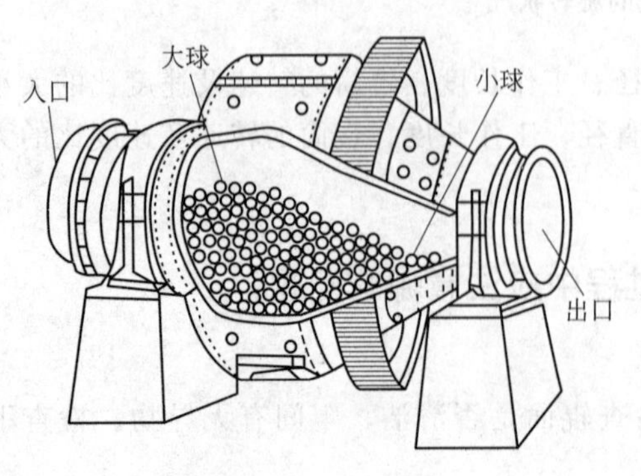

图5-14 卧式球磨机

(2) 球磨机的选用 球磨机一般可根据其出料粒度及产量大小来选择其规格型号大小。球磨机的规格型号通常以磨筒的直径及长度大小来表征。如表 5-1 所示为几种球磨机的主要技术参数。

表 5-1　几种球磨机的主要技术参数

规格型号	筒体转速/(r/min)	装球量/t	给料粒度/mm	出料粒度/mm	产量/(t/h)	电动机功率/kW	机重/t
ϕ900×1800	38	1.5	≤20	0.075～0.89	0.65～2	18.5	3.6
ϕ900×3000	38	2.7	≤20	0.075～0.89	1.1～3.5	22	4.5
ϕ1200×2400	32	3.8	≤25	0.075～0.6	1.5～4.8	45	11.5
ϕ1200×4500	32	7	≤25	0.074～0.4	1.6～5.8	55	13.8
ϕ1500×3000	27	8	≤25	0.074～0.4	4～5	90	17
ϕ1500×4500	27	14	≤25	0.074～0.4	3～7	110	21
ϕ1500×5700	27	15	≤25	0.074～0.4	3.5～8	132	24.7

5.2.10　球磨机应如何操作？操作过程中应注意哪些问题？

(1) 球磨机的操作步骤

① 检查润滑加油箱、减速箱内、电机主轴承内、球磨机筒体主轴瓦内、大小齿轮箱内是否有足够的油量、油质是否符合要求；检查减速器、主轴瓦冷却水是否通畅；检查各部连接螺栓、键、柱销是否松动、变形；检查传动齿轮润滑是否良好、有无异物；检查筒体衬板及道门螺栓是否松动；检查给料、出料装置是否运行正常；检查电动机的接触情况是否良好；检查仪表、照明、动力、信号等系统是否完整、灵活可靠。

② 启动球磨机　启动顺序为开动给料设备→开动主电机→开始对球磨机给料、供水。注意观察球磨机主轴承、滚动轴承、减速机和电动机各个轴承润滑处是否有过热现象；各个密封处是否严密、有无漏料、漏油、漏水等现象；球磨机运转是否平稳，有无不正常的振动，有无异常声音。

③ 球磨机停车　球磨机停机时，先做好停机的准备工作，首先用预定的信号通知附属人员，应先做好停机准备工作。停机顺序为：停喂料设备→停止主电机→停润滑和冷却水。球磨机操作流程如图 5-15 所示。

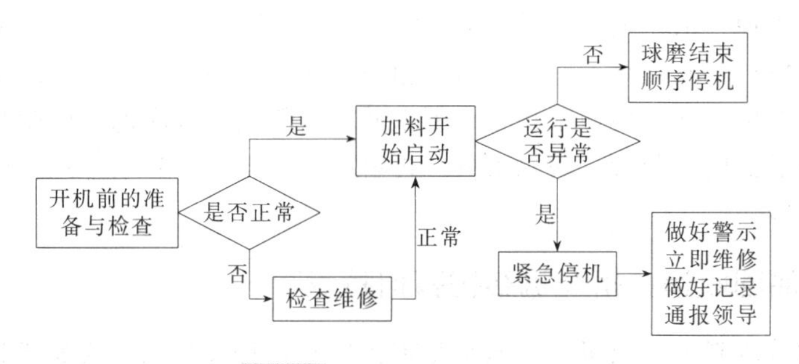

图 5-15　球磨机的操作流程

(2) 操作注意事项

① 启动操作前必需清场，并做好准备启动警示，先点动试车。

② 停车、出现异常维修操作等需挂警示牌，严禁带电维修作业。

③ 工作期间严禁擅自离开岗位，发现异常应立即按照停车作业顺序停车，并做好记录上报问题。

5.3 中空吹塑废料处理设备操作与疑难处理实例解答

5.3.1 废旧中空塑料制品的回收清洗方法有哪些？清洗设备的结构组成与工作原理如何？

(1) 清洗的方法 清除废旧塑料的油污、灰尘、泥沙或印刷的标记等。清洗方法有人工清洗和设备清洗。

(2) 清洗设备结构 主要由清洗箱、输送装置、脱水装置、分离装置、破碎装置等组成，如图 5-16 所示为废旧塑料瓶的清洗装置的结构组成图。

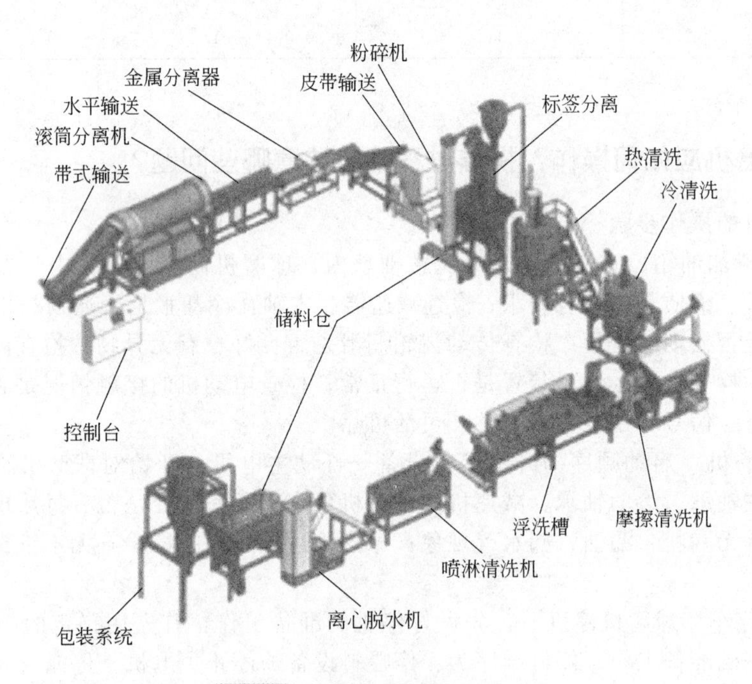

图 5-16 废旧塑料瓶的清洗装置

(3) 设备工作原理 清洗时，先将清洗的废旧塑料预先在破碎机中进行破碎后送入储料仓，然后通过计量螺杆将其连续地输送到清洗箱中。在清洗箱中，两个异向旋转的桨轴缓慢地向前输送物料，以产生紊流，促使杂物分离下来并沉入箱底。洗净的废旧塑料则漂浮在水箱表面，由输送装置输送到脱水装置，脱除水分。再将其送入第二储料仓，最后进行包装或经再生造粒挤出机进行造粒。

5.3.2 中空制品回收造粒挤塑机结构有何特点？

回收中空容器等废料的挤出机造粒通常是带预破碎，且没有填塞式加料装置的挤出机，其主要结构特点是要在一个装置上完成破碎、压实和塑化，结构紧凑，安装成本低。这种挤出机中设置了一根与塑化螺杆同轴且独立驱动的加料螺杆，能保证不规则废料的加料稳定性。回收挤出机的加料段设置有一个圆柱形的输送料仓，底部有旋转的破碎机构，机筒垂直于料仓，出料口在传动系统一侧。废料在料仓中由于机械剪切和摩擦的作用，不断破碎和干燥，最后由螺杆塑化和均化，并从出料孔排出。这种回收造粒挤出机适用于 PE、PP、PS 和 PVC 等中空制品的回收挤出造粒。

5.3.3　塑料破碎机主要有哪些类型？各有何特点？

（1）塑料破碎机主要类型　塑料破碎机的类型有很多，按破碎机所施加外力种类来分可分为压缩式、冲击式、切割式三种类型；按破碎机的运动部件的运动方式分为往复式、旋转式和振动式三种类型；按旋转轴的数目和方向分为单轴式、双轴式两种类型；按破碎机的结构来分可分为圆锥式、滚筒式、叶轮式及锤式破碎机等；按机型设计分有卧式破碎机和立式破碎机。目前国内外使用较为普遍的塑料破碎机为单轴回转式剪切破碎机。

（2）各类特点　塑料破碎机的类型不同，其结构也有所不同。如图 5-17 至图 5-22 所示为几种常用破碎机结构示意图，工作特性也不同。

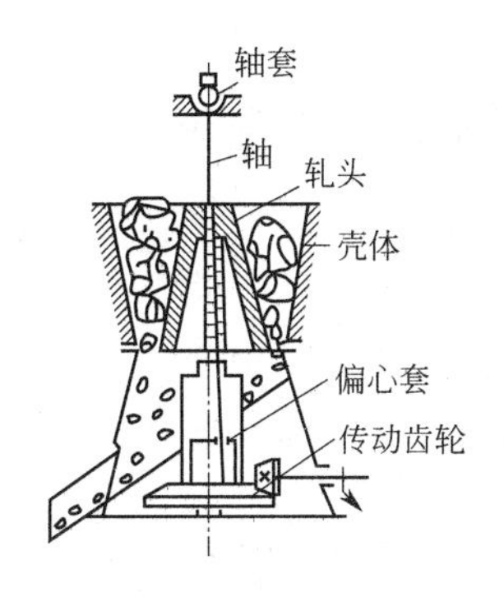

图 5-17　圆锥式破碎机

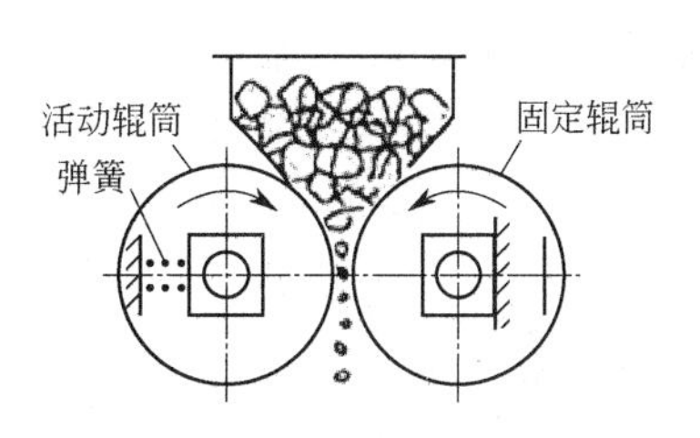

图 5-18　滚筒式破碎机

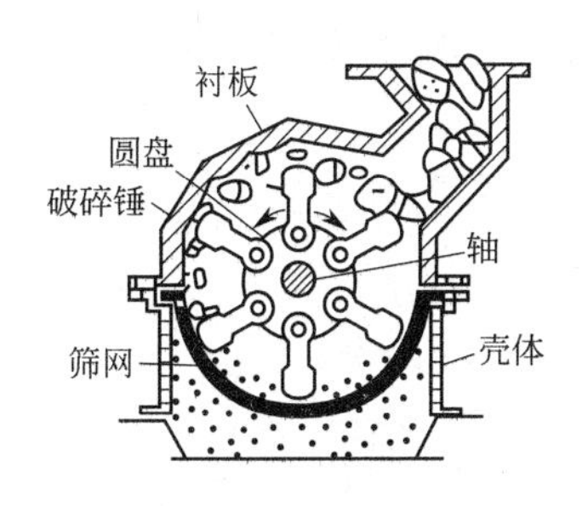

图 5-19　锤式破碎机

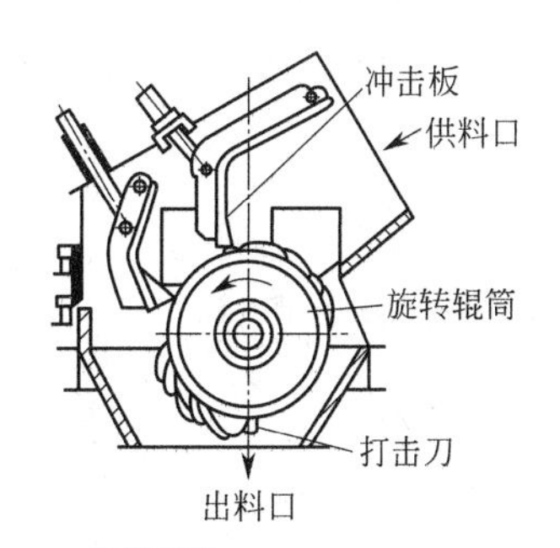

图 5-20　叶轮式破碎机

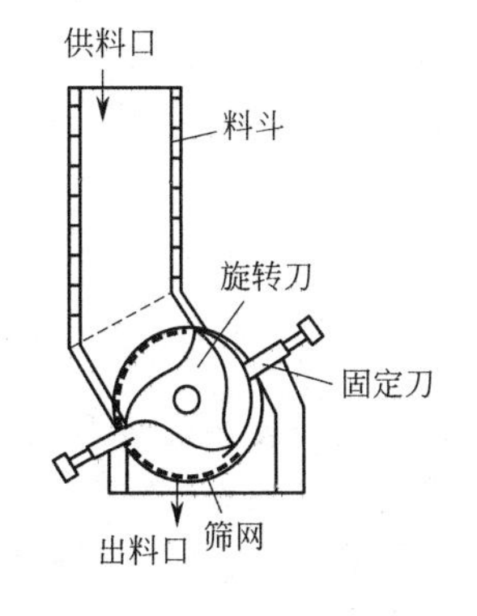

图 5-21　单轴回转式剪切破碎机

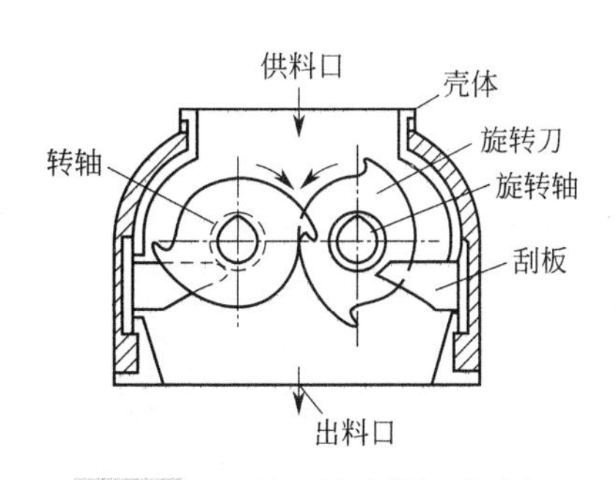

图 5-22　双轴回转式剪切破碎机

① 圆锥式破碎机的施力方式为压缩，压缩速度一般在 0～4m/s，破碎粒度范围为 100～10mm，适用于脆性物料的破碎，破碎时设备的磨耗程度比较小。

② 滚筒式破碎机的施力方式为压缩，压缩速度一般在 0～4m/s，破碎粒度范围为 100～10mm 以下，可适用于脆性及坚韧物料的破碎，破碎时设备的磨耗程度比较大。

③ 冲击式破碎机的施力方式为冲击，冲击速度一般在 10～200m/s，破碎粒度范围为大于 30mm，适用于脆性、坚韧及纤维状物料的破碎，破碎时设备的磨耗程度比较大。

④ 锤式破碎机的施力方式为冲击，冲击速度一般在 10～200m/s，破碎粒度范围为大于 20mm，适用于坚韧物料的破碎，破碎时设备的磨耗程度比较小。

⑤ 切割式破碎机的施力方式为切割、剪断，破碎粒度范围为 10～1mm，适用于坚韧及纤维状物料的破碎，破碎时设备的磨耗程度大。

⑥ 压碎机的施力方式为压缩，压缩速度一般在 0～4m/s，破碎粒度范围为 500～15mm，适用于脆性物料的破碎。

5.3.4 剪切式塑料破碎机结构组成如何？常用的规格型号有哪些？

(1) 结构组成 通常根据各组成部件的功能，塑料破碎机主要由进料仓、剪切装置、机座、机架、出料仓等部分组成。

① 进料仓 进料仓的作用是添加物料，以及防止物料在破碎过程中碎片的飞溅。一般由板材焊接而成，并用螺栓固定在机架盖上。较先进的进料仓采用双层结构，中间充填隔声材料，使破碎机的噪声明显减少。

② 剪切装置 剪切装置由旋转刀、固定刀、筛网等组成。旋转刀具有锐利的刃口；在破碎室内壁上亦装有固定刀，通过刀具的相对运动将破碎物剪断。根据筛网上筛孔的大小，可以得到各种粒度不同的破碎物。旋转刀基本有平板刀片和分片螺旋式刀片两种形式，如图 5-23 和图 5-24 所示。其中分片螺旋式的刀体组装形式破碎力大，适用范围广。

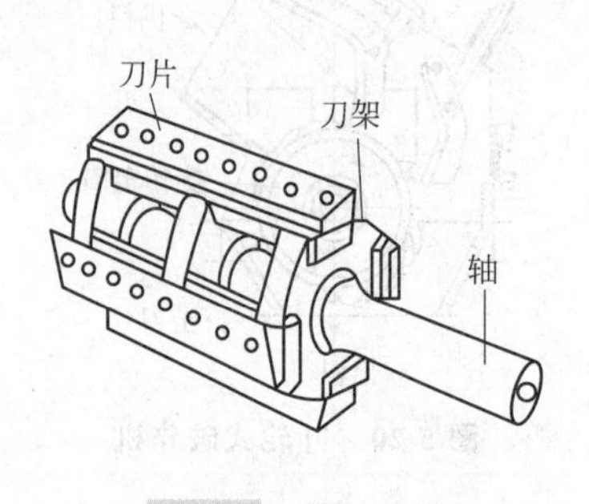

图 5-23 平板刀片

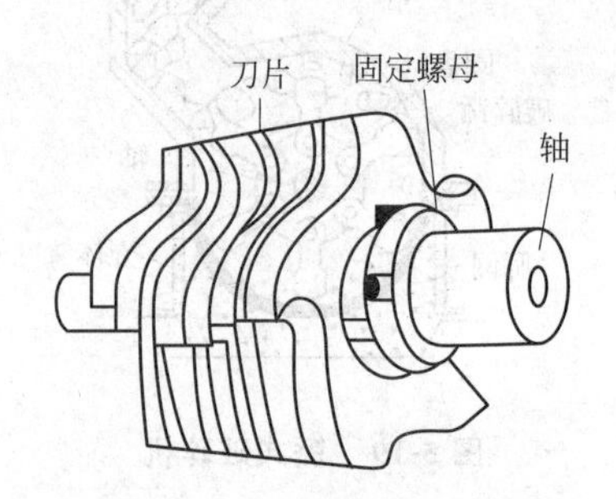

图 5-24 分片螺旋式刀片

③ 机座 一般采用铸件，用以支承、安装旋转刀轴。机座上、下盖用铰链连接，上盖可自由开启，便于维修及调整旋转刀、固定刀。机座下边装有筛网。

④ 机架 其由角钢焊接而成，是连接、支承所有零件的基础。其底部装有活动轮架，便于设备的安装、移动。

⑤ 出料仓 由板材焊接而成，其作用是集装破碎物。

破碎机在工作时，由电动机经传动装置驱动旋转刀轴旋转，使安装在旋转刀轴上的旋转刀与固定在机座上的固定刀组成剪切副，当需破碎废旧塑料经进料仓进入破碎室时，在旋转刀与固定刀的不断剪切作用下逐渐被剪碎，当剪碎后的物料粒度小于筛网孔径时，经筛网筛滤后经出料仓被挤出，最后装袋包装即得到一定粒度大小的破碎废旧塑料。

(2) 常用剪切式破碎机的规格型号 通常其规格型号的表示方法是根据我国塑料机械的产品型号标准（GB/T 12783—2000）规定表示。规格型号表示中：如 SWP160A。S 表示“塑料机械”；W 表示“回收机械”；P 表示“破碎机”；160 表示旋转刀回转直径为 160mm；A 表示设计序号。

我国常用的塑料破碎机的规格型号如表 5-2 所示。

表 5-2　国内常用的塑料破碎机系列的规格型号

型　号	旋转刀回转直径/mm	旋转刀片数/个	固定刀片数/个	进料口尺寸/(mm×mm)	破碎粒度/mm	破碎能力/(kg/h)	驱动功率/kW
SWP100	100	2	2	160×100	3～5	30～50	1.5～2.5
SWP160A	160	3	2	240×170	3～6	100～150	2.2～3
SWP250	250	6	2	300×250	3～8	250～300	5.5～7.5
SWP260	260	3	2	270×150	3～10	300～500	5.5～7.5
SWP320	320	6	2	480×250	3～10	300～500	11～15
SWP340	340	3	2	520×340	3～10	200～300	11～15
SWP360A	360	3	2	520×250	3～12	300～500	11～15
SWP400	400	6	2	460×300	3～10	350～450	11～15
SWP630	630	10	4	800×630	3～14	800～1000	22～30
SWP800	800	10	4	1000×800	3～16	1000～1500	30～55

5.3.5　塑料破碎机的操作应注意哪些问题？

① 开机前应检查破碎室中是否存有物料及其他物品，严禁开机前给破碎机加料，以免启动时电动机出现过载，而烧坏电动机、损坏刀具及其他零部件。

② 开机前应检查设备各部分是否正常、润滑情况如何，机器声音是否正常，发现异常，应立即停车检查。

③ 上机壳闭合后，应紧固止退螺钉，机器运转时，止退螺钉不得有松动现象出现。开机过程中不得任意打开机盖。

④ 破碎过程中，要注意适量加料，不得一次性塞满破碎室，以免造成旋转刀具被卡死，而出现过载的现象。

⑤ 在调整刀片时，以固定刀片为基准，可调整活动刀片，保持一定量的相对间隙。一般间隙量为 0.1～0.3mm。

⑥ 破碎一定量的废料后，应修磨一次刀刃（包括活动刀片和固定刀片）。

⑦ 停车后进料斗内不得有存料，应对刀片周围的物料进行清理。

⑧ 应经常清洗机器的外壳，每三个月必须按时检修，拆洗零件，检查密封圈与轴承的磨损程度并及时更换零件。整机一般一年大修一次。

5.3.6　常用切粒设备有哪些类型？各有何特点？

(1) 切粒设备的类型　粒料的生产工艺不同，切粒装置的结构也有所不同，目前的切粒设备主要有料条切粒机、机头端面切粒机等类型。

(2) 切粒设备的特点

① 料条切粒机　料条切粒机的结构组成及切粒流程如图 5-25 所示，它主要由切刀、送料辊和传动部分等组成。工作时，熔体经条料或带料机头出来后进入水槽冷却，经脱水风干后，通过夹送辊按一定的速度牵引并送到切粒机中，在切刀的作用下，切成一定大小圆柱粒状料。在切粒过程中，粒料的长度则是由送料辊的速度确定，通常牵引速度不应超过 60～70m/min，料条数目不超过 40 根。这种切粒机一般需与条料机头或带料机头的挤塑机配合，料条需用强力吹风机干燥，切粒机具有多把切刀。其操作简单，适合一般的人工操作。但需要相对大的空间，运转时噪声较大。

机头端面切粒是在熔体从机头挤出后，直接送入与机头端面相接触的旋转刀而切断，切断

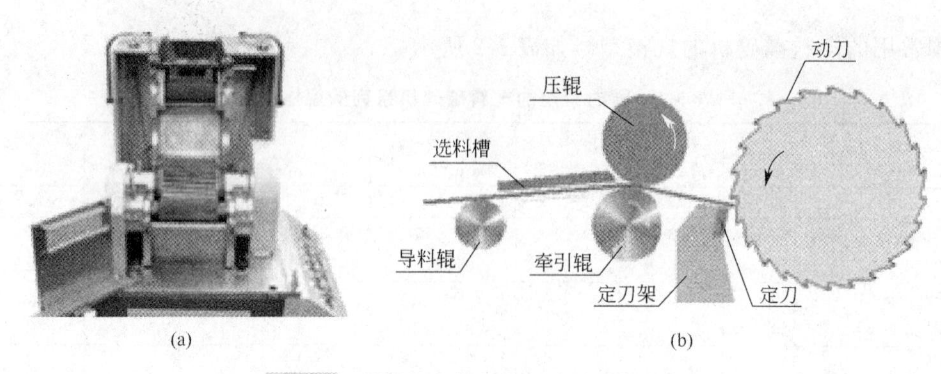

图 5-25 料条切粒机结构组成及切粒流程

的粒料输送并空冷或落入到流水中进行水冷，是属于热切造粒。结构简单，安装操作简便，但颗粒易发生粘连。

② 机头端面切粒装置 机头端面切粒装置根据冷却方式和切刀形状的不同可分为中心旋转切粒空气冷却切粒、中心旋转切刀水冷切粒、平行轴式旋转刀水冷切粒、环形铣齿切刀水冷模头面切粒、水环切粒装置五种形式。

中心旋转切粒空气冷却切粒装置的结构如图 5-26 所示。其造粒方式简单，由于出料孔分布在一个或多个同心圆上，易产生粒料粘连现象，且产量较低（大约 100kg/h），只限于 HDPE 和 LDPE 的造粒。中心旋转切刀水冷切粒装置是一种较为普遍的造粒系统，旋转刀旋转切粒。为防止粒子间互相粘连，最后应落入水槽中冷却。出料孔分布在一个或多个同心圆上，要求出口平面比较大，所以机头体也就相应增大，但切刀的定位和制造较简单，采用弹簧钢刀片即可直接与模头面相接触。

平行轴式旋转刀水冷切粒装置类似中心旋转切刀水冷切粒系统，主要用于聚烯烃的切粒。其结构如图 5-27 所示。机头中心与旋转刀的轴心不同轴，互相平行。机头板较简单，在一个很小的横截面上可分布很多出料孔，出口平面和机头都较小，但切刀的结构要相对大些，且与模头板之间要精确控制一定的间隙。

图 5-26 中心切粒装置

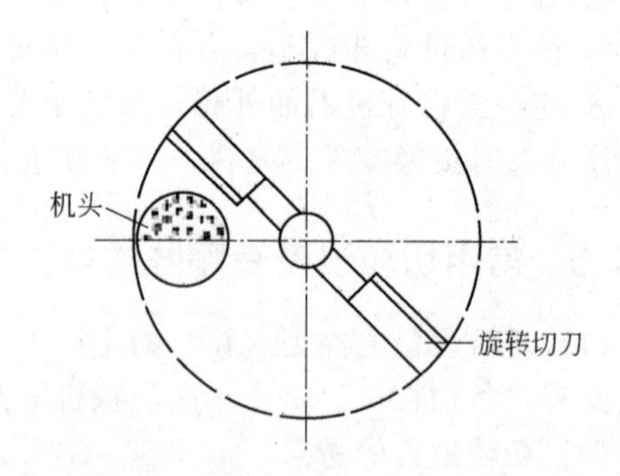

图 5-27 平行轴式旋转刀水冷切粒装置

环形铣齿切刀水冷模头面切粒装置是用螺旋铣齿切刀作切粒机构，机头的出料孔直线排列。适合所有热塑性塑料包括 PA、PET 和 PVC 的切粒。其结构如图 5-28 所示。

水环切粒装置既可是垂直式又可是水平式的。由于自机头出来的物料能在模头面被切断，切断后的粒料同时已经水冷，故不易产生粘连团。因机头与水直接接触，所以必须考虑密封。为防止切刀与模板间的磨损，模板的表面硬度要求比较高。粒料的形状可以是圆粒状、围棋子状或球状，长度由切刀速度确定，直径由出料孔径来定。其结构如图 5-29 所示。

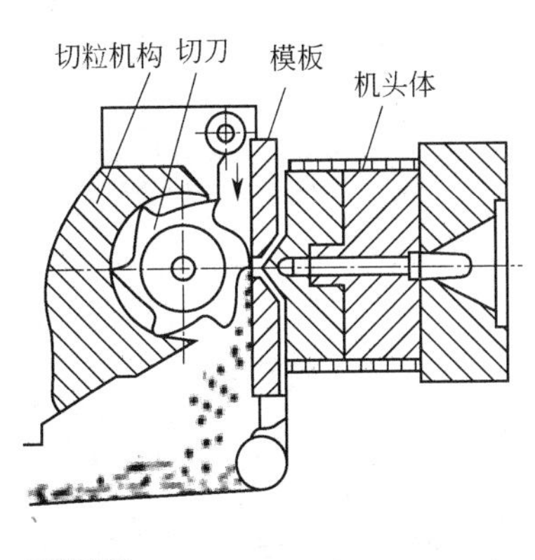

图 5-28 铣齿切刀水冷模面切粒机

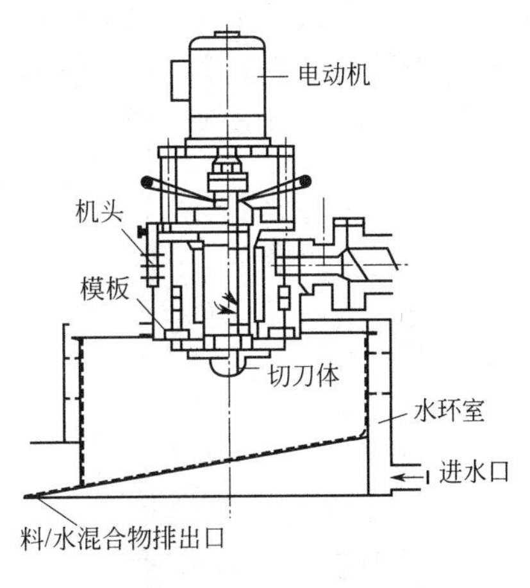

图 5-29 水环切粒机

5.3.7 中空制品回收造粒挤出机在使用中应注意哪些方面?

回收造粒挤出机与普通挤出机是基本相类似的，因此在操作、使用和维护上的要求与普通挤出机基本是相同的，操作时应遵守各种挤塑机的操作规程。然而，由于回收造粒挤出机所处理物料的特殊性，而使其螺杆和机筒磨损的问题比较突出，故对此问题应特别重视。在使用过程中还必须注意如下几方面。

① 回收塑料的种类和污染程度 使用前首先应分拣废料，进行适当的清理，应清除含有的金属等杂质。用于挤塑的废料通常需要清洗。

② 填充剂增强或颜料的添加 在考虑适用和低成本的前提下，应该优先使用对设备磨损较低的稳定剂、填充剂及其他助剂。

③ 应针对不同物料性质，选择合适的操作条件 如选择高的螺杆转速会导致产生较高的熔体压力；采用较低的塑化温度会有较高的熔体黏度，从而有可能增加挤出机的磨损。

④ 机件的材质 机件的材质主要应考虑改善螺杆和料筒的耐磨损性能。目前单螺杆的螺棱可用钨铬钴合金材料制造。料筒用钴、锡、镍和钴的特殊合金制造。或在双螺杆的螺棱上覆盖一粉末冶金层。而最新加工方法之一是用淬硬工具钢制造螺杆元件，料筒衬套用合金和类似的材料制造。这些衬套热压进料筒或冷缩装入料筒里。这样设计制造的回收挤出机系统，其抗磨损性能将得到提高，从而可延长回收挤出机的使用寿命。

5.4 其他辅助设备操作与疑难处理实例解答

5.4.1 中空吹塑用的压缩空气干燥处理装置有哪些类型？工作原理如何?

(1) 压缩空气干燥处理装置类型 中空吹塑用压缩空气的干燥处理装置主要有吸附式压缩空气干燥装置、潮解式压缩空气干燥装置和冷冻式压缩空气干燥装置三种类型。潮解式压缩空气干燥装置目前已较少应用。吸附式压缩空气干燥装置根据有无热再生有吸附式干燥机和微热再生吸附式干燥机之分，分别如图 5-30、图 5-31 所示。

(2) 工作原理 吸附式压缩空气干燥装置是利用吸附剂对压缩空气中的水蒸气进行有选择性的吸附，进行脱水干燥，通过“压力变化”（变压吸附原理）来达到干燥效果。由于空气中容纳水汽的能力与压力成反比，其干燥后的一部分空气（称为再生气）减压膨胀至大气压，这种压力变化会使膨胀空气变得更干燥，然后让它流过未接通气流的需再生的干燥剂层，干燥的再生气吸出干燥剂里的水分，将其带出干燥器来达到除湿的目的。两塔循环工作，连续向用户用气系统提供干燥压缩空气。

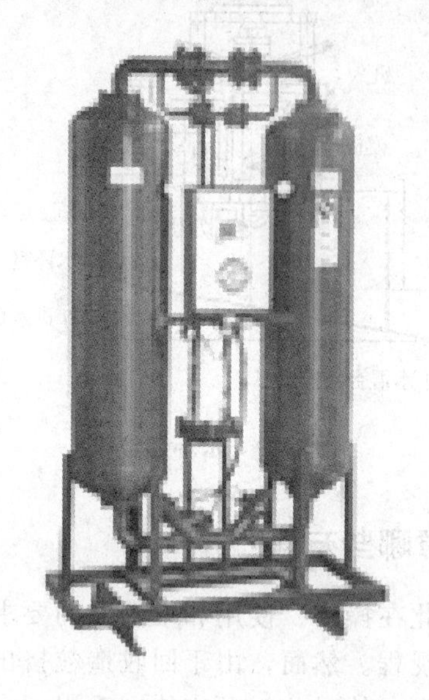

图 5-30　微热再生吸附式干燥机

图 5-31　无热再生吸附式干燥机

潮解式压缩空气干燥装置是利用某些化学物质的潮解特性进行脱水干燥。

冷冻式压缩空气干燥装置是利用温度下降时空气的含水能力亦下降，原为气态的水分将变为液态。工作时首先对压缩空气做冷却处理，使其中的气态水分变为液态，再通过分离器使气液分离，最后由排水阀将水分排出，从而获得干燥的压缩空气。

5.4.2　压缩空气冷冻式干燥系统的组成如何？有何使用条件？

(1) 压缩空气冷冻式干燥系统的组成　压缩空气冷冻式干燥系统通常由冷冻式干燥机、气动管网和过滤器等组成。一个典型的压缩空气冷冻式干燥系统一般都在冷干机进气口前设置两台过滤器，分别为主管路过滤器和油雾过滤器。在排气口后设置一台过滤器，称微油雾过滤器。

① 制冷装置　制冷装置对冷干机的正常运行至关重要。系统中，制冷压缩机是冷干机的动力源及心脏，为确保产品可靠和稳定的使用效果，避免压缩机漏氟，应选用高质量的制冷压缩机。且在使用过程中，要避免制冷压缩机受到强烈的碰撞、振动、倾覆等。

选用风冷型冷干机时必须注意环境温度不能太高，而且空气中不能有太多的灰尘，要保证通风口通风通畅。选用水冷型冷干机时必须保证水源中不能有太多的杂质和污垢，同时安装过滤器，以保证水质。

② 主管路过滤器　它的作用是除去压缩空气进气中粒径较大的液态水滴和固体颗粒。冷干机如果长期处于大量液态水及固体杂质的状态下，将逐渐降低除湿能力。所以除水过滤器的设置非常必要，其精度一般在 3～25μm 间选取。

③ 油雾过滤器　如果进入冷干机的空气中含有大量的油膜，会降低冷干机中换热器的换热效果，长此以往，冷干机的除水效果必将大打折扣，出口露点同时也会上升。一般空压机的排气含油量（油雾及油蒸气）都在几十厘米^3/米^3 以上，即使是国产无油空压机的排气含油量也难以做到绝对无油，只有当空压机排气绝对无油时（如离心式空压机），才可以不用除油过滤器。

④ 微油雾过滤器　经冷干机处理后去除了绝大部分水分，由于各种原因空气中可能还存

在一定的杂质，或达不到工艺上要求的空气质量，此时就需要在冷干机出口处再安装一个过滤器。

(2) 使用条件 压缩空气冷冻式干燥系统的使用条件主要是指压缩空气的流量、温度、压力等。在额定流量下，进气的温度和压力对冷干机使用效果影响很大。

① 过高的进气温度使空气中饱和含水量增加。按标准进入常温型冷干机的空气温度应在45℃以下，鉴于现有空压机的排气温度较难达到这一标准（特别在高温季节或通风条件不好的情况下），在冷干机前设置后部冷却器或选用高温型冷干机是有必要的。

② 压缩空气压力过低给冷干机造成的负面影响体现在两个方面：一方面低压空气的饱和含水量比高压时多，使冷干机工作负荷增加；另一方面由于密度降低，压缩空气通过冷干机时的实际流量增大，这等于增加了冷干机的处理量，从而导致成品气露点上升。

③ 与所有的机械、动力设备一样，冷干机的实际处理量控制在额定处理量的70%～80%范围内是比较合适的。

④ 冷干机不应长期处在低负荷状态下运行，在系统设计时，采用两台或两台以上较小容量的冷干机并联使用比单台大容量冷干机更适于调节，技术经济性及安全保障程度也更高。

⑤ 冷干机筒体一般都属于压力容器，在设备工作期限内应严格按照有关规程进行管理和使用。

5.4.3 压缩空气冷冻式干燥系统的使用环境对其使用效果有何影响？中空吹塑时选用冷干机和吸干机各有何特点？

(1) 使用环境的影响 压缩空气冷冻式干燥系统的使用环境对其使用效果有较大影响：

① 环境温度过高会影响冷干机的制冷效果，尤其是风冷型冷干机。在一定范围内，环境温度过高会造成风冷凝器冷凝效果变差，造成冷媒低压居高不下，影响制冷效果，进而影响出口空气露点。

② 环境温度过低给冷冻式冷干机造成的负面影响比高温环境更明显。注意冷干机所处的环境温度不宜低于10℃，以免冷冻机油补充不及时，造成制冷机缺油烧毁。

(2) 选用冷干机和吸干机的特点 冷干机的特点如下。

① 冷干机没有压缩空气消耗，由于大部分用户对压缩空气露点要求并不是很高，因此使用冷干机可比使用吸干机节省能源。

② 冷干机无阀件磨损，运转噪声低。

③ 冷干机不需要定期添加、更换吸附剂。

④ 冷干机日常维护较简单，只要按时清洗自动排水器滤网即可。

⑤ 冷干机对气源的前置预处理要求不高，一般的油水分离器即可满足冷干机对进气质量的要求。

⑥ 冷干机处理后的压缩空气“压力露点”低，只能达到0℃以上，气体的干燥程度远不及吸干机。

吸干机的特点是：吸干机处理后的压缩空气“压力露点”较高，气体的干燥程度大；吸干机有切换阀，磨损较大；吸干机吸附塔卸压的噪声大。

吸干机主要用于对气源干燥度要求较高的场合，如气动仪表、电子工厂等。中空吹塑行业则普遍采用冷干机。为了提高中空吹塑成型的生产效率，可采用深低温压缩空气冷冻设备，使压缩空气冷却到－40℃，可以较大幅度提高生产效率。

5.4.4 中空吹塑型坯模具温度控制机有哪些类型？结构组成如何？

(1) 型坯模具温度控制机类型 型坯模具温度控制机可以分为水循环温度控制机和油循环

温度控制机，用水的模温机有用常压水和压力水的两种。

通常采用常压水的模温机最大出口温度为 90℃左右，使用压力水的模温机，其可允许的出口温度为 160℃或更高，由于在温度高于 90℃的时候，水的热传导性比同温度下的油好很多，因此这种机器有着突出的高温工作能力。用油的模温机用于工作温度≥200℃的场合。

(2) 模具控温机结构组成 模具控温机由水箱、加热冷却系统、动力传输系统、液位控制系统以及温度传感器、注入口等器件组成。通常情况下，动力传输系统中的泵使热流体从装有内置加热器和冷却器的水箱中到达模具，再从模具回到水箱；温度传感器测量热流体的温度并把数据传送到控制部分的控制器；控制器调节热流体的温度，从而间接调节模具的温度。如果模温控制机在生产中，模具的温度超过控制器的设定值，控制器就会打开电磁阀接通进水管，直到热流液的温度回到设定值，即模具的温度回到设定值。如果模具温度低于设定值，控制器就会打开加热器。

5.4.5 中空吹塑型坯模具温度控制机应如何操作?

中空吹塑型坯模具温度控制机的操作方法如下。

① 将机台用水与模温机循环水路按正确进出方向连接。

② 将模温机热传递油管与模具连接。

③ 检查媒介液（油或水）存量，若不足及时补充。

④ 按以下要求设定温度：8～20℃，用冻水机；20～35℃，用常温水；35～85℃，用水温机；85～160℃，用油温机。

⑤ 打开进、出油（水）阀门，插上电源，打开电源开关。

⑥ 打开泵开关，检查泵运转方向正确，反转时须把两根相线调换。

⑦ 打开电热开关，开启电热。

⑧ 停止生产时，先关模温机电热→冷却降温至 60℃以下→关电源→拆油管，使油回流至模温机内→关阀门。

5.4.6 吹塑模具的冷却方式有哪些? 模具采用冷水机工作过程如何? 冷水机冷却有何特点?

(1) 冷却方式 吹塑模具的冷却方式主要有三种方式：利用自然水对模具进行冷却；采用冷却水塔对循环水进行散热后再用水泵对循环水进行加压后对模具进行冷却；采用冷水机对循环水进行制冷后冷却模具。

(2) 冷水机工作过程 冷水机是一种水冷却设备，能提供恒温、恒流、恒压的冷却水设备。其工作过程是：先向机内水箱注入一定量的水，通过制冷系统将水冷却，再由水泵将低温冷却水送入需冷却的设备，冷冻水将热量带走后温度升高再回流到水箱，达到冷却的作用。冷却水温可根据要求自动调节，长期使用可节约用水。因此，冷水机是一种标准的节能设备。采用普通水冷却（即自然水和水塔散热方式两种）方式不能达到高精度、高效率控制温度的目的，因为自然水和水塔散热都不可避免地受到自然气温的影响，冬天水温低、夏天水温高。如果气温在 30℃的情况下，需要冷却水温度达到 10℃左右，这几乎是不可能的，因此采用这种方式控制其生产工艺过程是极不稳定的。

(3) 冷水机冷却特点 冷水机与一般采用水冷却的设备完全不同，其特点是：冷水机具有完全独立的制冷系统，不会受到气温及环境的影响，水温可在 5～30℃范围内调节控制，因而可以达到高精度、高效率控制冷却水温度的目的。冷水机设有独立的水循环系统，冷水机内的水循环使用，可大量节约模具冷却用水。

5.4.7 工业冷水机组由哪些部分组成？各部分的功能如何？

(1) 组成部分 工业冷水机组系统主要是通过三个相互关联的系统组成：制冷剂循环系统、水循环系统、电器自控系统，如图5-32所示为风冷式冷水机结构示意图。

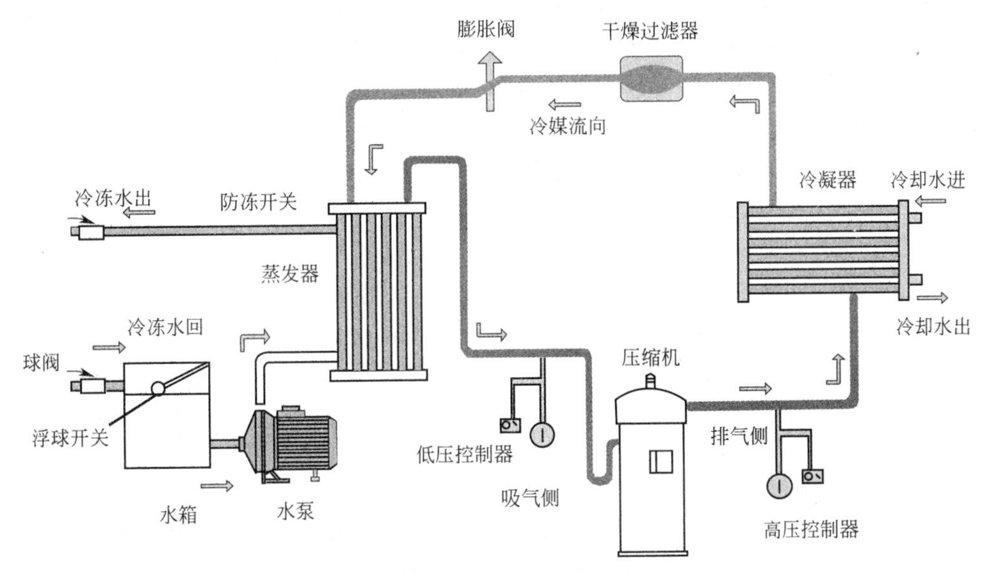

图5-32 风冷式冷水机结构

(2) 各部分的功能

① 制冷剂循环系统 蒸发器中的液态制冷剂吸收水中的热量并开始蒸发，最终制冷剂与水之间形成一定的温度差，液态制冷剂亦完全蒸发变为气态后被压缩机吸入并压缩（压力和温度增加），气态制冷剂通过冷凝器（风冷/水冷）吸收热量，凝结成液体，通过热力膨胀阀（或毛细管）节流后变成低温低压制冷剂进入蒸发器，完成制冷剂循环过程。

② 水循环系统 水循环系统是由水泵将水从水箱抽出送到用户需冷却的设备，冷冻水将热量带走后温度升高，再回到冷冻水箱中。

③ 自控系统 自控系统包括电源部分和自动控制部分。电源部分是通过接触器对压缩机、风扇、水泵等供应电源。自动控制部分包括小型PLC控制器、温控器、压力保护、延时器、继电器、各类电磁阀、过载保护等；达到设定水温时，自动启动和停止保护等功能。

5.4.8 工业冷水机制冷系统的组成如何？各部分有何作用？

(1) 制冷系统组成 工业冷水机的制冷系统主要是由压缩机、冷凝器、储液器、干燥过滤器、热力膨胀阀、蒸发器、制冷剂等组成。

(2) 各部分的作用

① 压缩机 压缩机是整个制冷系统中的核心部件，也是制冷剂压缩的动力之源。它的作用是将输入的电能转化为机械能，将制冷剂压缩。

②冷凝器 在制冷过程中冷凝器起着输出热能并使制冷剂得以冷凝的作用。从制冷压缩机排出的高压过热蒸汽进入冷凝器后，将其在工作过程吸收的全部热量，其中包括从蒸发器和制冷压缩机中以及在管道内所吸收的热量都传递给周围介质（水或空气）；制冷剂高压过热蒸汽重新凝结成液体（根据冷却介质和冷却方式的不同，冷凝器可分为三类：水冷式冷凝器、风冷式冷凝器、蒸发式冷凝器）。

③ 储液器　储液器安装在冷凝器之后，与冷凝器的排液管是直接连通的。冷凝器的制冷剂液体应畅通无阻地流入储液器内，这样就可以充分利用冷凝器的冷却面积。另外，当蒸发器的热负荷变化时，制冷剂液体的需要量也随之变化，那时，储液器便起到调剂和储存制冷剂的作用。对于小型制冷装置系统，往往不装储液器，而是利用冷凝器来调剂和储存制冷剂。

④ 干燥过滤器　在制冷循环中必须预防水分和污物（油污、铁屑、铜屑）等进入，水分的来源主要是新添加的制冷剂和润滑油所含的微量水分，或由于检修系统时空气进入而带来的水分。如果系统中的水分未排除干净，当制冷剂通过节流阀（热力膨胀阀或毛细管）时，因压力及温度的下降有时水分会凝固成冰，使通道阻塞，影响制冷装置的正常运作。因此，在制冷系统中必须安装干燥过滤器。

⑤ 热力膨胀阀　热力膨胀阀在制冷系统中既是流量的调节阀，又是制冷设备中的节流阀，它在制冷设备中安装在干燥过滤器和蒸发器之间，它的感温包包扎在蒸发器的出口处。其主要作用是使高压常温的制冷剂液体在流经热力膨胀阀时节流降压，变为低温低压制冷剂湿蒸汽（大部分是液体，小部分是蒸汽）进入蒸发器，在蒸发器内汽化吸热，而达到制冷降温的目的。

⑥ 蒸发器　蒸发器是依靠制冷剂液体的蒸发（实际上是沸腾）来吸收被冷却介质热量的换热设备。它在制冷系统中的功能是吸收热量（或称输出冷量）。为了保证蒸发过程能稳定持久地进行，必须不断地用制冷压缩机将蒸发的气体抽走，以保持一定的蒸发压力。

⑦ 制冷剂　在现代工业中使用的大多数工业冷水机均使用 R22 或 R12 作为制冷剂。制冷剂是制冷系统里的流动工质，它的主要作用是携带热量，并在状态变化时实现吸热和放热。

5.4.9 工业冷水机用水处理方法有哪些？各有何特点？

(1) 水处理方法　工业冷水机对冷却水进行相应的处理是保障设备和模具正常冷却和运行的重要条件之一。水的软化处理或除垢处理目前常用的几种方法主要有：离子交换水处理方法、反渗透水处理方法、磁化水处理方法、离子棒水处理方法等。通常情况下，选择磁化水处理方法或离子棒水处理方法即可较好地解决中空成型机设备与模具冷却水的水垢处理问题。

(2) 各类方法的特点

① 离子交换水处理方法　离子交换水处理方法主要是依靠钠离子交换器中的交换树脂进行软化处理。由于交换树脂的吸附能力强，能将游离在水中的钙离子、镁离子吸附，从而可使冷却水的硬度达到合格标准。离子交换剂有无机和有机两大类。无机交换剂只能进行表面交换，软化效果较差，使用较少。而有机交换剂的特点是颗粒核心结构疏松，交换反应在颗粒表面和内部同时进行，软化效果好，故使用较多。这种方法需要经常测试水的硬度等参数，这种方法是锅炉水处理最常用的方法，而在吹塑成型中则较少采用。

需要特别注意的是：由于中空吹塑模具很多是由铝合金来制作的，如果采用离子交换水处理方法来处理模具冷却水的话，需要定期测试水的软化质量，特别是对冷却水中所含的钠离子要给以充分的重视。含有过多钠离子的冷却水对铝合金材料制成的模具会有较强的腐蚀作用，有可能较快地对铝合金模具的冷却水道产生腐蚀，进而使其失去应有的功能。这种现象已经在多家吹塑制品厂家出现过，并且导致铝合金吹塑模具提前损坏，值得引起吹塑制品厂家管理人员和技术人员的重视。

② 反渗透水处理方法　反渗透技术是在高于溶液渗透压的作用下，依据其他物质不能透过半透膜而将这些物质和水分离开来。由于反渗透膜的膜孔径非常小，因此能够有效地去除水中的溶解盐类、胶体、微生物、有机物等，去除率高达 97%～98%。反渗透是目前高纯水设备中应用最广泛的一种脱盐技术，它的分离对象是溶液中的离子和相对分子质量为 102 级的有机物；反渗透半透膜上有众多的孔，这些孔的大小与水分子的大小相当，由于细菌、病毒、大

部分有机污染物和水合离子均比水分子大得多，因此不能透过反渗透半透膜而与透过反渗透膜的水相分离。在水的众多种杂质中，溶解性盐类是最难清除的。因此，经常根据除盐率的高低来确定反渗透的净水效果。反渗透除盐率的高低主要决定于反渗透半透膜的选择性。反渗透水处理的主要特点是采用物理除盐方法，出水水质稳定，可连续生产，操作简单，运行费用较低，废水排放较少，设备占地面积小，适用水质范围较宽等。但目前来说，设备的一次性投资费用较高。

③ 磁化水处理方法　磁化水处理方法是使冷却水在电磁除垢器中流动，通过宽频带交变电磁场的作用，使水中易结垢的矿物质分子与分子或分子团间的原有相互作用特性改变，使分子表面能量重新排列。当水体吸收高频电磁能量后，在不改变原有化学成分的情况下，使其物理结构发生变化，原缔合链状大分子断裂成单个水分子，水中溶解盐的正、负离子被单个水分子包围，运动速度降低，有效碰撞次数减少，静电引力下降、从而使水中的钙、镁离子无法与碳酸根结合成碳酸钙和碳酸镁，从而达到防垢的效果。同时由于水体吸收大量被激励的电子，使水的偶极矩增强，与盐的正、负离子的亲和能力增强，从而使原有的水垢逐渐松软以至脱落，达到有效的除垢效果。

电磁除垢器不需设专人管理，接通电源即可以开始工作，一种高强永磁除垢器则不需要采用电源即可工作，但价格相对较高。这类除垢器运行一段时间后就可以见到明显效果，原有的水垢会慢慢开始脱落并不再生成新的水垢。这种采用磁化水处理方法制成的电磁除垢器或是永磁除垢器，除垢效果相对较好，它具有安装使用方便、省电、节水、无环境污染等特点，设备一次性投资和维护费用较少，同时也不会对设备和模具造成任何损坏，尤其对采用铝合金材料制成的模具的保护作用较好，对延长设备及模具的使用寿命具有较为显著的效果。

④ 离子棒水处理方法　离子棒水处理方法是采用离子棒通过高压静电场的直接作用，改变水分子中的电子结构，水偶极子将水中阴、阳离子包围，并按正负顺序呈链状整齐排列，使之不能自由运动，水中所含阳离子不致趋向器壁，阻止钙、镁离子在器壁上形成水垢，从而达到防垢目的。另外由于静电的作用，在结垢晶体中能改变垢分子间的结合力，改变晶体结构，促使硬垢疏松，并且会增大水偶极子的偶极矩，增强其与盐类离子的水合能力，从而提高水垢的溶解速率，使已经产生的水垢在水流的冲刷下逐渐剥蚀、脱落，从而达到除垢目的。

5.4.10 中空吹塑成型过程中采用模内贴标机有何要求？模内贴标有何特点？

模内贴标是采用模内贴标机将预先印好的涂有热熔胶的标签放入到吹塑模具的模腔内，塑料熔体的热表面使标签的热熔胶复活黏性，标签粘贴到容器的指定位置上。模内贴标机可与中空成型机配套成为全自动生产线，制品吹塑、贴标一次完成，实现全自动操作。在吹塑制品批量较大时，采用模内贴标是一种较好的组合。采用模内贴标时，要求吹塑模具的模腔应处在负压状态下，模具需设计为真空排气方式，以适用模内贴标与快速成型的需要。中空吹塑成型过程中采用模内贴标的方法，可以使标签与塑料制品融为一体，镶嵌牢固，具有防水、防油、防霉、耐酸碱、耐摩擦、防冻、防水泡等性能，具有良好的耐久性；标签与容器制品的结合极其自然，手感平滑，更加美观。

参 考 文 献

[1] 【美】格伦 L. 比尔，【美】詹姆斯 L. 特罗尔编著．中空塑料制品设计和制造．王克俭，等译．北京：化学工业出版社，2007.

[2] 吴梦旦．塑料中空成型设备使用与维护手册．北京：机械工业出版社，2007.

[3] 于丽霞，张海河．塑料中空吹塑成型．北京：化学工业出版社，2005.

[4] 【美】Norman C. Lee 著．吹塑成型技术——制品．模具．工艺．揣成智，李树译．北京：中国轻工业出版社，2001.

[5] 李树，贾毅．塑料吹塑成型与实例．北京：化学工业出版社，2005.

[6] 杨中文．塑料成型加工基础．北京：化学工业出版社，2014.

[7] 黄锐. 塑料工程手册. 北京：机械工业出版社，2000.

[8] 刘西文．塑料注射机操作实训教程．北京：印刷工业出版社，2009.

[9] 钟汉如．注塑机控制系统．北京：化学工业出版社，2004.

[10] 刘西文．塑料成型设备．北京：印刷工业出版社，2009.

[11] 刘廷华. 塑料成型机械使用维修手册. 北京：机械工业出版社，2000.

[12] 崔继耀，谭丽娟．注塑成型技术难题解答．北京：国防工业出版社，2007.

[13] 王兴天．注塑技术与注塑机．北京：化学工业出版社，2005.

[14] 王华山．塑料注塑技术实例．北京：化学工业出版社，2005.

[15] 周殿明．注塑成型与设备维修技术问答．北京：化学工业出版社，2004.

[16] 李忠文，陈巨．注塑机操作与调校实用教程．北京：化学工业出版社，2006.

[17] 张利平．液压阀原理、使用与维护．北京：化学工业出版社，2005.

[18] 刘西文．塑料挤出成型技术疑难问题解答．北京：印刷工业出版社，2012.

[19] 吴念．塑料挤出生产线使用与维修手册．北京：机械工业出版社，2007.

[20] 赵义平．塑料异型材生产技术与应用实例．北京：化学工业出版社，2006.

[21] 吴清鹤．塑料挤出成型．北京：化学工业出版社，2009.